통일을 향한 30년의 발자취

太宗鎬의 통일기행
統一紀行

국외편

세계를 바로 알아야 민족 번영 이끈다

한반도는 언제나 강대국들에 의해 환란에 휩싸였고 주변 세력이 바뀔 때마다 선택의 강요에 시달려 왔다. 우리에겐 자강 외에 정답이 없다. 자강의 첫걸음이 바로 한반도 통일이다. 주변국들의 치열한 영토분쟁과 역사수호에 대한 무서운 집념을 보면서 지금 이 시간 우리가 어찌해야 할지는 너무나도 자명한 일이다.

한누리미디어

서언(序言)

    이 책은 통일(統一) 기행문(紀行文)이다. 저자가 오랜 시간 통일부 통일교육위원(統一敎育委員)으로 활동하면서 체험했던 남북분단시대(南北分斷時代)의 작은 기록이다.

    파주(坡州) 장단에서 고성(高城)의 통일전망대까지 민족의 비원(悲願)을 간직하고 있는 휴전선(休戰線), 비무장지대라 하나 사실은 중무장(重武裝)으로 최전선에 밀집되어 있는 남과 북의 전투부대들, 평화전망대, 통일전망대 등, 수많은 전망대(展望臺)에 올랐을 때의 단상(斷想), 남북교류(南北交流)가 활발했던 시절 북한을 다녀와서 신문에 연재했던 방북일기(訪北日記), 사회주의국가이면서도 개혁개방(改革開放)으로 세계 G2로 자리매김한 중국, 동서분단(東西分斷)을 극복하고 통일을 이루어 유럽을 견인(牽引)하고 있는 독일, 세계 최고의 경제 성장률을 자랑하며 무섭게 도약(跳躍)하고 있는 베트남 같은 분단을 극복(克服)하고 통일(統一)을 이룬 국가들을 찾아가서 보고 느낀 소회(所懷)를 담았다.

돌이켜 보면 6.25 한국전쟁의 와중에서 태어난 나에게 통일(統一)이라는 단어가 입에서 머리로, 그리고 가슴으로 들어오기까지 참으로 많은 시간이 걸렸다. 20세기 격동(激動)의 시대, 하찮은 이념(理念)의 대립과 외세의 농간(弄奸)으로 형성된 한반도의 분단(分斷), 이 불행한 체제(體制)가 점점 공고(鞏固)해지고 고착화(固着化) 되어가고 있는 조국(祖國)의 현실을 보며 청소년기를 보냈다. 그리고 이래서는 안 되겠다고 30대의 젊은 혈기(血氣)로 통일운동을 시작한 지 35년이 되었다. 조국의 통일, 민족의 통합, 그 해답을 찾기 위한 방편으로 밤을 새워가며 고심하기도 했고 무작정 휴전선 비무장지대로 달려가기도 했다.

 조국(祖國)의 광복(光復)과 독립(獨立)을 위해 일제와 싸웠던 애국선열(愛國先烈)들의 숨결과 흔적(痕迹)을 찾아 만주벌판을 헤매기도 했다. 중국의 동북공정(東北工程), 일본의 역사침탈(歷史侵奪)로 인해 우리의 역사와 유적들이 무참하게 변질, 파괴(破壞)되고 있는 실상을 보면서 분노했고, 원대(遠大)하고 장엄(莊嚴)했던 고구려(高句麗)와 발해(渤海)의 기상이 나날이 사라져가는 현실에 안타까움과 좌절감(挫折感)을 느낄 때도 있었다.

 그러나 한 가지 분명(分明)한 것은 언젠가는 반드시 우리 민족의 위대한 정신이 발현(發現)되어 통일(統一)된 조국(祖國)을 설계(設計)하게 될 것이란 믿음만은 여전히 변함이 없다. 이 지구상(地球上)에 있는 어떤 민족(民族)도 영원히 분리(分離)될 수는 없기 때문이다. 분단(分斷) 상태(狀態)가 오랜 시간 지속(持續)될 수는 있지만 어떤 이념(理念), 어떤 억압(抑壓), 어떤 명분(名分)으로도 한 민족을 영원(永遠)히 갈라놓을 수는 없다.

 그런데 우리 민족은 아직도 70년 분단(分斷)을 감내하고 있다. 이젠 끝내야 한다. 타의에 의해 갈라진 나라를 우리 민족의 의지로 되돌려 놓아야 한다. 거기에 무슨 말이 더 필요한가. 우리의 노력(努力) 없이 분단(分

斷)은 결코 해결(解決)되지 않는다. 우리가 나서지 않는데 누가 우리의 역사(歷史)를 지키고 영토(領土)를 되찾아 주겠는가. 우리 주변에 진정으로 한반도 통일을 원하는 나라가 있는가.

한반도는 언제나 강대국들에 의해 환란에 휩싸였고 주변 세력이 바뀔 때마다 선택의 강요에 시달려 왔다. 우리에겐 자강(自强) 외에 정답이 없다. 자강(自强)의 첫걸음이 바로 한반도 통일(統一)이다. 21세기 미국과 중국, 러시아와 일본 등, 주변국(周邊國)들의 치열한 영토분쟁(領土紛爭)과 역사수호(歷史守護)에 대한 무서운 집념(執念)을 목도하면서 지금 이 시간 우리가 어찌해야 할지는 너무나도 자명(自明)한 일이다.

하루 속히 반쪽짜리 광복, 미완성된 독립을 완성(完成)시켜야 한다. 그 과제가 오롯이 이 시대를 살고 있는 우리들의 몫으로 남아 있다. 분열과 반목을 청산하고 단결과 통합의 지혜를 살려 조국통일과 민족번영의 시기가 좀 더 빨리 도래하기를 염원한다.

단기 4354년, 서기 2021년, 辛丑年 陽春에
京山 太宗鎬 씀

차례

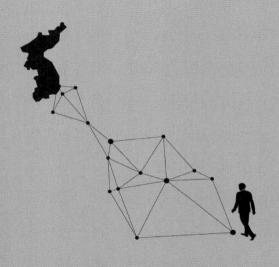

제 **1** 부

통일교육위원 사회주의국가 연수

중국

1994년(7월15일~7월21일)

01

통일교육전문위원
사회주의국가 중국 방문

　국토통일원 교육기관인 통일연수원은 1994년 7월, 우수 통일교육전문위원들에게 사회주의국가의 연수 기회를 부여한다고 공지했다. 엄정한 선정절차를 거친 후 나도 연수단에 추천되어 참가하게 되었다.

　중국 연수일정은 1994년 7월 15일부터 7월 21일까지 6박 7일 일정으로 짜여졌다. 통일연수원에서는 통일교육전문위원들에게 최근 사회주의국가의 변화실상을 체험케 함으로써 향후 대국민 통일교육을 보다 효율적으로 실시하게 할 목적의 일환으로 프로그램을 만들게 되었으며, 선정된 위원들은 이번 연수를 통해 중국을 비롯한 러시아 베트남 등, 사회주의국가가 '왜 개방화를 서두르고 있는가'를 살펴보고 현지 주민 및 교육기관, 문화유적지 방문 등을 통해 사회주의 생활상을 직접 살펴보게 될 것이다. 또 현지교민을 초청하여 간담회 등을 통해 교민사회와 소통과 교류의 장을 모색해 보기로 했다.

　중국(中國)은 우리나라와 매우 가까우면서도 오랫동안 베일에 싸여 있어 그 동안 접해볼 기회가 없었기 때문에 모든 것이 생소하고 궁금할 수밖에 없다. 그래서 어쩌면 우리 연수단의 눈과 귀를 동원한 관찰력이 집중되어야 할 것 같다. 당국에서도 대략적인 가이드라인이 나왔다.

짧은 일정에 깊은 속사정을 파악하기란 어렵겠지만 그래도 가능하다면 연수국의 국민들 삶의 모습은 어떠한가? 산업의 수준은 어느 정도이며 우리와의 협력증진이 필요한 분야는 무엇인가? 상품의 질과 종류, 물가 등은 어떠한가? 사회주의권 국가들의 개방을 통한 국제시장 진출에 우리는 어떻게 대처해야 할 것인가? 현지 국민들은 남북한을 각각 어떻게 인식하고 있는가? 현지 국민들은 우리의 통일문제를 어떻게 보고 있는가? 현지 국민들과 교포들은 북한의 개방 가능성에 대해 어떻게 생각하고 있는가? 등을 중점적으로 살펴보고 올 것을 주문했다.

특히 국토통일원과 통일연수원에서도 이번 연수에 많은 신경을 쓰는 것을 느낄 수 있었다. 그만큼 이번 연수가 비중이 크다는 것을 의미한다. 연수단이 출국하는 하루 전인 7월 14일 참가위원들 전체 예비소집을 한다고 한다. 이는 수교된 지 얼마 되지 않은 사회주의국가를 방문하기 때문에 출국에 앞서 각종 주의사항과 준비사항을 교육하고 전달하기 위한 것으로 보인다.

특히 비디오카메라를 소지하고 있거나 조작할 수 있는 위원은 사전에 관리과에 연락을 바란다고 하는데 아마도 중국 연수의 기록을 남기기 위한 것으로 생각된다. 또 외화소지는 1인당 500달러 이내로 제한하고 환전의 편의를 위해 예비소집일 하루 동안 연수원에 임시환전소까지 설치해 편의를 제공한다고 한다.

이번에 방문하게 되는 연수대상국 중국이란 나라에 대해서 나는 어린 시절 유학자이신 조부(祖父)와 부친(父親)으로부터 귀가 아프도록 들어왔다. 그러기에 기회가 된다면 중국에 꼭 한 번 가보아야겠다고 생각했던 터라 무척 기쁘고 마음이 설레었다. 더구나 중국은 공산사회주의(共産社

會主義) 국가다. 불과 얼마 전까지만 해도 중국을 방문한다는 것은 꿈도 꾸지 못할 만큼 먼 나라였기에 더욱 그랬다. 통일연수원에서 배부한 참고 자료를 보면서 연수에 필요한 공부와 준비에 착수했다.

지금 중국은 잠에서 깨어나 기지개를 켰다. 변화의 속도와 물결 또한 거세다. 중국은 1978년부터 개혁에 착수했고 개혁개방정책의 결과 경제 면에서는 이미 사회주의에서 상당 수준 벗어나 있다. 우리나라는 중국과 2년 전인 1992년에 정식 수교(修交)했다.

1992년 8월 24일 한국의 이상옥(李相玉) 외무부 장관과 중국의 전기침 (錢基琛) 외교부장이 중국의 영빈관인 북경의 조어대(釣魚臺)에서 '외교 관계 수립에 관한 공동 성명'을 발표했다. 이로써 과거 전쟁 상대국이었 던 대한민국과 중화인민공화국은 수교국(修交國)이 되었다. 1905년 일제 의 을사늑약으로 공식적인 외교가 단절되고 나서 87년만의 일이다. 또 1949년 마오쩌둥(모택동; 毛澤東)에 의해 중화인민공화국 정부가 수립된 지 43년 만에 정식 외교관계가 성립된 것이다. 참으로 오랜 세월이 흘렀 다. 한·중 수교 공동성명의 내용은 다음과 같다.

▲

한·중 수교 공동성명

1. 대한민국 정부와 중화인민공화국 정부는 양국 국민의 이익과 염원에 부 응하여 1992년 8월 24일자로 상호 승인하고 대사급 외교 관계를 수립하 기로 결정하였다
2. 대한민국 정부와 중화인민공화국 정부는 유엔 헌장의 원칙들과 주권 및 영토 보전의 상호 존중, 상호 불가침, 상호 내정 불간섭, 평등과 호혜, 그 리고 평화 공존의 원칙에 입각하고 항구적인 선린 우호 협력 관계를 발전 시켜 나갈 것에 합의한다

3. 대한민국 정부는 중화인민공화국 정부를 중국의 유일 합법 정부로 승인하여 오직 하나의 중국만이 있고 대만은 중국의 일부분이라는 중국의 입장을 존중한다
4. 대한민국 정부와 중화인민공화국 정부는 양국 간의 수교가 한반도 정세의 완화와 안정, 그리고 아시아의 평화와 안정에 기여할 것을 확신한다
5. 중화인민공화국 정부는 한반도가 조기에 평화적으로 통일되는 것이 한민족의 염원임을 존중하고 한반도가 한민족에 의해 평화적으로 통일되는 것을 지지한다
6. 대한민국 정부와 중화인민공화국 정부는 1961년의 외교 관계에 관한 빈 협약에 따라 각자의 수도에 상대방의 대사관 개설과 공무 수행에 필요한 모든 지원을 제공하고 빠른 시일 내에 대사를 상호 교환하기로 합의한다

제1일, 1994년 7월 14일 (목요일)

오후 2시에 통일연수원 관리과에 집합해서 약 1시간 동안 여러 가지 주의사항과 준비물 등에 대한 교육을 받았다.

주로 방문국인 중국에 대한 사전 정보와 백두산 등정을 위한 복장과 상비약 등에 대한 것들이지만 국토통일원 통일교육전문위원으로서의 언행과 품위를 지키고 유익한 연수가 될 수 있도록 노력해 달라는 각별한 당부가 있었다.

끝으로 환전과 연수일정표, 중국체험 연수안내, 해외여행 참고사항, 중국관계 참고자료 등을 교부받은 후 예비소집을 마쳤다.

새벽 3시에 기상해 어제 준비해 둔 여행가방을 들고 4시에 공항으로 출발했다. 공항으로 가는 차속에서 처음 접하게 되는 중국이란 나라에 대해 좀 더 자세하게 알아보았다. 세세한 부분까지 요약해 놓은 통일연수원 자료가 큰 도움이 되었다.

중국은 육지 면적만 960만㎢에 달하는 세계 3위의 영토 대국이다. 전체 지형은 대체로 서고동저(西高東低)형으로 산지가 33%, 고원이 22%, 분지 19%, 평원 12%, 구릉 10%로 되어 있다.

주요 하천(河川)은 장강(양자강) 약 6,300km, 황하 5,464km, 회하 1,100km, 주강 2,400km, 흑룡강 4,345km 등이 산재되어 있다. 우리 한반도의 44배이고 인구는 12억이 넘는다. 한족을 비롯해 56개의 다민족 국가이다.

한족을 제외한 55개 소수민족은 8,579만 명으로 전 인구의 8%를 차지하고 있고 그 중 조선족은 약 192만 명으로 소수민족의 2.6%를 차지하고 있다.

언어는 중국어를 사용하며 방언이나 소수민족의 언어도 존재한다. 종교는 불교, 도교, 회교 기독교 등이 있다. 과거에는 중화사상(中華思想)이 팽배해 이민족을 배척하고 업신여기는 풍조가 있었으나 지금은 많이 사라졌다.

요리를 즐기며 식(食)을 가장 우선적으로 꼽을 정도로 먹는 것을 중하게 여긴다. 함께 모여서 식사하며 큰소리로 떠들며 이야기하기를 좋아한다. '민이식위천(民以食爲天)' 이라 하여 '백성은 먹는 것을 하늘처럼 생각한다' 는 말이 있을 정도다.

사람과의 관계를 매우 중시(重視)하며 아무리 부자라 할지라도 외관(外觀)에는 그리 치중하지 않는 것도 중국인들의 특성이라 할 수 있다.

다음은 1993년 기준으로 본 중국의 정치, 경제, 국방에 대한 통계이다

*政治분야 : 정부형태는 공산당 일당 독재이며 행정구역은 22개 성, 3개 직할시, 6개 자치구로 되어 있다. 건국일은 1949년 10월 1일이다. 유엔 가입일은 1971년 10월이고 안전보장이사회 상임이사국이다

*經濟분야 : 국민 총생산 5,170억 달러이고 1인당 국민소득은 430달러이며 외환보유고는 451억 달러이다

*國防분야 : 육군 221만 명, 해군 26만 명, 공군 47만 명, 제2포병 9만 명으로 총 303만 명의 대군을 보유하고 있다

중국과 한반도는 고대부터 현대까지 거의 공동체나 다름없는 생활을 영위해 왔다. 특히 한민족의 고대사와 중국의 고대사는 겹치는 부분이 많이 존재할 정도로 밀접하다. 위치상 우리의 인접국가로 수천 년 동안 교류와 반목을 거듭하며 지내온 이웃이다.

20세기에 와서는 한국전쟁 이후 냉전과 이념의 대결로 인해 거의 반세기 동안 교류가 중단되기도 했다. 상당기간 가깝고도 먼 나라로 인식되었다. 불과 2년 전 양국의 수교 전까지만 해도 일반인들의 중국방문이란 감히 생각할 수 없었던 공산사회주의 국가다. 그러한 중국을 오늘 방문하게 되었다. 아침부터 마음이 들뜨고 설레는 건 당연한 일이다

6시가 조금 넘어 김포공항 국제선 신청사에 도착했다. 함께 갈 여행사 안내인과 통일연수원 직원, 통일교육전문위원들이 2층 외환은행 앞에 모여 있었다. 일부는 출국을 앞두고 짐들을 정리하고 담소를 나누며 분주히 움직이고 있었다. 모두가 상기된 표정이 역력했다.

마음은 벌써 두 시간 후면 도착할 중국에 가 있는 것처럼 보였다. 오전 9시 대한항공 6135편 항공기에 탑승해 출발하였다.

드디어 11시(한국시간) 정각에 중국 상하이(上海) 국제공항에 도착했다. 중국은 한국보다 1시간이 늦다. 그래서 중국 시간으로는 10시다. 입국수속을 마치고 공항 밖으로 나오니 먼저 공항 간판이 눈에 띄었다. '上海'라고 한자로 된 붉은 글씨가 선명하게 걸려 있었다. 상해홍교 국제공항은 상하이 시내 중심에서 약 13km 떨어져 있는 중화인민공화국의 국제공항이다.

1907년 작은 군사비행장으로 개항했으며, 이후 1923년에 민간에게 개방하면서 민간공항으로 쓰이기 시작해 오늘에 이르렀다. 공항을 배경으로 사진을 찍고 조선족(朝鮮族)이면서 중국인 국적을 갖고 있는 가이드의 안내에 따라 버스에 올랐다.

그는 시내로 향하면서 상하이의 역사와 기타 이모저모에 대해 설명하기 시작했다. 창가로 보이는 처음 보는 중국의 풍경은 많이 낯설고 낙후되어 있었다. 드디어 상하이 시내로 들어왔다. 거대한 건물들이 즐비하게 늘어섰고 이국적 냄새가 짙게 풍기고 있었다.

생애 처음으로 방문한 사회주의 국가 중국 상하이공항

상하이는 당나라 시대 청룡진이 설치되면서 무역항으로 발전하였고, 1267년 남송(南宋)때 상해진이 설치되면서 행정구역상 '상하이'라는 지명이 처음 등장하게 된다. 명나라 말기부터 본격적으로 성장해 1880년대에 이르러 동북아의 최대 상업도시가 되었다. 청나라 말기인 1842년에 아편전쟁(阿片戰爭)의 결과로 맺어진 남경조약(南京條約)에 의해 구미 각국과의 무역을 위한 개항장(開港場)이 되었다.

이후 급속도로 상업이 발달하여 중국 제1의 도시로 성장한 것이다. 그러나 국제도시화 된 상하이의 실권은 외국인 해관세무사(海關稅務士)가 장악해 버렸고, 치외법권(治外法權)이 인정되는 외국인 조계(租界)가 설치되는 등 제국주의 열강들의 중국 침략을 위한 근거지가 되고 말았다.

그러나 한편 국내적으로는 중국 민족해방운동(民族解放運動)이나 노동운동(勞動運動)의 중심지가 되기도 하여 1949년 중화인민공화국이 들어설 때까지 혁명과 반혁명의 격렬한 대결의 장이 되기도 했다. 특히 상하이는 우리나라와는 밀접한 관련이 있는 곳이다. 1910년 일본에게 대한제국의 국권을 빼앗기자 구국운동에 나선 독립지사들은 대다수가 상하이로 진출하게 된다.

조계지는 일제의 추적이나 간섭을 피할 수 있는 최적의 장소였기 때문이다. 그 조계지들 중에서도 프랑스 조계지는 그들의 건국이념인 자유(自由)와 평등(平等), 박애(博愛)의 정신을 보장함으로써 독립운동을 하는데 큰 도움이 되었다.

마침내 1919년 4월 13일 상하이 프랑스 조계지에 대한민국 임시정부가 수립되어 1932년 5월에 일본군의 탄압을 견디지 못하고 항저우(항주; 杭州)로 옮겨갈 때까지 10여 년 넘게 활약하며 머물렀던 유서 깊은 곳이다.

홍커우공원과 매헌 윤봉길 의사

상하이 시내로 들어와서 가장 먼저 찾은 곳은 홍커우공원(홍구공원; 虹口公園)이었다.

상하이 시 중심에서 북동쪽에 자리한 공원으로 전체 규모 40만㎡에 이르는 대규모 녹지가 조성돼 있다. 도심 속에서도 여유롭게 휴식을 취하기 좋은 장소로 상하이 시민들에게 많은 사랑을 받는다고 한다. 실제로 아름다운 호수도 있고 잔디밭 위에는 군데군데 시민들이 모여서 기체조를 하는 모습도 보인다. 걷다 보면 공원 보도 위에 붓에 물을 묻혀 한시(漢詩)를 쓰는 달필가(達筆家)도 있었다.

원래 명칭은 홍커우공원이었지만 공원 안에 중국의 근대 문학가 루쉰(노신; 魯迅)의 묘와 기념관이 이전해 오면서 지금은 '루쉰공원'이라 불리게 되었다. 루쉰의 묘에는 마오쩌둥이 직접 쓴 '루쉰선생지묘(魯迅先生之墓)'라는 글자가 새겨져 있다. 또 매헌(梅軒) 윤봉길(尹奉吉) 의사의 뜻을 기념하기 위하여 정자와 함께 의거현장비(義擧現場碑)가 세워져 있고 정자 안에는 윤봉길 의사의 사진과 유물들이 전시되어 있다.

홍커우공원(현 루쉰공원) 정문

나는 홍커우공원을 거닐면서 일제강점기에 있었던 윤봉길 의사의 영웅적 쾌거가 있었던 현장이라는 생각이 떠올라 눈시울이 뜨거워졌다. 그리고 공원 구조물조차도 하나하나가 예사롭게 보이지 않았다.

충절의 고장 예산 출신인 윤봉길 의사는

나라의 형세가 기울기 시작하던 1908년에 태어났다. 청년시절 고향에서 민족의식을 고취시키는 교육사업을 하다 일제의 폭압이 거세지자 1930년 조국 독립을 위해 중국으로 향했다. 윤봉길 의사가 중국으로 망명하기 전 남기고 간 편지에는 '장부출가생불환(丈夫出家生不還)'이라 쓰여 있다. '장부가 뜻을 품고 집을 나서면 살아 돌아오지 않는다'는 뜻이다.

윤봉길 의사는 임시정부가 있는 상하이에서 채소장사 등을 하며 기회를 엿보고 있었다. 그러다가 1932년 4월, 마침내 비장한 결심을 하게 된다. 임시정부를 찾아가 김구(金九) 주석(主席)에게 조국 광복을 위해 신명을 바치겠다고 맹세(盟誓)했다. 그리고 기꺼이 실행(實行)했다.

"나는 적성(赤誠)으로써 조국의 독립과 자유를 회복하기 위하여 한인애국단의 일원이 되어 중국을 침략하는 적의 장교를 도륙하기로 맹세하나이다."

1932년 4월 26일 임시정부에서 계획한 폭탄투척거사를 자원한 윤봉길 의사의 선서문(宣誓文)이다.

거사 당일인 1932년 4월 29일, 김홍일(金弘壹) 장군이 전해 준 수통형과 도시락형 두 개의 폭탄을 앞에 놓고 김구 주석과 마지막 아침식사를 한다. 거사를 위해 출발하면서 자신의 새 시계와 김 주석의 헌 시계를 바꾸어 찼다는 일화는 그 감동과 함께 모르는 사람이 없다.

윤봉길 의사의 폭탄거사는 성공을 거두었고 일왕 히로히토의 생일인 1932년 4월 29일, 홍커우공원에서 거행된 일제 전승축하기념식장은 피비린내 나는 아수라장으로 변했다.

침략의 원흉들인 시라카와 일본군 대장과 일본인 거류민단장 가와바타[河端貞次]는 그 자리에서 즉사하였고, 제3함대 사령관 노무라[野村吉三郎] 중장은 한쪽 눈을 잃었으며, 제9사단장 우에다[植田謙吉] 중장, 주중

권총과 폭탄을 든 매헌 윤봉길 의사

공사 시케미쓰[重光葵] 등이 중상을 입었다.

　윤봉길 의사는 현장에서 일본군에게 체포되어 일본 군법회의에서 사형을 선고받고 1932년 11월 20일 오사카[大阪] 형무소에 수감되었다가 1932년 12월 19일, 총살형을 받고 25세의 젊은 나이에 다음과 같은 명언을 남기고 순국하였다.

　"아직은 우리가 힘이 약하여 외세의 지배를 면치 못하고 있지만 세계 대세에 의하여 나라의 독립은 머지않아 꼭 실현되리라 믿어마지 않으며, 대한 남아로서 할 일을 하고 나는 미련 없이 떠나가오."

　이 의거는 중국 등 전 세계에 알려졌고, 중국의 장제스(장개석; 蔣介石)는 "중국 100만 대군도 하지 못한 일을 조선의 한 청년이 해냈다"고 격찬하였다고 한다. 그뿐 아니라 윤봉길 의사는 임시정부를 살려낸 일등공신이 되었다.

　당시 임시정부는 독립운동의 방법과 진로를 놓고 파벌싸움으로 극심한 내홍을 겪고 있었다. 핵심인사들이 모두 떠나고 임시정부는 그야말로 존립자체가 벼랑 끝에 몰리고 있었다.

　이때 김구 주석과 윤봉길 의사가 '홍커우공원 폭탄투척거사'를 성공시킴으로써 임시정부의 존재감을 만천하에 알리며 통합의 불씨가 되었기 때문이다.

　우리 연수단 일행은 홍커우공원에서 나와 곧바로 상하이임시정부 청사가 있는 곳으로 이동하였다.

상하이임시정부 청사에 가다

　상하이임시정부 청사는 좁다란 도로를 접한 허름한 주택가에 3층 건물로 외벽은 벽돌, 내부는 목조로 되어 있었다. 70년 세월이 흐른 지금까지 남의 나라 땅에 자취가 남아 있다는 것이 반갑고 감회가 남달랐다.

　그렇다. 이곳이 어떤 곳이던가. 망국의 설움을 달래가며 나라를 되찾기 위한 일념 하나로 뭉쳤던 애국선열들의 혼이 깃들어 있는 성지요, 일제 식민지배하에 신음하던 이천만 민족의 정신적 지주역할을 했던 곳이다. 또한 독립지사(獨立志士)들의 광복에 대한 의지(意志)와 한(恨)이 서려 있는 유서 깊은 곳이 아닌가. 보는 순간 눈시울이 붉어졌다.

　상하이임시정부 청사는 일명 상하이 마당로 '보경리 청사'라고 한다. 외탄 인근에 자리하고 있다. 외탄지역은 상하이 황푸(황포; 黃浦) 강변에 조성된 넓은 제방으로 한쪽으로는 남경로(南京路)와도 연결되고 '푸둥(포동; 浦東)지구'가 건너편에 보인다. 이 거리는 상하이역사의 축소판이다. 다양한 국가의 건축양식이 모여 있어서 '세계건축박물관'이라 불리기도 한다. 사시사철 관광객들과 시민들이 황푸강 경관을 즐기기 위해 모여들어 항상 붐비는 곳이다.

　상하이임시정부 청사 건물은 일제강점기인 1926년부터 윤봉길 의사의 쾌거가 있었던 1932년까지 약 7년 동안 임시정부 청사로 사용되었던 곳이다. 우리 국민들이 꼭 한 번 찾아가 볼 필요가 있는 의미 있는 장소다. 건물은 매우 낡고 찾기도 힘들 만큼 초라한 골목에 자리해 있었다.

상하이임시정부구지 골목 입구 작은 현판

19세기 초 청나라는 영국과 치른 아편전쟁에서 패한 이후 서구 열강제국주의들과 연이은 불평등 조약으로 반식민지화 되었다.

1919년 당시 상하이는 외국 주권이 행사되는 서구 열강들의 조계지(租界地; 외국인 거주지역)가 되어 있었다. 그것은 상하이의 지리적 특성 때문이었다.

여러 나라의 조계지중 1866년에 들어선 프랑스 조계지는 임시정부에 비교적 우호적이었다. 프랑스는 자유와 평등을 이상으로 삼는 국가였기 때문에 일본의 협조에는 소극적이고 모든 면에서 독자적 정치성향이 강한 편이었다. 또 그곳은 외부와 연락하기가 쉽고 일제의 단속을 미리 임시정부에 알려주는 등, 일제의 탄압으로부터 자유로울 수 있는 공간이었기 때문에 임시정부로서는 그만한 적지(適地)가 없었을 것이다.

그러나 윤봉길 의사의 폭탄 의거 후 곧바로 들이닥친 일본 경찰에 의해 도산(島山) 안창호(安昌浩)를 비롯한 임시정부 관계자 12명이 체포됐다. 프랑스 조계당국 역시 일본의 항의가 거세지자 윤봉길이 폭력을 썼기 때문에 더 이상 보호해 줄 수 없다고 통보했다. 이때부터 대한민국 임시정부는 더 이상 상하이에 머무를 수 없게 된 것이다.

일제의 감시를 피해 중국 땅을 전전하는 고난의 대장정이 시작되었다.

임시정부는 1945년 8월 15일 광복을 맞아 12월 19일 서울로 귀국할 때까지 27년 동안 나라 잃은 설움을 안고 풍찬노숙(風餐露宿)하며 오로지 조국독립만을 위한 투쟁(鬪爭)과 고난(苦難)과 역경(逆境)의 세월을 보내게 되었다.

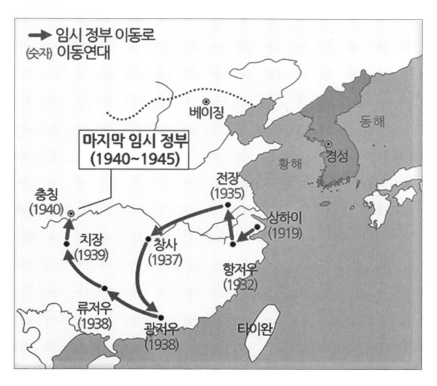

▶ 임시 정부 이동로
(숫자) 이동연대

마지막 임시 정부
(1940~1945)

베이징

동해

황해   경성

충칭
(1940)

전장
(1935)

치장
(1939)   창사
(1937)   상하이
(1919)

항저우
(1932)

류저우
(1938)   광저우
(1938)   타이완

대한민국 임시정부의 이동경로를 살펴보면 다음과 같다

상하이(상해; 上海) (1919.4~1932.4)

항저우(항주; 杭州) (1932.5~1935.11)

전장(진강; 鎭江) (1935.11~1937.11)

창사(장사; 長沙) (1937.11~1938.7)

광저우(광주; 廣州) (1938.7~1938.11)

류저우(유주; 柳州) (1938.11~1939.5)

치장(기강; 綦江) (1939.5~1940.9)

충칭(중경; 重慶) (1940.9~1945.11)

독립지사들의 혼(魂)과 체취(體臭)를 찾아서

우리 일행은 안내자의 인도로 1층에서 간단하게 청사 내역에 대한 비디오 시청을 하고 2층과 3층의 전시관을 차례로 관람하였다. 전시관 내부에는 그 당시 쓰던 가구와 오래된 서적, 그리고 낯익은 사진 등이 전시되어 있었다. 독립운동을 하던 선열들의 자취가 유품 하나하나에 서려 있었다. 특히 벽면에 걸려 있는 임시정부 요인들의 빛바랜 옛 사진들을 보면서 우국충정(憂國衷情)으로 밤을 지새우던 독립지사(獨立志士)를 생각해 보았다. 그리고 조국이 분단된 채 반쪽 나라가 아직도 유지되고 있다는 것에 죄스러운 생각도 들었다.

모두들 피곤한 줄도 모르고 자료들도 꼼꼼히 살펴보고 간간이 서로 의견교환도 하면서 감격스러워 했다. 원래 전시실 내부의 사진 촬영은 금지되어 있다고 했지만 백범 김구 선생의 흉상과 친필휘호 앞에선 사진을 찍는 이가 많았다. 관리인도 굳이 제지하지는 않았다. 비록 짧은 시간이었고 좁은 공간이었지만 매우 가슴 벅찬 시간이었고 좋은 공부가 되었다.

관람을 끝내고 내려오니 건물 안에 있는 작은 상점에서 우표, 장식품, 기념품 등을 팔고 있었다. 나는 아버님께 드릴 필묵(筆墨)과 백범 선생의 필적인 '독립정신(獨立精神)'과 서산대사의 '답설(踏雪)'이란 선시(禪詩)를 샀다. 또 한쪽에 방명록과 모금함이 비치되어 있었다.

나도 방명록에 서명하고 모금에 기꺼이 동참하였다. 이 상점에서 얻은 수익금과 모금된 돈으로 임시정부청사 유지비를 마련하고 있는 듯 보였기 때문이다.

답설(踏雪) _ 서산대사(西山大師)

踏雪野中去(답설야중거)
不須胡亂行(불수호란행)
今日我行跡(금일아행적)
遂作後人程(수작후인정)

눈 덮인 들판을 걸어가더라도
결코 발걸음을 어지럽히지 말라
오늘 내가 걸어가는 이 발자국은
후세 사람들의 이정표가 될 것이므로

나는 이 시를 몇 번이고 소리 내어 읽었다. 한 구절 한 구절이 가슴에 와 닿았다. 혹독한 일제 치하에서 오직 조국독립을 위해 한길을 걸으신 애국선열들의 좌우명(座右銘) 같다는 생각을 했다. 실제로 위의 詩는 임시정부 시절 백범 김구 선생을 비롯한 수많은 선구자들이 조국 광복을 위해 목숨을 걸어야 하는 결단을 내릴 때마다 되새겼던 시로도 알려져 있어 그

백범 김구 선생 유묵

의미를 더했다. 대한민국 임시정부 시절 우리의 애국선열들의 지상목표는 오직 조국(祖國)의 자주독립(自主獨立)이었다.

　백범 김구 선생은 광복 후에도 '통일을 이루지 않고는 완전한 독립을 말할 수 없다'고 했다. 오랜 남북분단(南北分斷)의 시대를 살고 있는 우리는 지난 역사를 들추지 않더라도 조국통일(祖國統一)이 진정한 독립임을 명심해야 한다. 전 국민이 합심단결(合心團結)하여 남북통일(南北統一)을 반드시 이룩해 온전한 광복(光復)을 완성(完成)해야 할 것이다.

3.1만세혁명의 역사적 교훈을 잊지 말아야

　상하이임시정부는 3.1만세운동의 영향으로 수립되었다. 그러기에 우리는 3.1만세 운동의 역사적 의미와 교훈을 잊지 말아야 한다. 3.1만세운동은 우리 민족사에서 미증유(未曾有)의 거국적이고 거족적인 대규모 시위였다. 우리나라 헌법(憲法) 전문에는 "3.1운동으로 건립된 대한민국(大韓民國)은 임시정부(臨時政府)의 법통(法統)을 계승(繼承)한다"고 되어 있다. 3.1만세운동의 파장은 그만큼 컸다. 철옹성(鐵甕城) 같은 제국주의의 그늘에서 잠들어 있던 대륙을 깨우고 전 세계에 영향을 미쳤다.

　3.1만세운동은 우리 민족뿐 아니라 세계 민중사(民衆史)를 바꾼 위대한 혁명(革命)이었다. 그렇다. 혁명이라 불러야 한다. 명칭(名稱) 하나 바꾼다 해서 그 실체나 역사적 사실이 달라지는 것은 아니다. 그러나 용어에 따라 그 의미와 평가는 확연히 달라진다. 그 동안 우리는 헌법에 명시된 3.1운동이라는 말을 아무 저항 없이 써왔다. 그러나 운동이 아닌 혁명으로 부르게 되면 그 의미는 크게 변하게 된다. 완전히 다른 평가(評價)가 내려지게 되는 것이다.

　실제로 3.1만세운동은 그로 인해 국내외적으로 엄청난 사회적 파장과 정치적 파장을 몰고 왔다. 직접적으로는 일제의 식민지정책(植民地政策)의 변화를 가져왔을 뿐만 아니라 상하이임시정부 수립의 단초가 되었고, 근대국가(近代國家)의 씨앗이 되었다. 또 3.1혁명은 봉건군주체제(封建君主體制)를 타파하고 공화민주주의(共和民主主義)의 굳건한 토대를 마련한 의식혁명(意識革命)이자 사회혁명(社會革命)이었다.

더구나 그 파장은 우리 민족에 국한된 것이 아니었다. 우리와 같은 처지의 전 세계 피압박(被壓迫) 민족에게 자각(自覺)과 구원(救援)의 불씨를 제공했다. 그 대표적인 것이 중국의 '5.4운동'과 인도의 '비폭력 무저항운동'이다. 3.1혁명은 잠자는 두 대륙을 깨운 것이다.

그뿐 아니다. 그 파장은 중국의 '5.4운동'을 시작으로 필리핀의 '8월 여름독립시위', 터키의 '민족운동', 이집트의 '반영자주운동'으로 연이어 줄줄이 이어져 영향을 미쳤다.

3.1혁명은 당시 잘못된 세계질서(世界秩序)를 바로잡는 데 기폭제(起爆劑) 역할을 한 쾌거였음을 이미 역사가 증언하고 있다. 그러기에 3.1만세운동은 혁명(革命)이라 불러야 한다. 인류가 나아갈 바를 제시한 선구적(先驅的) 혁명이라 불러야 마땅하다.

그 중에서도 특히 주목할 것은 3.1혁명은 일체의 폭력을 배제하고 맨손으로 저항한 비폭력(非暴力) 평화혁명(平和革命)이란 사실이다. 시위에 참여한 그 많은 사람들 중 누구도 태극기 외에 무기 하나 들지 않았다. 오직 정의(正義)의 신념(信念)으로 일제의 무자비한 총칼에 맞섰다. 일찍이 인류역사에 이 같은 저항운동(抵抗運動)은 없었다.

세기의 명문장인 '독립선언문(獨立宣言文)' 역시 궁극적으로는 평화선언문(平和宣言文)이라 할 수 있다. 동양평화와 세계평화를 향한 메시지였다. 그러기에 독립선언문에는 만세운동의 필연성(必然性)을 당당하게 강조하고 있다. 우리의 독립운동은 단지 배일감정(排日感情)에서 나온 것이 아니며 동양평화(東洋平和)를 위해 필수적 선택이었음을 누누이 강조하고 있다.

3.1만세운동은 또 평등(平等)과 공영(共榮)을 실천한 혁명이었다. 남녀노소(男女老少)의 구별도 없었고 지역(地域)의 구별도, 빈부귀천(貧富貴賤)의 구별도 없었다. 심지어 이념(理念)과 종교(宗敎)마저 초월했다. 그야말로 거국적(擧國的)이고 거족적(擧族的)인 항쟁(抗爭)이었다. 우리나라 수천 년의 역사에서 전 국민이 남녀상하(男女上下) 구별 없이 온전하게 하나가 된 것은 이 때가 처음이었다. 그렇게 되기까지 얼마나 많은 고통과 번민이 뒤따랐을 것인가.

또 수십 번 아니 수백 번의 대화와 타협의 과정이 있었을 것이고, 과감하게 소아(小我)를 버리고 대아(大我)를 취하는 살신성인(殺身成仁)의 희생도 감내했을 것이다. 이는 오로지 구국정신(救國精神)이자 자주정신(自主精神)이요, 독립정신(獨立精神)의 발로였던 것이다. 아무 조건 없는 대통합(大統合)을 이룸으로써 위대한 대동단결(大同團結)의 정신을 발휘한 것이다. 3.1혁명의 정신인 자주(自主)와 민주(民主), 평화(平和), 이 숭고한 뜻은 과거뿐 아니라 현재와 미래에도 인류가 나아갈 바를 밝히는 영원한 이정표로서 부족함이 없는 것이다.

임시정부 수립과 대한민국의 탄생

3.1만세혁명의 영향은 곧바로 대한민국 임시정부(臨時政府)의 수립으로 이어졌다. '기미독립선언서(己未獨立宣言書)'는 세계만방에 조선이 자주국(自主國)임을 선언함으로써 국내는 물론 해외에서 독립운동을 하던 애국지사들에게 정부수립의 정치적 토대를 제공해 주었다. 대한민국 임시정부의 성립과정을 살펴보면 확연히 알 수 있다.

3.1만세혁명 바로 직후인 1919년 4월 10일 상하이 프랑스 조계에 있는

비밀장소에서 이동녕(李東寧), 신익희(申翼熙), 조소앙(趙素昻) 등, 13도 대표 애국지사 29명이 모였다. 그들이 회동하여 임시정부 수립을 위한 토론을 시작했다. 이것이 출발점이 되었다. 이 회의를 '제1회 임시의정원회의'라 한다. 임시의정원은 대한민국 임시정부의 입법기관이다. 3.1운동의 민주주의 이념과 민족자주정신을 이어받아 구성된 조직이다.

바로 다음날인 4월 11일에는 '대한민국(大韓民國)'이라는 국호를 확정했다. 우리나라가 대한제국(大韓帝國) '황제의 나라'가 아닌 대한민국(大韓民國) '국민의 나라'로 새롭게 태어났음을 의미한다. 또 우리나라 최초의 헌법인 10개 조로 된 '대한민국 임시헌장(臨時憲章)'을 제정 선포했다. 임시헌장 제1조는 민주공화제, 제2조는 대의제, 제3조는 평등권, 제4조는 자유권, 제5조는 참정권 등 국민의 기본권을 적시하고, 제6조부터는 국민의 의무규정을 담았다. 임시헌장에 민주와 공화를 필두로 자유, 평등, 평화와 같은 근대국가의 모든 요소들이 포함됐다.

애국지사들은 흩어진 힘을 하나로 결집시키기 위해 그 뒤 여러 차례의 '의정원 회의'를 거쳤다. 마침내 연해주와 간도를 중심으로 한 '노령정부', 3.1운동의 진원지 서울에 수립한 '한성정부', 그리고 중국에 세워진 '상해정부', 이 세 임시정부를 하나로 통합(統合)하기에 이른다.

또 임시헌법(臨時憲法)을 개정하여 대통령제를 채택하게 된다. 대통령에 이승만, 국무총리에 이동휘, 외무 김규식, 내무 안창호, 재무 최재형, 법무 이시영, 교통 문창범 등 6부 총장(장관)을 선출했다.

그리고 마침내 1919년 4월 11일, 이동녕 초대 임시의정원 의장이 상하이에서 임시정부 수립을 선포하게 된다. 이때부터 우리나라의 국호(國號)는 '대한민국'이 공식적으로 사용되기 시작한 것이다. 대한민국 임시정부는 민주(民主)와 민본(民本), 민권(民權)을 추구하는 '민주공화제(民主共和制)'를 기본이념으로 삼았고, '임시의정원(臨時議政院)'이라는 대의기관을 설치하는 등 삼권분립 원칙에 의거한 민주공화제 틀을 갖추

1919년 10월 대한민국 임시정부 국무위원

었다. 그리고 이를 세계만방에 공식 선언하기에 이른다.

대한민국 임시정부의 수립(樹立)은 과거와 단절하는 혁명적 변화를 가져왔다. 첫째, 일제에게 빼앗긴 '국권(國權)'을 되찾은 것이고, 둘째, 우리나라 역사에서 '나라의 주인이 국민(國民)'이라는 것을 세계만방에 선언한 날이다.

임시정부 헌법 1조에 공화제를 명시한 것은 당시 세계 헌정사에도 없는 독보적 사례였다. 이는 실로 세계를 깜짝 놀라게 하는 거사였다. 해외언론들도 주목하기 시작했다. 중국의 '시사신보'와 '북경일보', 심지어 미국의 언론들까지도 대한민국 임시정부 수립에 대한 보도를 하면서 놀라움을 금치 못했다.

3.1운동의 뜨거운 독립에 대한 열망이 결실을 맺어 대한민국 임시정부 수립으로 이어졌다는 사실을 대대적으로 보도하기에 이른다. 한 발 더 나

아가 장차 민주적 헌법을 가진 국가를 건설해 국제연맹 가입을 꿈꾸고 있음도 보도했다.

또한 3.1운동이 비단 한국인의 독립운동에 그치는 것이 아니라 전 세계를 움직일만한 위력을 지녔다고도 했다.

이는 도산(島山) 안창호(安昌浩)의 상하이임시정부 내무총장 취임 연설에도 그대로 나타난다. "우리가 정부를 세우는 것은 독립으로 우리의 주권만을 찾는 것이 아니요, 한반도에 모범적 공화국을 세워 이천만동포로 하여금 천연의 복락을 누리려 함이다. 그러므로 우리는 생명을 희생해서라도 이 목적을 반드시 달성해야 한다"고 설파했다

그 후 임시정부는 행정조직(行政組織)을 갖추고 인력과 자금을 모으게 된다. 또한 광복군을 조직 확대함으로써 본격적으로 독립전쟁(獨立戰爭)에 나서게 된다. 국제적으로는 파리강화회의에 대표를 파견해 조선독립의 정당성을 알렸다. 상하이임시정부는 일제의 패망으로 광복이 되는 날까지 존속했다.

27년간 애국지사들의 일념(一念)은 오로지 조국독립이었고 민주공화제의 실현이었다. 잃어버린 나라를 되찾기 위한 그분들의 행적은 그야말로 피와 땀과 눈물이 결합된 형극(荊棘)의 길이었던 것이다.

그럼에도 광복 후 임시정부는 해방된 조국에서 제대로 대접받지 못했다. 일본은 물러갔지만 대신 북에는 소련군이, 남에는 미군이 들어왔다. 전후 처리를 위한 명목으로 총독부 청사(中央廳)에는 미군정청이 들어서고 총독관저인 경무대(景武臺)는 미 육군 24군단장 하지 중장의 관사가 되었다. 북쪽도 사정은 마찬가지였다. 소련군이 들어와 모든 것을 장악하고 있었다.

이처럼 서울에 들어와 모든 정무를 장악하고 있던 미(美)군정이 임시정부 요인들이 정부이름으로 귀국하는 것을 허락할 리가 없었다. 김구를 비롯한 임시정부 요인들은 어쩔 수 없이 개인자격임을 서약한 후에야 귀국

할 수 있었다. 우리나라의 장래를 위해서도 결코 바람직하지 못한 일이었다. 특히 그 동안 임시정부 요인들의 활약상에 비추어 볼 때 참으로 억울하고 초라한 귀국이었다.

우리 힘으로 독립을 쟁취하려는 노력이 수포로 돌아가고 남의 힘에 의해 독립이 되었기에 생긴 비애였던 것이다. 미군정은 1945년 광복 때부터 1948년 남한 단독정부가 수립될 때까지 만 3년 동안 각종 영향력을 행사하며 존속하게 되었고, 한국전쟁으로 인한 후유증으로 유엔군과 미군은 70년이 된 지금까지도 이 땅에 주둔하고 있다.

역사에 가정이란 있을 수 없다지만 1945년 제2차 세계대전 당시 우리도 승전국이 될 기회가 전혀 없던 것은 아니었다. 태평양전쟁 막바지에 미국이 주도하는 연합군은 한반도 진공작전을 수행하기 위해 OSS부대(미국 전략사무국과 대한민국 임시정부가 계획하고 창설했던 조선본토 침공작전을 위한 특수부대)를 창설했다. 그때 우리 광복군도 그 연합군 대열에 포함되어 있었다. 임시정부 역시 일본에 이미 선전포고를 한 상태였다.

그러나 광복군이 미처 참전도 하기 전에 미국이 히로시마와 나가사키에 원자폭탄을 투하했고, 일본은 항복하고 말았다. 간발의 차이로 천금과도 같은 참전기회가 사라지고 만 것이다. 통탄할 일이었다. 임시정부 김구 주석이 대성통곡을 한 이유도 바로 그 때문이었다. 만약 그때 우리 광복군이 당당하게 참전해 승전국이 되었더라면 우리의 역사는 크게 달라졌을 것이다. 국제사회에서 떳떳하게 발언권을 행사하며 우리의 국익을 챙겼을 것이기 때문이다.

그러나 역사는 이들의 거룩한 뜻과 노고를 결코 잊지 않았고 앞으로도 잊지 않을 것이다. 헌법 전문에도 "대한민국은 임시정부의 법통을 계승"하였음을 뚜렷이 명문화했을 뿐만 아니라 대한민국이 민주공화국임을 헌법 1조에 분명하게 명기하고 있다.

또한 대한민국 정부는 임시정부 탄생의 뜻 깊은 날을 기리기 위해 1989

년 12월 '대한민국 임시정부 수립기념일'을 4월 13일로 정하고 보훈처 주관으로 1990년부터 해마다 기념식을 거행해 오고 있다.

일각에서는 임시정부 수립기념일을 '대한민국' 국호와 임시헌장을 제정하고 내각을 구성한 4월 11일로 해야 한다는 의견이 설득력을 얻고 있다. 이 같은 논란은 확실한 검증을 거쳐 혼선이 빚어지지 않도록 서둘러 정리해야 할 것이다.

민족의 한(恨)이 서린 심양에 가다

우리 일행이 오후 5시 30분에 상하이공항을 출발하여 심양공항에 도착한 시간이 7시 30분이었다. 상하이에서 선양(심양; 瀋陽)까지 2시간이 걸렸다. 곧바로 식사를 하러 갔는데 식당에 들어서자마자 이상한 냄새 때문에 비위가 상해서 괴로웠다.

특유의 향내가 진동하여 식사를 제대로 할 수 없을 지경으로 고약했다. 비위가 약한 나는 난생 처음 중국 현지음식과 그렇게 마주하게 되었다. 할 수 없이 삶은 계란과 우유로 식사를 대신했지만 앞으로 잘 적응할 수 있을지 은근히 걱정이 되었다.

식사를 마치고 호텔로 향했다. 심양의 야경이 이국적이고 아름다웠다. 호텔에 도착해 간판을 보니 '심양봉황반점'(瀋陽鳳皇飯店)이라고 되어 있었다. 중국에 와서 호텔이나 여관을 반점이라 부르고 화장실을 칙소(則所), 세수간(洗手間), 위생소(危生所)라고 부르는 것이 무척 낯설었다. 중국에서 연수하는 동안 나의 룸메이트는 부산에서 온 박광박 위원이었다. 앞뒤가 '박'으로 시작해 '박'으로 끝나는 좀 특이한 이름이었다.

대충 씻은 다음 차를 한잔 마시면서 반갑게 인사를 나누었다. 난생 처음으로 방문한 중국에서의 첫날밤이 그렇게 저물고 있었다.

아침 일찍 일어나 호텔 주변을 산책했다. 중국이라 해서 특별할 건 없다. 이곳 심양도 보통 도시들처럼 아침 풍경은 생동감(生動感)이 넘치고 모두가 분주하다.

아직 출근하기엔 좀 이른 시간이지만 남보다 한 걸음 더 다가가 아침을 잡으려는 사람들은 여기에도 예외는 없다. 주로 자전거와 오토바이를 이용해 부지런히 오가고 있다. 대부분이 소시민들이다. 저들이 일을 마치고 집에 들어갈 때는 무엇을 얼마나 얻어가지고 갈지는 모르지만 희망을 안고 살아가는 모습이 보기 좋은 아침이다.

우리 일행 중에서도 산책을 나온 위원이 있어 함께 어울려 약 한 시간 정도 산책을 마치고 호텔 식당에서 아침식사를 했다. 오늘은 심양 시내를 둘러보고 청나라 초기의 궁궐인 고궁(古宮)과 황제의 묘지인 북릉(北陵)을 살펴보는 일정이 잡혀 있다. 우리는 9시에 고궁을 향해 출발했다.

어제 저녁 잠깐 만났던 안내인은 벌써 나와서 밝게 인사를 한다. 어제 늦게 심양에 도착하자 우리를 반갑게 맞이하는 여성이 있었다. 심양에서 우리 일행을 안내하게 될 현지 가이드인데 그는 조선족 3세로 중학교 교사로 재직하고 있다고 한다. 한국어도 유창하고 명랑한 성격이어서 모두 호감을 가졌다. 아마도 같은 동포라는 친밀감이 크게 작용한 것일 수도 있다.

그의 할아버지 고향은 충청북도 진천인데 일제의 횡포에 못 견뎌 만주로 이주했다고 한다. 부모님은 길림성 연길에 있고, 자신은 심양에서 공무원인 남편과 단둘이 살고 있다고 소개했다. 우리 동포인 것은 맞지만 현재의 신분은 중국에서 나서 중국식 교육으로 자랐고 중국 국적을 가진 중국인이다. 1992년 말 현재 이 같은 동포가 동북3성인 요녕성(遼寧城), 길림성(吉林城), 흑룡강성(黑龍江城)에 200만이 넘게 분포해 살고 있다.

심양에서 청왕조(淸王朝)의 역사를 살피다

심양을 일본강점기에는 봉천(奉天)이라 불렀다. 나는 심양에 도착한 순간부터 눈을 부릅뜨고 심양이 과연 어떤 곳인가를 살피고 있었다. 그리고 다른 지역과는 달리 나의 의식은 현재보다는 과거로 돌아가 헤매고 있었다. 내 눈에는 변발을 한 청나라 관리들의 모습도 보이고, 악랄하기로 소문난 일제의 관동군 소속의 군인들도 보이고, 또 아무 잘못도 없이 수만 리 이국땅에 끌려와 핍박의 대상이 된 조선의 백성들의 모습도 보인다.

그리고 조선 16대 임금인 인조(仁祖)와 삼전도 굴욕, 정묘호란과 병자호란, 강화도와 남한산성, 소현세자(昭顯世子)와 봉림대군(鳳林大君), 최명길(崔鳴吉)과 김상헌(金尙憲) 등, 그 시절의 인물들이 머릿속에 가득 들어앉아 떠날 줄을 모른다.

그중에서도 특히 내가 어렸을 때 집안 어른들로부터 수없이 들었던 오달제(吳達濟)·윤집(尹集)·홍익한(洪翼漢) 등, 삼학사(三學士)에 대한 이야기가 또렷하게 생각이 났다.

당시 청태종은 볼모로 끌려온 삼학사의 충절(忠節)과 기개(氣槪)가 탐나 자신의 신하로 만들려고 갖은 고문과 회유를 하였으나 끝내 실패하였다고 한다. 청태종은 그들의 충절과 기개를 흠모해 순국한 후에 기념비를 세웠다는 이야기를 들은 적이 있었다. 그래서 수소문해 알아보니 이미 없어져 버렸다고 한다. 만일 가능하다면 찾아가 술이라도 한잔 올리려 했었는데 안 좋은 소식을 접하고 마음만 우울하게 되고 말았다.

또 우리의 옛 땅이었으나 지금은 이국땅이 되어버린 심양에 와서 한낱 초라한 나그네가 되어 서 있다고 생각하니 서글픈 생각마저 들었다. 또한 이 같은 사실은 국가를 경영하는 정치 지도자의 책무가 막중하다는 것과 국가 안보의 중요성을 웅변으로 증명해 주고 있었다.

그러나 역사는 반복된다고 했다. 적을 이기려면 지피지기(知彼知己)가 우선이라고도 했다. 이곳에서 우리에게 주어진 시간은 짧지만 최선을 다해 하나라도 놓치지 않고 살피리라 다짐했다. 반드시 그래야만 할 것 같았다. 남북통일(南北統一)은 물론이고 지금은 박제된 전설(傳說)로만 남은 고구려(高句麗)와 발해(渤海)의 영광을 재현시킬 수 있는 해답을 이곳에서 찾을지 모른다고 생각했기 때문이다.

중국의 동북3성이라 칭하는 이곳 만주벌판은 고구려와 발해, 또 더 멀리 고대로부터 우리 조상들이 살았던 우리의 터전이었다. 그런데 고구려와 발해가 쇠하고 이곳에 여진족(女眞族)의 후예인 누르하치가 1616년에 후금(後金)을 개국하고 심양에 수도를 정함으로써 점차 중국 땅으로 변모하기 시작했다. 19세기 후반에는 청나라와 일본이 만주 땅을 놓고 다투었으며, 일제 패망 후에는 중국 국민당과 공산당이 자기들끼리 쟁탈전을 벌이게 된다. 완전히 우리와는 거리가 먼 중국 땅이 되어버렸다.

분명히 우리 땅이건만 지금은 아무도 우리 영토라고 말하지 않는다. 말하는 사람이 오히려 이상한 사람처럼 느껴지고 정부도 국민들도 중국 땅이라 치부하고 찾을 생각조차 하지 않는다. 참으로 한스럽고 개탄스러운 일이다.

오늘 둘러볼 요녕성 심양의 고궁은 1625년에 지어진 건축물이다. 후금의 초대황제 누르하치(努爾哈赤)와 2대황제 태종 홍타이지가 머무른 곳으로 북경의 자금성(紫禁城)과 함께 보존상태가 가장 좋은 청나라 초기의 황궁이다. 건축 양식은 한족, 만주족, 몽고족의 양식이 융합되어 있다. 규모는 서울에 있는 경복궁보다는 조금 작아 보이고 편전은 숭정전이라 하고 동원, 중원, 서원으로 나뉘어져 있다.

2대황제 태종(숭덕제; 崇德帝, 홍타이지)은 누르하치의 8남으로 건국 초창기에 기초를 다지고 국호를 후금에서 청(淸)이라 개칭했으며, 주변국들을 정벌해 영역을 넓혔다. 그러나 그도 중국통일은 보지 못했다. 3대황제 세조(순치제; 順治帝, 복림)는 숭덕제의 9남으로 북경의 자금성을 건립하여 수도로 삼았다.

이 외에도 청나라의 중흥을 이룬 강희제(康熙帝), 옹정제(雍正帝), 건륭제(乾隆帝) 등 청나라의 전성기가 있었으나 차츰 환관(宦官)들의 부패가 극에 달하고 40년 넘게 청나라 황실을 지배했던 악명 높은 서태후(西太后)의 실정과 밀물처럼 몰려오는 서구 열강들의 침략으로 몰락하고 말았다.

청나라의 마지막이자 중국 왕조역사의 마지막이 된 12대 황제 선통제(宣統帝) 부의(溥儀)는 서태후(西太后)에 의해 세 살 때 청나라 황제가 되었다. 그러나 청은 그때 이미 쓰러져 가는 고목처럼 저물고 있는 왕조였다. 1911년 쑨원(손문, 孫文)의 신해혁명(辛亥革命)과 원세개(袁世凱) 등의 농간으로 부의(溥儀)는 여섯 살의 나이에 황제의 자리에서 물러나며 결국 중국역사의 마지막 황제가 되었다.

고궁 중에서도 동원은 지어진 역사가 가장 긴 건축물로 주로 누르하치 시대에 사용된 건축물로 대정전과 죄를 재판하는 십왕정이 있다. 대정전은 고궁의 정전으로 중국 청나라의 태조인 초대 누르하치, 2대 홍타이지, 3대 복림이 이곳에서 즉위하였다고 한다.

중원은 편전으로 사용된 숭정전, 청녕궁, 봉황누각 등이 있다. 숭정전(崇政殿)은 홍타이지의 집무실이다. 봉황누각은 심양 고궁 중에서 가장 높은 건축물로 3층으로 되어 있다. 청녕궁은 황제와 황후의 침실과 측실들의 침실 4개 동이 연달아 있어 황제와 그 가족의 생활을 살펴볼 수 있는 공간이다. 서원은 별궁으로 나중에 추가로 지어진 건물이다. 사고전서(四庫全書)를 보관했다는 문소각(文昭閣) 등이 있다.

나는 어린 시절 조부로부터 사고전서에 대한 이야기를 들은 적이 있기에 안내하는 교사에게 시대적 배경에 대한 좀 더 자세한 설명을 듣고 싶었으나 그도 사고전서에 대해서는 잘 알지 못한다고 했다. 매우 방대하고 귀한 책이며 황실 여러 곳에 나누어 보관하였다는 정도만 들려주었다.

참고로 어학사전에 나와 있는 내용을 보면 사고전서는 중국 청나라 건륭(乾隆)황제의 명으로 편찬하여 완성된 중국 최대의 총서(叢書)라고 되어 있다. 1772(건륭 37)년에 편찬을 시작하여 1782(건륭 47)년에 완성되었으며, 궁중에서 소장하고 있던 서적 외에 전국의 민간에 소장된 서적을 전국에서 골라 모아서 경(經), 사(史), 자(子), 집(集)의 네 부문으로 나누었다. 7부(部)를 작성하여 여러 서고에 나누어 보관하였다고 한다.

주말을 맞아 관광객을 비롯한 수많은 인파가 나들이를 나왔다. 우리도 그 틈에 끼어서 사진도 찍고 메모도 하면서 안내인의 설명에 귀를 기울였다. 여기저기 세세히 둘러보느라 약 3시간 정도가 걸렸는데 벌써 시장기가 돌았다. 점심을 먹기 위해 버스를 타고 한참을 이동했다.

시내 외곽에 멋스러운 한국인 식당이 있었다. 오랜만에 한정식으로 점심식사를 했다. 기름진 음식만 먹다가 된장찌개와 김치, 삼겹살 같은 우리 입맛에 맞는 음식을 먹으니 모두들 만족스러워 했다. 식사를 마치고 오후엔 북릉(北陵)으로 향했다. 많이 걸어야 될 것이라고 했다. 도착해 보니 정말 넓고 많이 걸을 수밖에 없는 곳이었다.

북릉과 병자호란의 치욕

북릉(北陵)은 심양 중심부의 북쪽에 자리한 총면적이 330만 평방미터나 되는 대규모 공원이다. 청태종(淸太宗), 또는 황태극(皇太極)이라 불리는 홍타이지와 황후 보르지기트의 무덤이 있는 곳이다. 북경을 기준으로 산해관(山海關) 바깥쪽에 청나라 초기 황제 3기의 묘가 있는데 북릉이 가장 크고 완전한 능으로 알려져 있다.

여기에 묻혀 있다는 청태종 홍타이지는 독자들께서도 익히 알고 있는 것처럼 우리나라에도 왔던 인물이다. 우리 민족에게 씻지 못할 치욕을 안거 준 장본인이다. 우리나라 조선 중기를 유린한 우리와는 악연(惡緣)으로 남은 인물이다. 그러나 돌이켜 보면 그들만 탓할 일이 아니다. 우리의 잘못이 더 크다 할 것이다. 조선 16대 인조임금 시절 국정을 맡고 있던 집권세력이 대외정세를 제대로 파악하지 못한 채 외교와 안보를 소홀히 한 결과다.

대외정세를 살피는 외교력의 부재와 당시 사대주의에 매몰된 서인들을 중심으로 한 지도층의 독선, 주화파와 척화파로 갈리어 분열을 일삼은 당쟁, 그러나 그보다도 통치력(統治力)을 상실한 무능한 임금 인조(仁祖)의 책임이 무엇보다 크다.

그리고 그 피해는 고스란히 헐벗고 굶주린 백성들에게 돌아갔음을 알아야 한다. 수많은 역사에서 증명하듯이 군주가 무능하거나 포악하면 정사가 혼란스럽게 되면서 외침의 빌미를 주게 되어 있다. 당연히 백성들은 굶주림과 핍박에 시달리고 나라는 존망(存亡)이 위태롭게 된다.

조선왕조 16대 인조(仁祖) 14년 겨울, 후금의 지배자 홍타이지는 조선을 압박하며 군신관계(君臣關係)를 요구해 왔다. 조선이 친명배금정책(親明背金政策)을 펴며 이를 거부하자 홍타이지는 국호를 청으로 고치고 황제의 자리에 오르자마자 조선을 침략했다. 그것이 병자호란(1636년 12월~1637년 2월)이다. 그는 병자년 11월 손수 12만 대군을 이끌고 조선을 침략해 왔다.

마부태가 이끄는 선발대가 압록강을 건넌 것은 12월 9일이었다. 기마부대의 기동성을 살려 파죽지세로 내려와 단숨에 한양을 점령해 버렸다. 조선 역사상 가장 짧은 시간에 힘 한 번 써보지 못하고 패배한 전쟁이 병자호란이다. 인조는 예상보다 빨리 청나라 군이 한양에 입성하자 강화도로 몽진(蒙塵; 머리에 먼지를 쓴다는 뜻으로 임금의 피신을 이르는 말)하려 했던 것이 실패로 돌아가고 급히 남한산성(南漢山城)으로 피신한다.

남한산성은 천혜의 요새다. 총길이 12,335m, 면적 2,209,270㎡, 평균고도 450m로 안쪽은 낮고 바깥은 높아 아무도 함부로 범할 수 없는 200년 넘게 번성했던 산성이다. 청의 군사도 남한산성을 공략하기 어려움을 알고 있었다. 홍타이지도 난공불락(難攻不落)이라 말했다고 할 정도다. 그래서 그는 작전을 바꾸었다. 공격 대신 성을 포위하고 고사작전(枯死作戰)을 쓰기로 한 것이다. 그의 작전은 적중했다.

마침내 그해 겨울 조선 역사상 가장 참혹한 일이 벌어지고 말았다. 남한산성 안에서는 백성들이 한겨울 추위와 굶주림에 속절없이 죽어갔다. 장수와 병사들도 동상으로 얼굴색이 변하고 살결이 찢어지고 손가락이 떨어져 나갔다. 하루 한 끼의 식사로 버티던 군량미의 고갈로 먹을 것마저 바닥나고 말았다. 이제 더 이상 버틸 수가 없었다. 결국 조선은 40일을 넘기지 못하고 무너지고 말았다.

인조는 1637년 2월 24일, 청과 항복을 전제로 한 조약을 체결하게 된다. 인조는 성에서 나와 삼전도에서 청태종 홍타이지 앞에 '삼배구고두례(三拜九叩頭禮)'라는 씻지 못할 치욕을 당하게 된다. 한 번 절할 때마다 세 번씩 머리를 땅에 찧도록 하는 굴욕적인 의식이다. 이로써 청과 조선은 군신관계(君臣關係)를 명확히 하고 겨우 나라를 유지하게 되었다.

조선이 청과 맺은 조약 내용은 다음과 같다

첫째, 조선은 청에 대해 신의 예를 행할 것

둘째, 명에서 받은 고명책인(誥命册印; 예전에 중국에서 이웃 여러 나라의 왕이 즉위하는 것을 승인한다는 문서와 이를 증명하는 금인을 내려주는 일)을 바치고 명과의 교호(交好)를 끊으며 조선이 사용하는 명의 연호를 버릴 것

셋째, 조선왕의 장자(소현세자)와 차자(봉림대군), 그리고 대신의 아들을 볼

모로 청에 보낼 것

넷째, 청이 명을 정벌할 때 조선은 기일을 어기지 말고 원군을 파견할 것

다섯째, 가도(椵島)를 공취(공격하여 취함)할 때 조선은 배 50척을 보낼 것

여섯째, 성절(聖節)·상삭(上朔)·동지(冬至)·중궁천추(中宮千秋)·태자천
　　　　추·경(慶)·조(弔) 사신의 파견은 명의 구례(舊例)를 따를 것

일곱째, 압록강을 건너간 뒤 피로인(포로) 중에서 도망자는 전송할 것

여덟째, 내외제신과 혼인을 맺어 화호(和好)를 굳게 할 것

아홉째, 조선은 신구(新舊) 성원(성곽)을 보수하거나 쌓지 말 것

열 번째, 올량합인(兀良合人; 여진족)은 마땅히 쇄환(돌려보냄)할 것

열한 번째, 조선은 기묘년(1639)부터 세폐(공물)를 보낼 것 등이었다

　국가의 존망(存亡)이 백척간두(百尺竿頭)에 섰던 당시 남한산성 안에서는 척화파와 주화파를 대표하는 청음(淸陰) 김상헌(金尙憲)의 명분론(名分論)과 지천(遲川) 최명길(崔鳴吉)의 실리론(實利論)을 가지고 뜨거운 논쟁이 벌어지고 있었다. 최명길이 지금은 나라를 살리고 봐야 한다고 고심 끝에 화친문서(和親文書)를 작성했는데 김상헌이 오랑캐에게 머리를 숙일 수 없으니 끝까지 싸워야 한다며 최명길이 쓴 문서를 항복문서(降伏文書)라며 찢어버리자, 최명길은 나라에는 문서를 찢는 신하도 필요하고 나처럼 붙이는 신하도 필요한 법이니 대감은 찢으시오. 나는 붙여야겠소, 하면서 그걸 다시 주워서 붙였다는 이야기가 전해질 정도로 두 사람의 대립과 논쟁이 치열했다고 한다.

　김상헌은 "아침저녁은 바꿀 수 있을망정 어찌 윗옷과 아래옷을 거꾸로 입겠느냐" 하며 끝까지 명분을 내세웠고, 최명길은 "끓는 물도 얼음물도 다 같은 물이요, 털옷도 삼베옷도 다 같은 옷이다" 하며 지금으로서는 이 방법 밖에 없다고 실리를 주장하며 물러서지 않았다.

그러나 400년 가까이 지난 지금, 나의 생각은 두 분 모두 눈물겹도록 진정으로 나라를 걱정하는 충신(忠臣)들이 아니었나 생각된다. 특히 비상시에 비난을 감수하며 난국을 수습한 최명길의 고뇌어린 위대한 결단은 거룩해 보이기까지 한다.

두 분은 정책에 대한 논쟁은 이처럼 뜨거웠지만 인격적으로는 서로 존중하고 인신공격을 하거나 억지를 부리지는 않았다. 국난에 대처하는 방법이 달랐을 뿐 나라를 사랑하는 마음은 두 사람 모두 한결같았기 때문이다.

요즘처럼 자기가 속한 파당과 정략에만 매몰되어 상대방의 인격을 모독하고 반대만을 일삼고 있는 정치인들이 마땅히 본받아야 할 덕목(德目)이라 생각된다.

병자호란이 수습되고 청나라로 끌려가며 남겼다는 청음 김상헌의 심경이 글로 남아 전해지고 있다.

> 가노라 삼각산(三角山)아, 다시 보자 한강수(漢江水)야
> 고국산천(古國山川)을 떠나고자 하랴마는
> 시절(時節)이 하 수상(殊常)하니 올동말동하여라.

김상헌(金尙憲, 1570~1652)의 본관은 안동(安東), 자는 숙도(叔度), 호는 청음(淸陰)이다. 아버지는 돈녕부도정 김극효(金克孝)이고, 형은 우의정 김상용(金尙容)이다. 어린 시절 윤근수(尹根壽)에게서 수학했다. 병자호란 때 예조판서로 주화론(主和論)을 배척하고 끝까지 주전론(主戰論)을 펴다가 인조가 청에 항복하자 파직되었다. 1639년(인조 17) 삼전도비를 부쉈다는 혐의를 받고 청나라에 압송되었다가 6년 만에 풀려났으며, 귀국 후 좌의정에 올랐다. 청나라 조정에서까지 그 절개를 칭송하였고 사후에도 대로(大老)로 추앙받았다.

최명길이 청나라 심양으로 끌려가 김상헌과 같은 옥사에 수감되었을 당시 김상헌에 대해 자신의 심경을 말했다는 글이 전해지고 있다.

군심여석종난전(君心如石終難轉)
그대 마음은 돌 같아서 끝내 움직이기가 어렵지만
오도여환신소수(吾道如環信所隨)
나의 도(道)는 둥근 고리 같아서 경우에 따라 돌기도 한다네.

최명길(崔鳴吉, 1586~1647)의 본관은 전주(全州), 자는 자겸(子謙), 호는 지천(遲川)이다. 영흥부사를 지낸 최기남(起南)의 셋째 아들로 태어났다. 어려서부터 영특하여 문장이 뛰어나고, 특히 한시를 잘 지었다. 1602년 성균관 유생이 되었으며, 1605년 문과에 급제했다. 이항복과 신흠(申欽)의 문하에서 공부했다. 1623년 김류(金瑬), 이귀(李貴) 등과 함께 인조반정에 참여해 정사공신(靖社功臣)이 되었다. 이조 참의, 이조 참판, 부제학, 대사헌 등을 거쳐 좌의정, 우의정, 영의정을 역임했다. 병자호란 때 주화론을 펴서 나라를 구했다. 충청북도 청원군 북이면 대율리에 묘소가 있고 4.2m 높이의 신도비가 세워져 있다.

환향녀의 비극은 누구의 책임인가

삼전도의 그 치욕적 대가로 나라는 건졌다 하나 소현세자를 비롯한 대군들과 척화를 주장했던 조정신하들, 그리고 50만 명에 달하는 죄 없는 백성들이 청군에 의해 이곳 심양으로 끌려오게 된다. 그 중에는 수많은 여인들이 있었다. 유부녀와 처녀를 불문하고 수많은 아녀자들이 청군에게 끌려갔다. 끌려간 백성들 대부분은 다시는 고향에 돌아갈 엄두를 내지 못하고 청에 머물 수밖에 없었다.

하지만 청나라와 화친을 주장했던 최명길이 홍타이지에게 간곡히 사정하여 속환금(贖還金; 죄인이 그 형벌의 대가로 바치는 돈)을 내고 3만여 명을 데려왔다. 그 외에도 여유가 있는 가족들은 몸값을 지불하고 속환(贖還)시키기도 했다. 그러나 속환금을 낼 수 없는 수많은 백성들은 죽음을 무릅쓰고 도망칠 수밖에 없었다. 그중에는 공녀로 끌려갔던 여인들도 많았다.

소위 환향녀(還鄕女)라고 불리었던 여인들은 천신만고 끝에 고향에 돌아왔으나 갈 곳이 없었다. 호칭마저도 와전(訛傳)되고 비하(卑下)된 화냥년이 되어 있었다. 또 그녀들이 임신하여 낳은 아이들을 일컬어 호로(胡虜) 새끼라 하여 멸시의 대상이 되었던 것이다. 여인의 절개를 중시하고 도덕적 규범이 엄격하던 시절이었다.

사대부가의 대부분의 여인들은 오랑캐에게 정절(貞節)을 잃었다 하여 귀가(歸家)하지 못하게 했다. 모진 풍파를 이겨내고 고국에 왔으나 자결을 강요당하거나 내침을 당했다. 그러니 오도 가도 못하게 된 여인들은 목을 매거나 투신하여 죽을 수밖에 없었고 살아남은 이들은 집주변과 산기슭을 떠돌 수밖에 없었다.

전국 각처에 그 숫자가 엄청나게 많아 이 문제가 나라의 큰 근심거리가 되었다. 조정에서는 이 난제(難題)를 해소할 마땅한 해결책이 없어 고심했다. 그때 이들과 함께 청나라에 끌려가 곤욕을 치른 바 있는 지천 최명길이 궁여지책(窮餘之策)을 내놓았다. 이른바 세신책(洗身策)이다. 지정된 날에 지정된 장소에서 강물에 몸을 씻으면 심신이 깨끗해진 것으로 하고 과거를 묻지 않고 귀가(歸嫁)케 한다는 것이다.

인조도 다른 방법이 없음을 알고 있었다. 최명길의 계책대로 전국에 교지를 내려 세신을 마친 환향녀들을 받아들이라 명했다. 실행하지 않는 가문은 엄벌에 처한다고 했다. 평안도는 대동강, 황해도는 예성강, 충청도는 금강, 경기도는 임진강 등 회절강(回節江)에 몸을 씻는 슬픈 광경이 전국 각처에서 벌어졌다.

한양에서도 한강이 회절강이 되어 몸을 씻었으며 북악산 기슭에서 떠돌던 여인들은 홍제천(弘濟川)에서 집단 목욕을 했다고 한다. 사실인지는 알 수 없으나 인조임금의 큰 은혜로 구제되었다 해서 이름이 지어졌다는 홍은동(弘恩洞), 홍제동(弘濟洞)의 지명(地名)에 대한 이야기까지 전해지고 있는 것을 보면 씁쓸한 마음을 지울 길이 없다.

그러나 그녀들이 비록 몸을 씻고 회절되어 귀가했다고 해서 치욕(恥辱)의 상처까지 아물지는 않았을 것이며 예전과 같은 삶을 살았을 것인가. 이 같은 통탄(痛嘆)할 비극을 초래하게 된 것이 과연 누구의 책임인가. 힘없는 약소국(弱小國)의 설움이라고 치부하면 그만인가. 그렇지가 않다. 마땅히 나라를 다스리는 통치자(統治者)의 잘못이고 바른 정치(政治)를 하지 않고 파벌(派閥)싸움만 일삼았던 관료(官僚)들의 책임이다.

역사는 반복된다는 말이 있다. 오늘의 현실도 이와 다르지는 않을 것이니 정치인들은 이 점을 명심해야 할 것이다. 이 같은 치욕을 두 번 다시 당하지 않으려면 국민 모두가 반드시 잊지 말아야 할 것이 있다.

첫째, 통찰력(洞察力)과 경륜(經綸)을 갖춘 훌륭한 지도자를 내세울 것. 둘째, 동족(同族)간의 분열을 경계하고 대동단결(大同團結)할 것. 셋째, 지속적으로 부강(富强)한 국력(國力)을 키울 것이다.

이 교훈을 정치 지도자뿐 아니라 이 땅에 살고 있는 국민 모두가 가슴에 새기고 또 새겨야 할 일이다.

심양에서의 모든 일정이 끝났다. 오후 4시에 심양공항에서 다음 방문지인 연길로 가는 비행기에 올랐다. 연길공항까지는 약 1시간 40분이 소요됐다. 같은 나라인데 비행기로 다니다니 중국은 말 그대로 대국(大國)이라는 생각이 들었다. 만약 이 길을 버스로 다닌다면 하루가 더 걸릴 거리다.

그러나 지금의 중국은 오랜 역사와 문화에 비하면 땅덩어리는 크지만 1인당 국민소득이 430달러 밖에 안 되는 매우 가난한 나라다. 오랜 사회주의국가로 침체되어 있는 데다가 전체 국민들의 빈부의 차가 극심하고 관리들의 부패지수(腐敗指數)가 높은 것도 한 요인이라고 할 수 있다.

연길(延吉)에서 조선족 동포들과 만나다

연길공항은 규모가 그리 화려하거나 크지 않았다. 도착하자마자 곧바로 교포 초청 간담회가 예정되어 있는 장소로 갔다. 저녁식사를 겸해서 진행하는 간담회였다. 연변자치주에서 분야별로 초청된 교민들 30여 명이 이미 나와서 자리하고 있었다. 우리 일행이 가슴에 명찰을 달고 입장하자 반갑게 박수로 환영해 주었다. 테이블마다 우리 일행과 교민들이 섞여 앉을 수 있도록 좌석배치가 되어 있었다. 손님맞이에 신경 쓴 흔적이 곳곳에 배어 있었다.

간단한 주요 인사들의 소개와 우의를 다지는 건배를 하고 우선 식사부터 했다. 여기저기서 웃음소리가 들리고 얼마 되지 않는데 오랜 지인들처럼 친해져 화기애애한 모습들이 연출되고 있었다. 우선 말이 통하고 전통문화에 대한 정서가 상통하고 고향이야기 등이 화제로 올랐기 때문에 금방 한 가족처럼 느껴졌다.

식사가 끝나고 연변자치주 교민대표가 나와서 길림성과 연변조선족자치주의 현황에 대한 조금 긴 설명이 있었다. 우리는 매우 궁금한 것이 많은 터라 열심히 메모하며 귀를 기울였다. 대략 요약하면 다음과 같다.

조선족들은 혈통으로 볼 때 한국인과 같지만 현재의 신분은 중국에서 나서 중국식 교육으로 자랐고, 중국 국적을 가진 중국인으로 동화되어 있다. 1992년 12월말 통계를 보면 이 같은 동포가 동북3성인 요녕성(遼寧

城), 길림성(吉林城), 흑룡강성(黑龍江城)과 북경, 내몽골 등에 200만 명
이 분포해 살고 있다.

1. 조선족 거주분포

   * 총 1,923,361명(1992년 12월 말 현재)
   * 길림성 1,181,946명. 흑룡강성 452,398명. 요녕성 230,378명
   * 기타 약 5만6천 명(북경 1만여 명, 내몽골 2만5천여 명

2. 길림성 연변조선족 자치주 현황

   * 인민정부 소재지 ; 연길시 하남가에 있음
   * 면적 ; 42,700km²
   * 인구 ; 2,091,260명(조선족; 845,999명)
   * 연혁 ; 1945년 8월 간도임시정부 수립
   * 1952년 9월 연변조선민족자치주 설립
   * 1952년 12월 연변조선민족자치주로 개칭
   * 행정구역
   * 6개 도시(연길, 돈화, 도문, 용정, 훈춘, 화룡)
   * 2개 현(안도, 왕청) 39개 진, 70개 향

3. 사회경제적 현황

   * 조선족은 혈통은 한국인과 같으나 기본적으로 중국인으로 동화되
     어 있음
   * 여타 소수민족에 비해 비교적 높은 교육수준과 문화수준으로 안정
     된 생활을 함
   * 중국내 조선족이 처한 특수한 입장을 감안, 대조선족 지원 및 교류
     는 중국의 소수민족정책을 자극하지 않는 범위 내에서 신중한 자세

가 필요함

4. 이민의 역사
   * 제1차 대이주; 1869년 함경도지방 대흉년으로 함경도 사람들이 간
     도 지역으로 이주
   * 제2차 대이주; 1910년 한일합방 이래 정치적, 경제적 이유로 간도,
     만주, 중국대륙으로 이주
   * 제3차 대이주; 1931년 만주사변 후 일제가 만주침략을 원활히 하기
     위해 일본인들과 한국인들을 계획적으로 이주시킴

5. 동포사회의 지역적 특성
   * 자연조건; 북반구의 동북 동부산지의 중단에 위치하고 있으며 중
     온대 기후에 속함. 전 지역의 80%가 임야지대로서 농업, 임업, 광업
     등이 주업임
   * 언어; 한국어와 중국어를 병용
   * 의복; 평소에는 작업복, 명절에는 한복
   * 음식; 쌀밥에 김치, 된장, 고추장
   * 가옥; 벽은 벽돌, 지붕은 기와나 초가이며 온돌식
   * 풍속; 전통명절 설, 대보름, 단오, 추석 등을 지냄

6. 주요 동포기관 현황
   * 연변대학; 1949년 설립, 9개 학부, 재학생 1,700여 명(조선족 70%)
   * 연변병원; 1948년 설립, 환자 침상 560개, 종업원 900여 명(조선족
     61.7%)
   * 연변일보; 1948년 설립, 종업원 400여 명(조선족 61.3%), 발행부수 4
     만 부

* 연변가무단; 1953년 설립, 전통예술 공연단체, 구성원 200여 명
* 흑룡강신문; 하얼빈에서1960년 흑룡강일보로 창간. 직원 13개 부 130명, 발행부수 4만 부
* 흑룡강성 인민방송국; 흑룡강성 하얼빈시 남강 117호
* 조선민족출판사; 흑룡강성 소재

7. 조선족들의 의식구조

민족의식과 집단의식이 강하고 항일 독립운동가의 후예로서 중국에서 우리의 언어, 생활 풍습 및 민족문화를 계승하고 있다는 긍지와 자부심이 대단하다. 한반도에 존립하고 있는 두 개의 정부도 자신들을 중심으로 한 항일독립운동의 바탕위에서 건설된 것이라는 생각을 가지고 있다.

동포들과의 간담회는 예정시간을 초과해 9시까지 계속되었다. 그것은 조선족 동포들의 열정 때문이었다. 그들은 조국의 통일을 간절히 바라고 있었다. 나는 통일운동을 하는 사람으로서 자괴감과 함께 부끄러운 생각이 들었다. 그리고 이들과 더불어 힘과 지혜를 모아 통일을 앞당기고 우리의 영역을 이곳 간도에까지 넓혀 나가야겠다고 생각했다.

특히 연변의 조선족 동포들은 통일을 위해서도 특별히 귀한 자산들이다. 이들에게는 남과 북이 없다. 오로지 통일을 지렛대 삼아 우리 영토의 공간을 남북을 넘어 이곳 만주에까지 확대해 나가는 시각을 가져야 한다. 과거 우리 조상들의 영토였던 고구려와 발해의 꿈을 이어 받아야 할 것이다.

우리 일행은 10시가 넘어서야 숙소로 돌아왔다. 우리가 묵게 될 숙소 이름은 '연변반점(延邊飯店)'이었다. 모두 피곤하여 일찍 잠자리에 들었는데 나는 기록할 것도 있고 생각이 많아 잠을 청할 수가 없었다.

첫날부터 같은 방을 쓰게 된 박광박 위원이 가방에서 베개를 꺼냈는데 베개가 매우 특이했다. 집에서 가져 온 나무베개인데 머리가 아닌 목에다

걸치는 형태였다. 수면건강에 아주 탁월한 효과가 있어 집에서는 물론이고 여행할 때도 항상 가지고 다닌다고 한다. 시범까지 보이면서 스스로 고안해서 만들었다고 매우 자랑스러워 했다.

제4일, 1994년 7월 17일 (일요일)

두만강에서 북한을 바라보다

오늘은 도문의 두만강(豆滿江)을 거쳐 내일 백두산 등정을 위해 이도백하(二道白河)까지 가야 한다. 일정이 빡빡해 아침식사를 서둘러 마치고 한 시간 일찍 7시에 도문을 향해 출발했다. 버스로 가는 길이 험했다. 연길에서 한 시간이 좀 넘게 걸려 도착했다. 한반도의 최북단 경계에 있는 도문은 고대로부터 옥저, 부여, 고구려, 발해, 일본, 중국이 차례로 점령해 온 지역이다.

도문의 두만강 표지석 다리 건너는 북한 남양시

도문이란 이름은 두만강에서 유래되었다고 한다. 중국어로는 '투먼' 이라고 한다. 조선족자치주

도문에서 본 두만강의 물줄기

에 속해 있고 조선족이 40% 이상 차지하고 있다. 우리 일행을 보고 어디서 왔느냐고 묻는 사람들이 많았다. 노점에서 물건을 파는 사람들 중에는 중국인도 더러 있었지만 대부분이 조선족이었다.

도문에서 서쪽으로는 용정과 연길이 있고 동쪽으로는 러시아의 관문인 훈춘이 위치한다. 우리가 이곳 도문을 방문한 이유 중 하나는 중국과 러시아, 조선이 만나는 현재 우리 국토의 최북단이기 때문이다. 세 나라의 꼭짓점에서 두만강을 보는 것이다. 백두산에서 발원하여 동해로 흘러가는 길이 547km의 두만강은 압록강과 더불어 한반도의 국경을 이루고 있는 강이기 때문이다.

또 하나의 이유는 중국을 통해서 북한을 가장 가까이 볼 수 있는 지역이기 때문이다. 도문에서 두만강을 사이에 두고 도문대교가 있다. 다리 중간지점에 북한과 중국의 국경을 나타내는 표시가 되어 있다. 건너편이 바로 북한 함경북도 남양시(南陽市)다. 너무 가까워서 육안으로도 북한 주민들과 병사들의 활동모습이 잘 보인다.

더구나 돈을 넣으면 더 자세히 살필 수 있는 망원렌즈까지 설치되어 있어 많은 이들이 이용하고 있었다. 나도 망원경을 이용해 북한지역을 살펴보았다. 북한 쪽 다리 끝에는 병사 두 명이 보초를 서고 있었다. 북한 땅을 바라보면서 스치는 생각들이 많았다.

한 씨알 한 뿌리 _ 태종호

작은 씨알 하나
땅에 떨어져
뿌리를 내렸으니
한 뿌리인 줄 알았네.

싹트고 잎 피고
바람 불더니
그 뿌리 흔들려
두 뿌리가 되려 하네.

큰 나무 되려면
비바람 눈서리
고개를 넘어
한 뿌리로 서야 하네.

도문에서 북한 쪽을 바라보면 제법 큰 산들이 보이는데 비록 황폐하지만 그 기상은 대단했다. 과연 백두산 줄기란 생각이 들었다. 그리고 또 하나는 북한 주민이 마음만 먹으면 중국으로 얼마든지 탈출할 수 있겠구나 하는 생각이 들었다.

이곳 두만강은 강이라고는 하나 워낙 폭이 좁고 물줄기가 약해서 가능한 일이란 생각에 주민들에게 물으니 실제로 그런 일이 일어나는 경우도 있다고 한다. 탈출해 오면 도문의 동포들이 중국 공안들 몰래 숨겨주기도 한다고 한다. 또 하나 두만강을 보며 생각나는 것은 우리 국민들의 애창곡 1위의 '눈물 젖은 두만강'이다.

일제강점기 시절(1938년)에 만들어진 김용호(金用浩) 작사, 이시우(李時雨) 작곡, 원산 태생 김정구(金貞九) 씨가 부른 대중가요를 모르는 사람이 없을 것이다. 직접 와서 보니 기대했던 '두만강 푸른 물에 노 젓는 뱃사공'은 보이지 않았다. 그렇지만 '그리운 내 님이여 언제나 오려나' 하며 독립운동을 위해 떠난 임을 그리는 애절한 곡조는 여전히 남아 마음을 울리고 있다.

나는 이곳에서 함경남도 원산 출신 원로가수 김정구 씨를 떠올렸다. 누구나 다 아는 국민가요 '눈물 젖은 두만강'이란 노래 때문이기도 하지만 과거 아주 작은 인연 때문이다.

나는 1980년대 후반 학교 동문인 김광두(金光斗) 사장이 운영하던 극장식당 '초원의 집'에 초청을 받아 간 일이 있었다. 그곳에서 우연히 김정구, 현인, 고운봉, 이주일 씨 등과 합석하게 되었는데 함께 맥주를 마시며 김정구 선생의 일제강점기 시절 이야기를 흥미롭게 들었다.

'눈물 젖은 두만강' 그 구슬픈 노랫소리와 함께 쇳소리가 나는 함경도 사투리로 말하던 김정구 씨의 음성이 지금도 들리는 것만 같아 잠시 추억에 잠겼다. 도문지역은 두만강과 도문대교 외에 특별히 둘러볼 관광지가 별로 없다. 다만 지금은 우리 국토의 끝자락에 위치해 국경선 역할을 하는 곳이라는 점이 관광객들의 마음을 사로잡고 있을 뿐이다. 그래서 갈 길 바쁜 우리는 곧바로 이도백하를 향해 출발했다.

이도백하를 가려면 다시 연길을 경유해서 가야 한다. 그리고 비포장도로를 끝없이 달려야 한다. 그러나 난생 처음으로 민족의 영산 백두산을 보러 가는 길인데 무엇이 힘들다 하며 무엇이 두려우랴. 열흘을 달린다 한들 그만 두겠는가. 오히려 힘이 솟고 흥겨운 노래라도 부르고 싶어진다. 다만 안타까운 것은 북한을 통해 당당하게 내 땅으로 가지 못하고 남의 땅을 이용해 가는 것이 안타까울 뿐이다. 그러나 현실이 그러한 걸 어찌하겠는가. 그렇게 해서라도 천지(天池)에 올라 우리 민족의 시원(始原)에 대해 알아보아야 하지 않겠는가. 하루라도 빨리 통일을 이루어야 하는 이유가 바로 여기에도 존재한다.

이도백하까지 가는 길은 굽이굽이 울퉁불퉁 돌고 돌아가는 정말 멀고도 고달픈 길이었다. 군데군데 중국 당국에서 백두산 가는 도로의 확장공사를 하고 있었다. 아마도 한국과 수교가 되었으니 남한 관광객을 유치해 보겠다는 속셈이 있는 것 같았다. 그런데 중장비 하나 없이 삽과 괭이로만 그 큰 공사를 하고 있었다. 더구나 삽과 괭이의 자루를 보고 나는 기가 막혔다. 자루가 짧아야 손에 힘이 들어가서 능률이 오를 텐데 모든 연장의 자루가 길어서 땅 파는 시늉만 할 뿐이었기 때문이다.

나는 안내인을 통해 공사가 언제 끝나겠냐고 물어보았다. 돌아온 대답은 우리가 못하면 아들이 하고, 아들이 못하면 손자가 하면 되고, 언젠가는 끝나는 날이 있을 것이라는 말에는 더 이상 할 말이 없었다. 중국인의 성격을 말할 때 '만만디' 라고 한다는데 그 말의 뜻을 실감하는 순간이었다. 될 수 있으면 모든 일을 빨리 서둘러 끝내려는 우리와는 좋은 대조가 되었다. 잠깐 동안의 휴식을 마치고 차는 다시 출발하였다.

타국에서 고향의 맛과 혈육의 정을

한적하고 깊은 산길로 한참을 달리다가 점심식사를 위해 우리 동포들이 사는 민가를 찾아들었다. 가옥 구조나 옷차림들이 눈에 익은 완전한 우리 것이었다. 아궁이도 마루도 지붕도 마당풍경도 고향에 온 것처럼 포근하였다. 교민들에게 식사를 부탁하자 기꺼이 허락했다. 밥을 짓는 데 커다란 가마솥에다 장작으로 불을 때서 짓는 것이었다. 오래 전 어렸을 때 시골에서 잔칫날 밥 짓는 것하고 비슷하였다.

오래지 않아 상이 차려졌다. 우리는 마당에 둘러앉아 쌀밥에 김치와 산나물 그리고 된장찌개와 우거짓국을 푸짐하게 먹었다. 고기는 없었지만 그야말로 진수성찬이었다. 그것뿐만이 아니었다. 가마솥에서 나온 누룽지와 구수한 숭늉 맛은 그야말로 압권(壓卷)이었다.

식사를 마치고 차에 오르려는데 주인과 마을 사람들이 산에서 손수 가꾼 장뇌삼인데 사달라고 수줍어하며 내놓았다. 그런데 값이 너무 싸서 우리가 오히려 미안할 정도였다. 아직 상품으로 만들어 파는 법을 생각해 본 적도 없고 마땅히 팔 곳도 없는 곳이었던 것이다. 이처럼 때 묻지 않은 산골 오지의 시골마을이기도 하지만 중국에 비해 우리 돈의 가치가 월등히 높기 때문이기도 했다. 값은 지불했지만 그들의 정(情)에는 비할 바가 못 되었다.

점심도 맛있게 대접 받았고 순박한 동포들을 도와준다는 생각으로 한 묶음씩 사주었다. 그들은 매우 고마워하며 차에서 먹으라고 과일 말린 것을 또 내놓았다. 타국(他國)에서 혈육(血肉)의 정을 듬뿍 느끼며 우리는 또 다시 백두산을 향해 달렸다. 산은 갈수록 점점 더 깊어지고 우리들 마음도 숙연해졌다.

몇 시간을 더 달린 후 해거름이 되어서야 이도백하 마을에 도착했다. 저녁을 먹고 호텔에 들었다. '장백산 대주점'이라는 곳이다. 오늘은 버스를 타고 강행군을 했기에 몹시 피곤했다. 그리고 시간도 많이 늦었다. 내일은 백두산에 올라 천지를 보아야 한다. 날씨가 화창하기를 빌면서 잠자리에 들었다.

　이도백하 마을의 아침이 밝았다. 날씨도 좋았다. 천지에 오른다고 생각
하니 벌써부터 마음이 설레었다. 호텔에서 나와 잠깐 동안 주변을 살펴보
았다. 건너편에 빨간색 바탕에 흰 글씨로 '조선 평양 미술품 판매점'이라
고 쓰여진 가게가 눈에 들어왔다. 호기심이 발동해 가 보았는데 아직 문
을 열지 않았다. 백두산 등정을 마친 후에 들러보리라 생각했다.

　연길방면에서 백두산에 오르려면 이도백하를 통과해야 한다. 백두산으
로 가는 길목이기 때문이다. 송화강의 상류지역으로 백두산 아래 첫 동네
가 된다.

　이도백하(二道白河)라는 이름은 글자가 나타내는 대로 '백두산의 물길
두 개가 만나는 길'이라 해서 붙여진 것이라고 한다. 옥황상제의 둘째 아
들 봉황새와 효성 지극하고 마음씨 고운 성수라는 청년과 물에 얽힌 전설
이 전해진다. 그래서 그런지 몰라도 물이 풍부하고 농사짓기에 적합한 지
역으로 알려진 곳이다.

민족의 성산 백두산에 오르다

오늘의 주요 일정은 백두산에 올라 천지를 만나는 것이다.

그런데 출발하기에 앞서 난처한 일이 생겼다. 여성위원 한 명이 배탈이 심해서 백두산 등정을 못하겠다고 한다. 준비했던 상비약으로 응급처치는 했지만 환자를 혼자 두고 갈 수도 없고 일정을 취소할 수도 없는 형편이었다.

그런데 같은 방을 쓰는 여성위원이 희생을 자청하였다. 혼자 두고 갈 수 없으니 내가 함께 남겠다고 하며 잘 다녀오라고 한다. 그 여성위원의 우정(友情)과 희생정신이 참 아름답다는 생각이 들었다. 고생해서 여기까지 왔는데 백두산 천지를 눈앞에 두고 등정을 포기한다는 것이 그리 쉬운 일은 아니기 때문이다.

두 사람을 제외한 우리 일행은 아침식사 후 백두산으로 향했다. 버스를 타고 가면서도 최대의 관심은 백두산 정상의 날씨였다. 하루에도 120번이나 얼굴을 바꾼다는 천지라 하지 않던가. 천지의 모습을 볼 수 있게 되기를 바라는 것이 모두의 바람이고 기원이었다. 천지의 날씨는 그만큼 아무도 예측할 수 없고 변화무쌍하기로 소문이 났기 때문이다.

오죽하면 백두산 천지를 백 번을 가서 두 번 밖에 못 보기 때문에 백두산이라 한다고 하기도 하고, 3대가 공을 들여야만 천지를 볼 수 있다는 속설이 생겼을까, 하고 생각하니 더욱 긴장될 수밖에 없었다. 조선족 안내인까지 한 마디 거들며 겁을 준다.

현재 중국 지도자인 장쩌민(강택민; 江澤民, 중국의 3대 주석/ 1993~2003)도 천지를 보려고 헬기로 세 번이나 왔으나 흐린 날씨 탓에 한 번도 못보고 돌아갔다고 한다.

백두산 매표소에 도착했다. 우선 눈에 띄는 것이 궁궐 대문처럼 생긴 그럴듯한 건물이 하나 서 있었다. 그 건물에는 한자로 된 큰 글씨로 장백

백두산의 중국 이름 장백산(長白山) 매표소

산(長白山)이라 붙어 있고, 그 아래로 천수(天水) 운봉(雲峰)이라 쓰여져 있었다. 중국에서는 백두산을 장백산으로 부르고 백두산 줄기를 장백산맥이라 칭한다고 한다. 나는 계속해서 백두산으로 부르기로 했다.

매표소는 비교적 한산했다. 버스로 백두산 초입까지 이동해야 한다. 갈수록 자작나무숲이 울창하고 진귀한 수목들이 나타난다. 숲을 벗어나자 점점 나무가 사라지고 백두산이 웅장한 자태를 드러낸다. 감탄사가 절로 나온다. 이곳이 백두산이다.

바로 이곳이 내가 그렇게도 그리던 민족의 성산 백두산이구나, 과연 명불허전(名不虛傳)이구나, 나는 백두산이 내 눈앞에 있다는 것이 믿어지지 않았다.

이제 본격적으로 백두산 정상을 향해 올라갈 차례다. 안내인 말이 중턱까지는 차로 이동하고, 그 다음부터는 걸어서 정상까지 가야 된다고 한다. 많이 힘들겠다고 생각했다.

천지를 보며 조국통일을 기원하다

차를 지프로 바꿔 탔다. 인원도 다섯 명씩 분산해서 승차한 후 꾸불꾸불 곡선으로 난 길을 따라 오르기 시작했는데 올라갈수록 좀 무섭기도 했지만 눈 아래로 펼쳐지는 웅장하고 광활한 풍경은 감히 필설(筆舌)로는 표현할 수 없을 만큼 경이롭고 아름다웠다. 마치 항공기에서 내려다보는 것처럼 느껴졌다. 카메라를 꺼내기는 했으나 이 풍치를 사진에 담는다는 것은 도저히 불가능했다. 그저 눈과 마음으로 보아서 기억하는 것이 더 큰 의미가 있을 것 같았다.

한참을 달려 중턱쯤에 이르자 차에서 내리라고 했다. 여기서부터는 걸어서 올라가야 한다. 한 호흡, 한 호흡을 느껴가며 천천히 기도하는 마음으로 올랐다. 그러기를 30여 분 지나자 멀리 정상이 보이기 시작했다. 그러나 그리 간단하지가 않았다. 오르고 보면 또 그만큼 남아 있고, 또 가다 보면 멀리 보이고, 마치 인내심을 시험하는 것처럼 느껴진다.

허리를 펴고 심호흡을 하면서 하늘을 보니 많은 구름이 휘감겨 떠다니

덩샤오핑이 쓴 것으로 보이는 천지(天池) 표지석

백두산 천지의 신비스런 모습

고 있다. 산 아래는 해가 쨍쨍한데 이곳은 정말 예측할 수가 없었다.

갑자기 앞서 오르던 몇 사람이 "야! 다 왔다. 정상이다!" 소리를 지르며 천지에 도달했음을 알린다. 나도 마음이 급해져서 부지런히 발걸음을 재촉했다.

그리고 드디어 천지(天池)에 올랐다. 구름도 걷히고 하늘은 맑았다. 기도가 통했나 보다. 조심스럽게 천지를 내려다보았다. 짙푸른 물이 잔잔한 호수처럼 신비롭게 담겨 있었다. 천지는 천지창조의 신비함을 간직한 천상의 호수라는 뜻을 간직하고 있다고 한다. 천지를 둘러싸고 있는 봉우리는 모두 열여섯 개인데 천지를 병풍처럼 감싸고 있다.

나는 천지와 천문봉(天文峰)을 바라보며 진심을 다하여 감사를 드렸다. 날씨가 화창한 것도 감사하고, 내가 백두산에 올라 천지를 보게 된 것도 감사하고, 우리 일행들 모두가 무사히 정상에 오른 것도 감사했다. 다만 통일을 이루어 한반도 우리의 땅인 북쪽을 통해 백두산 최고봉인 장군봉(將軍峰, 해발 2,750m)을 보지 못한 것이 아쉬울 뿐이었다.

그러나 어쩌랴, 아직은 때가 아닌 것을. 지금은 비록 남의 수중에 놓여 있지만 이곳 역시 과거 우리의 영토였음을 위안으로 삼고 성심을 다해 간절히 빌었다. 민족의 안녕과 국가의 번영과 남북통일을 기원했다. 그리고 지금 내가 서 있는 이 백두산을 비롯하여 고구려와 발해의 영토를 반드시 되찾게 해달라고 간절하게 기도했다. 백두산뿐 아니라 만주일대가 모두 우리 영토인 것은 주지의 사실이다.

고구려와 발해의 역사가 곳곳에서 이를 기록으로 증명하고 있고 만주 벌판 중심에 광개토대왕비(廣開土大王碑)가 엄연히 남아 있다. 그런데도 압록강과 두만강을 국경선으로 만들면서 이 일대의 광활한 국토를 모두 잃게 되었다는 사실을 결코 잊어서는 안 된다.

조선말엽에도 여러 차례 우리의 영토임을 주장한 바 있으나 청나라 세력 때문에 관철하지 못했고, 1909년 일제는 남만철도의 부설권을 얻는 대가로 간도지방을 청나라에 넘겨주는 간도협약(間島協約)을 맺음으로써

백두산 천지 앞에 선 저자

만주는 우리의 영역에서 완전히 사라지고 말았다. 이 어찌 통탄할 일이 아니겠는가. 우리는 한시라도 고토회복(故土回復)에 대한 열망을 잊어서는 안 된다. 후손들에게도 반드시 이 사실을 알려서 언제까지라도 우리 땅을 되찾아야만 할 것이다.

천지의 기원(祈願) _ 태종호

천지는 열려 있으나
우리의 눈이 어둡고

천지는 차별이 없건만
우리의 갈등은 과하다.

천지는 말하고 있는데
우리의 귀는 닫혀 있고

천지는 기다리는데
우리의 발걸음은 더디다.

조선시대 젊은 나이에 병조판서에까지 올랐으나 모함으로 억울하게 요절하게 된 남이(南怡)장군의 글귀가 생각났다. 당시 백두산에 올라 감회를 설파했다고 전하는 무인의 기개를 담은 시조다. 두 편을 여기에 옮겨본다.

백두산 천지 아랫녘의 석양이 지는 모습

장검을 빼어들고 _ 남이장군(南怡將軍)

장검(長劍)을 빼어들고 백두산(白頭山)에 올라보니
대명천지(大明天地)가 성진(腥塵)에 잠겼어라.
언제나 남북풍진(南北風塵)을 헤쳐 볼까 하노라.

백두산석마도진 _ 남이장군(南怡將軍)

白頭山石磨刀盡(백두산석마도진)이요,
豆滿江水飮馬無(두만강수음마무)라.
男兒二十未平國(남아이십미평국)이면,
後世誰稱大丈夫(후세수칭대장부)리요.

백두산의 돌은 칼을 가는 데 다 쓰고
두만강의 물은 말을 먹이는 데 다 없앤다.
남자 나이 스물에 국난을 타개 못한다면
후세에 누가 대장부라 하겠는가.

비룡폭포의 기상과 위용

날씨가 악화되기 전에 단체 사진을 찍어야 한다고 하는 바람에 나도 카메라를 챙기고 일어섰다. 다행히 아직도 햇볕은 좋았다. 지인들과 삼삼오오 사진을 많이 찍었다. 특히 중국인으로 보이는 천지의 붙박이 사진사가 좋은 작품을 하나 찍어보라고 권하기에 그렇게 했다. 한 시간이 훨씬 넘게 북한 쪽의 백두산 모습과 천지주변 등을 살피며 시간 가는 줄 몰랐다.

안내인이 더 늦어지면 곤란하다고 하산을 재촉해 아쉽지만 천지를 뒤로 하고 다시 산을 내려오기 시작했다. 모두들 하산을 아쉬워하기도 했지만 만족스런 표정들이었다. 오늘 백두산 등정은 대성공이었다. 나는 산을 내려오면서도 흥분이 가라앉지 않았다. 너무나도 감개가 무량하고 가슴이 벅찼다. 그러나 호텔에 남아 있는 두 여성위원이 마음에 걸렸다. 백두산을 보려고 힘들게 이곳까지 왔는데 백두산을 보지 못했으니 말이다.

우리는 올라갔던 역순으로 산을 내려와 비룡폭포(飛龍瀑布) 쪽으로 이동하였다. 한참을 걸어서 올라가야 한다. 날씨가 더워 겉옷을 벗어버리고 걷는데도 땀이 많이 흐른다. 조금 가다 보니 어디서 나타났는지 중국인들이 귀찮을 정도로 따라붙으며 돈이며 시계며 심지어 겉옷까지 달라고 매달린다. 차림새가 매우 빈한한 모습이어서 동정심이 일게 만들었다. 중국의 경제사정이 어려운 것은 알았지만 이곳은 유독 더 심했다.

간간이 돈이나 물품을 주는 이들도 있었다. 비룡폭포 주변을 걷다 보면

유황성분이 강한 온천물이 나온다. 백두산에서 흘러내린 천연 용암수다. 백두산이 아직도 화산활동을 하고 있다는 증좌다. 달걀이나 옥수수를 넣으면 금방 삶아지기 때문에 현장에서 직접 삶아서 팔기도 한다. 대부분 호기심으로 사서 맛을 보는 사람이 많았다.

비룡폭포가 가까워질수록 시원하게 쏟아지는 폭포수 쏟아지는 소리가 들리고 물보라가 보인다. 비룡폭포는 천지의 물이 북쪽의 화구벽, 곧 달문(闥門)을 통해 승사하(乘槎河)를 거치며 넘쳐서 마지막으로 비

천지에서 흘러내리고 있는 비룡폭포의 장관

룡폭포가 되어 쏟아지게 되는데 그 기상과 위용은 가히 일품이다. 우리 조상들은 폭포의 원래 이름을 용이 승천하였다 하여 비룡폭포라 했는데 중국 사람들이 장백폭포(長白瀑布)라고 고쳐 부르고 있다.

비룡폭포는 높이가 68m 이상이고 천지에서 흘러내리는 폭포수는 가뭄이 드는 경우를 제외하고는 사계절 거의 멈추는 법이 없다고 한다. 이렇게 흘러내린 물이 세 갈래로 흐르게 되는데 동쪽으로 흘러 두만강이 되고 서쪽으로 흘러 압록강이 되고 곧장 이도백하로 흘러 송화강(松花江)을 이룬다.

비룡폭포를 배경으로 기념사진을 찍고 내려오는 길에 소천지(小天池)에 들렀다. 소천지는 선녀들이 맑은 물을 거울삼아 몸치장을 했다는 전설

이 있을 정도로 물이 맑다. 비호산장에 들러서 잠시 휴식을 취한 다음 백두산을 뒤로하고 용정으로 향했다.

북간도 용정에서 애국지사들의 흔적을 찾다

한참을 달려 동북3성 중 하나인 길림성에 도착했다. 동북3성을 다른 말로 하면 간도(間島)라고 한다. 간도는 길림성, 요녕성, 흑룡강성 등 중국 동북지역 일대의 조선족 거주지역의 통칭이다. 지리적으로 구분하면 압록강과 송화강 상류지방인 백두산지역 일대의 서간도와 두만강 지역의 동간도, 혼돈강 지역의 북간도로 구분한다.

병자호란(1636년) 뒤 청나라가 이 지역을 자신들의 성지라며 봉금지역(출입금지구역)으로 정하고 청나라와 조선인 모두에게 이주와 기거를 금지시켰다. 그래서 청국과 조선국의 사이에 놓인 섬(島)과 같다고 하여 붙여진 이름이다. 백두산을 경계로 하여 오른쪽을 북간도, 왼쪽을 서간도로 구분해서 불리고 있다.

우리는 북간도 용정(龍井)에 도착하자 곧바로 시내 탐방에 나섰다. 용정은 길림성 연변 조선족자치주에 속해 있는 작은 도시로 백두산 동쪽 기슭에 자리 잡고 있다. 동남쪽으로는 두만강을 경계로 북한과 맞닿아 있다. 동북쪽으로는 연길과 도문이 있고, 서남쪽으로는 화룡이 있으며, 서북쪽으로는 안도에 접해 있다.

우리는 맨 먼저 용정이라는 지명이 만들어진 유래가 있는 우물을 찾았다. 용정은 우물에서 유래된 이름이다. 우리 동포들은 '용두레 우물'이라고 한다. 그 이름이 참 정겹게 느껴진다. 이름만 들어도 용정은 우리 민족과 인연이 깊다는 것을 쉽게 알 수 있다. 그러나 속내를 들여다보면 용정은 우리 민족에게 영광과 긍지, 고난과 좌절을 안겨준 핏빛으로 얼룩진 무대였다.

아주 오랜 10세기 초(926
년)까지만 해도 만주지방은
고구려와 발해의 본거지였
으니 우리 조상들의 활동무
대였다. 그런데 중국의 명나
라와 청나라시대를 거치면
서 우리의 영역에서 멀어지
고 말았다. 그러다가 19세기
중엽에 조선의 탐관오리(貪
官汚吏)의 학정(虐政)과 서
북일대에 극심한 가뭄 때문
에 흉년이 들자 굶주림을 견
디다 못한 백성들이 죽음을
무릅쓰고 두만강을 건너 간
도와 연해주 일대로 이주하
기 시작했다.

용정 우물의 전설을 알리는 표지석

그 중에서도 특히 일제강점기인 1900년대 전반의 용정은 우리 조상들
의 한 맺힌 역사가 켜켜이 서려 있는 곳이다. 용정은 우리 동포들이 잔혹
한 일제의 탄압과 수탈을 견디지 못하고 중국으로 이주했을 때 가장 먼저
정착한 땅이다. 나라 잃고 떠도는 백성들의 애환을 그린 박경리(朴景利)
의 대하소설 '토지(土地)'를 읽어 본 사람이라면 용정이라는 지명과 그
의미가 친숙하게 다가올 것이다.

용정은 또한 우리의 애국지사들이 빼앗긴 나라를 되찾기 위해 항일독
립운동을 펼쳤던 매우 중요한 거점이었다. '용두레 우물'은 아담한 공원
에 자리하고 있었다. 커다란 기념비가 세워져 있고 그 앞에 돌로 장식된

우물이 있는데 뚜껑을 닫아 놓아 샘물은 볼 수가 없었다.

기념비 앞면에는 '용정지명기원지우물'이라고 한글로 새겨져 있고 뒷면에는 '龍井地名起源之井泉'이라고 한자로 되어 있다. 용정의 명소라서 그런지 관광객들도 많이 찾고 주민들도 더위를 피하고 휴식을 취하는 모습이 한가로워 보였다.

선구자와 일송정, 그리고 해란강

우리가 즐겨 부르는 가곡 '선구자(先驅者)'의 가사에는 용정(龍井)을 상징하는 이름이 많이 들어있다. 일송정(一松亭)과 해란강(海蘭江), 용문교(龍門橋)와 비암산(琵巖山), 용주사(龍珠寺) 등이다. 일송정은 용정시에서 서남쪽으로 약 4km 떨어진 비암산 정상에 있다. 일송정을 정자로 알고 있는 사람이 많은데 사실은 정자가 아니라 소나무를 의미한다고 한

용문교 밑으로는 해란강이 흐른다

다. 꼭 한 번 가보고 싶었는데 시간이 촉박해서 가보지 못했다. 후일을 기약하며 아쉬움으로 남겨두었다. 해란강은 시내 중심부 용문교 아래로 흐른다. 두만강에서 흘러나온 지류인데 강의 규모는 그리 크지 않다. 비암산에는 원래 소나무가 많았다고 한다. 용주사는 지금은 남아 있지 않지만 비암산 자락에 있었다고 전한다. 가곡 '선구자'의 가사는 다음과 같다.

선구자(先驅者)

1.
일송정 푸른 솔은 늙어늙어 갔어도
한 줄기 해란강은 천년 두고 흐른다.
지난날 강가에서 말 달리던 선구자
지금은 어느 곳에 거친 꿈이 깊었나.

2.
용두레 우물가에 밤새소리 들릴 때
뜻 깊은 용문교에 달빛 고이 비춘다.
이역하늘 바라보며 활을 쏘던 선구자
지금은 어느 곳에 거친 꿈이 깊었나.

3.
용주사 저녁종이 비암산에 울릴 때
사나이 굳은 마음 깊이 새겨두었네
조국을 찾겠노라 맹세하던 선구자
지금은 어느 곳에 거친 꿈이 깊었나.

용정(龍井)에는 우리에게도 널리 알려진 대성중학교가 있다. 지금은 용정중학교로 개칭했다. 민족시인(詩人) 윤동주(尹東柱)의 모교이기도 하다. 교사 중앙현관 위에 사립 '대성중학교'라는 현판이 걸려 있는데 사립(私立)이라는 말과 글씨가 오른쪽에서 왼쪽으로 '校學中成大'라고 되어 있는 것이 눈길을 끌었다. 교정 한쪽에 '尹東柱 詩碑'라는 표지(標識)와 함께 윤동주의 '서시(序詩)'가 새겨져 있다.

윤동주 시인의 모교에서 서시를 읽으며 감회가 깊었다. 자신의 일생을 노래한 것 같다는 생각도 했다. 윤동주가 태어난 곳은 북간도 명동촌(明東村)이다. 용정에서 약 10km 떨어져 있다. 마을 이름에는 '동쪽을 밝힌다'는 뜻을 가졌다고 한다. 문득 인도의 시성(詩聖)이라 추앙받는 타고르가 노래한 '동방의 등불'이라는 시가 떠올랐다. 평소 내가 즐겨 암송하는 시이기도 하다.

윤동주도 타고르도 애석하게 우리나라의 광복을 보지 못하고 떠났다. 윤동주는 1917년에 이곳 명동촌에서 태어났고, 1945년 2월 16일 조국광복 6개월을 남겨두고 일본 후쿠오카 형무소에서 사촌형 송몽규(宋夢圭)와 함께 순국했다. 당시 나이 스물아홉이었다. 타고르 역시 우리나라가 해방되기 전인 1941년에 별세했다.

서시(序詩) _윤동주

죽는 날까지 하늘을 우러러
한 점 부끄럼이 없기를,
잎새에 이는 바람에도
나는 괴로워했다.
별을 노래하는 마음으로
모든 죽어 가는 것을 사랑해야지
그리고 나한테 주어진 길을 걸어가야겠다.

오늘 밤에도 별이 바람에 스치운다.

윤동주·송몽규와 친구들

동방의 등불 _타고르

일찍이 아시아의 황금시기에
빛나던 등불의 하나였던 코리아
그 등불 다시 한 번 켜지는 날에
너는 동방의 밝은 빛이 되리라.

마음에는 두려움이 없고
머리는 높게 처들린 곳
지식은 자유롭고
좁다란 담벼락으로
세계가 조각조각 갈라지지 않은 곳

진실의 깊은 곳에서
말씀이 솟아나는 곳
끊임없는 노력으로 완성을 향해
팔을 벌리는 곳

지성의 맑은 흐름이
굳어진 모래벌판에서
길 잃지 않은 곳
무한히 퍼져나가는 생각과 행동으로
우리들의 마음이 인도되는 곳

그러한 자유의 천국으로
내 마음의 조국 코리아여 잠을 깨소서.

명동촌(明東村)의 주변 산세를 둘러보니 우리나라의 보통 마을처럼 평온하고 아늑하다. 그 엄혹한 시절에도 참 좋은 곳을 골라 정착했다는 생각을 했다. 윤동주 시의 원천은 아마도 이곳 명동촌에서 자랐던 어린 시절의 추억이 아닐까 싶었다. 마을길을 걸으며 '별 헤는 밤'을 암송해 보았다. 명동촌은 수많은 독립운동가들의 산실로도 알려져 있다.

실제로 이곳에는 유달리 학교가 많았다. 이상설(李相卨)이 세운 '서전서숙', 김약연(金躍淵)의 '명동서숙', 선교사 베이커가 설립한 '은진학교', '신흥학교', '대성학교' 등 민족교육을 위한 사립학교가 연달아 설립되어 수많은 인재를 키웠다.

고종황제의 '헤이그 밀사'로 알려진 이상설 선생이나 간도지역 이주민들의 정신적 지주였던 김약연 선생 등, 우리의 애국선열들은 나라를 빼앗긴 민족으로서 하루하루가 평생을 사는 것처럼 치열했을 것이다. 그분들의 삶이 눈에 보이는 듯 선명했다. 지금의 우리가 나라를 위해 무엇을 어찌해야 할 것인가를 웅변으로 말해 주고 있다.

저녁 9시가 되어서야 연길로 귀환했다. 숙소는 그제 묵었던 연변반점이다.

제6일, 1994년 7월 19일 (화요일)

연변조선족자치주 청사를 방문하다

오늘은 오전에 연길(延吉) 시내를 살펴보고 오후에는 북경으로 가야 하는 일정이다. 아침식사 후 먼저 연변조선족자치주(延邊朝鮮族自治州) 청사를 찾았다. 우선 청사가 크고 웅장해서 놀랐다. 청사에 들어서자마자

현관 정면에 백두산 천지의 대형 그림이 걸려 있고, 바닥에 길림성(吉林省) 전체의 모형도가 조성되어 있었다. 연변조선족자치주는 길림성에서 유일한 소수민족자치주이다. 그만큼 조선의 교민들이 많이 살고 있다는 것을 의미한다.

연길은 길림성 동남부에 위치하고 있으며 길림성 총면적의 4분의 1을 차지하고 있다. 길림성, 연변, 연길, 나는 그 동안 이곳 지명에 대한 혼란이 있었다. 한국에 온 조선족 동포를 만나면 어떤 이는 길림에서 왔다, 다른 사람은 연변에서 왔다, 또 다른 사람은 나는 연길에서 산다고 말했기 때문이다. 그런데 이번에 자치주 청사를 방문하고 나서야 이곳 중국의 행정구역에 대해 자세히 알게 되었다.

길림(吉林)은 중국의 가장 큰 행정구역인 성(省)을 뜻한다. 중국의 22개 성(省) 중 조선족이 많이 거주하는 동북지방에 흑룡강성(黑龍江省), 요녕성(遼寧省), 길림성(吉林省) 등 3개의 성이 있는데 이를 동북3성이라 한다. 그 아래 행정구역인 자치구(自治區)가 있다. 중국의 소수민족 중 티베트, 위구르, 내몽골 등이 자치구이다. 중국은 연변(延邊)을 1952년 9월 3일 성(省)과 같은 급인 연변조선족자치구로 정했으나 1955년 12월에 목단강(牧丹江) 지역 등을 흑룡강성에 내주면서 그 아래 단계 행정구역인 연변조선족자치주(延邊朝鮮族自治州)로 이름이 바뀌었다.

현재 연변에는 조선족, 한족, 만

주족, 회족, 몽골족 등 25개의 민족들이 생활하고 있다. 연변조선족자치주는 중국 전체에서 조선족 인구가 제일 많은 지역이다. 80만 명의 재중동포(在中同胞)가 거주하고 있다. 그 중심지가 바로 연길이다. 중국 최대의 한인 거주지역이며 연변자치주 전체 인구 가운데 조선족의 인구 비율은 36.5%를 차지하고 있다.

연변조선족자치주 청사를 나와 조선민속박물관(朝鮮民俗博物館)으로 갔다. 나는 여기서 아주 귀한 자료를 구할 수 있어 너무 기뻤다. 아주 오래 전에 연변대학교 출판부에서 발간한 '발해사연구(渤海史研究)' 라는 역사책이다. 총 4권으로 되어 있었다.

그런데 아쉽게도 제1권이 없었다. 여기저기 수소문해 구하려고 노력했으나 1권은 끝내 구하지 못했다.

조선민속박물관 관람을 마치고 조선족 동포가 경영하는 식당에서 점심식사를 했다. 주인이 몸소 나와서 차를 대접하고 음식 맛과 메뉴를 체크하는 등 모국에서 온 우리를 크게 환대하였다. 식사 후 우리는 연변대학으로 갔다.

연변대학교 출판부에서 발간한 발해사연구(渤海史研究) 2,3,4권

소수민족 최초의 대학 연변대학

연변대학(延邊大學)은 1949년에 세워졌다. 문학부, 이공학부, 의학부를 설치하였으며 처음 개교할 때는 교직원 153명, 학생 427명으로 출발하였다. 중국공산당이 소수민족과의 융화를 위해 소수민족지구에 제일 먼저 설립한 대학교에 속한다. 지금 연변대학에는 9개 학부, 재학생 1,700여 명(조선족 70%)에 달하는 학생들이 있다.

연변대학은 자치주 성립보다 먼저 만들어졌다. 항일혁명가들이 조선족 인재를 키워야 한다면서 돈과 쌀과 정성을 모아서 설립한 민족대학(民族大學)이다. 조선족 초등학교, 중학교, 고등학교를 만든 것은 그 뒤였다고

연길 연변대학 정문

한다. 연변대학 직원의 안내로 교내를 두루 살필 수 있었다.

우리 민족의 미래를 위해서라도 연변대학의 무궁한 발전을 기원하였다. 연변대학에서 훌륭한 인재들이 많이 배출되기를 바란다. 우리 동포들의 후예가 중국의 중추적 핵심인물이 많아질 때 우리 민족의 자긍심은 물론 역사와 문화의 계승도 가능해질 것이고, 실질적으로 중국을 지배하는 것이

나 다름이 없기 때문이다.

중국대륙의 만만디 문화를 체험

오후 3시에 북경으로 가는 4시 55분발 비행기를 타기 위하여 연길공항으로 갔다. 그런데 너무나 황당한 일이 벌어졌다. 예정시간이 훨씬 지났는데도 탑승개찰을 할 기미조차 보이지 않았다. 한 시간 이상 기다렸는데도 지연되자 공항 관계자에게 항의했는데 관계자의 어이없고 기막힌 대답만 들어야 했다. 그것은 우리가 탑승해야 할 항공기가 아직 북경에서 출발조차 안 했다는 것이다.

그런데 그 말을 하는 직원의 태도를 보니 이 같은 일이 자주 있는 일이라는 듯 대수롭지 않은 표정이었다. 우리 상식으로는 도무지 이해할 수 없는 중국문화의 단면을 체험하는 순간이었다. 할 수 없이 우리는 시내로 다시 들어가 저녁식사를 하기로 했다. 결국 4시간 이상 지연되어 한밤중에 북경공항에 도착했다. 북경 시내에 자리한 '국제반점(國際飯店)'이라는 호텔에 여장을 풀고 취침했다

제7일, 1994년 7월 20일 (수요일)

중국의 심장, 북경 탐색

중국의 심장부인 베이징(북경; 北京)의 아침을 맞았다. 어제 저녁 늦게 잠자리에 들었기 때문에 아침 산책은 생략하기로 했다. 북경은 현재 중화

인민공화국(中華人民共和國)의 수도(首都)이며 역사 또한 유구하고 건축물들이 웅장한 중국의 고도(古都)이다. 명실상부한 세계 정치의 중심지이다. 또한 중국의 정치, 경제, 문화, 교통과 관광의 중심지이다. 주변에 산이 병풍처럼 둘러져 있고 물이 감돌고 있어 그 기세가 매우 웅장하다. 총면적이 16,800 평방킬로미터이고 인구는 1,100만을 헤아린다. 한족, 회족, 만주족, 몽골족 등 여러 민족이 섞여 살고 있다.

북경은 전형적인 대륙성 계절풍 기후를 보이고 있는데 황사가 심해서 공기는 썩 좋다고 볼 수 없다. 일 년 중에 8월, 9월, 10월, 가을철 세 달이 가장 살기 좋은 날씨라고 한다. 북경에서 특히 우리가 기억해야 할 것은 이곳 북경이 수많은 애국지사들의 활동무대였다는 점이다. 이육사, 신채호, 김원봉, 이회영 선생 등이 이곳을 중심으로 독립운동을 하다가 체포되고 수감되는 수난을 당했다는 사실이 여러 기록으로 남아 있다.

북경은 역사문화도시로서도 유명하다. 기원전 1045년 서주(西周) 초기에 이미 도시로서 모습을 갖추고 명칭도 계(薊)라고 칭했다. 춘추시대(春秋時代)에는 연(燕)나라의 수도였다. 전국시대(戰國時代)에는 강국(强國)의 상징이었고 계는 천하에서 가장 유명한 도시가 되었다. 진(秦)나라 때에는 계현(薊縣)이 되었고, 서한(西漢) 때에는 함주(函州), 수(隋)나라 양제(煬帝)는 3차에 걸쳐 이곳을 순행하며 이곳에 군대를 주둔시키고 삭궁(朔宮)을 지었다.

당(唐)나라 때에 다시 함주가 되었다가 천보(天寶) 원년에 범양군(范陽郡)으로 개칭하였다. 건원(乾元) 2년에 사사명(史思明)이 황제라 칭하고 이곳을 연경(燕京)이라 하였다. 그 뒤 요(遼)나라는 이곳을 남경(南京)이라 했다가 원나라 때 다시 연경이라 불렀다. 명(明)나라 때부터 북평(北平)으로 불리게 되어 청나라 말까지 유지되었다.

북경은 이렇게 요(遼), 금(金), 원(元), 명(明), 청(淸)의 도읍지로 전후 1,000년의 역사를 자랑하는 중국의 6대 고도(古都) 중의 하나이다. 특히 청나라 시대의 궁(宮), 원(苑), 단(壇), 묘(廟) 등의 유적들이 지금까지도 많이 남아 있다.

아편전쟁 후 북경은 계속되는 제국주의 침략군의 약탈과 방화에 시달렸는데 그때 수많은 유물과 유적들이 훼손되었다. 부패한 청 왕조의 통치 하에서 재난도 끊이지 않았지만 또 한 편으로는 사회변혁의 중심지이기도 했다. 양무운동(洋務運動), 무술변법(戊戌變法), 의화단운동(義和團運動)이 이곳에서 일어났다.

신해혁명(辛亥革命) 후 청 왕조가 종식되고 군벌들의 정권쟁탈의 중심지가 되었다. 1919년 우리나라의 3.1만세운동 직후인 5월 4일 천안문 앞에는 제국주의와 봉건주의에 반대하는 위대한 혁명운동이 발생하였는데 이른바 중국 근대화의 서막을 연 5.4운동이다. 이후 북경은 신문화운동의 발상지가 되었다.

1935년 12월 9일 중국 공산당의 영도 하에 천안문 앞에서 항일구국(抗日救國)의 학생운동이 일어났다. 1949년 1월 31일에는 평화해방을 선언하였다. 마침내 9월에는 중국인민정치협상회의(中國人民政治協商會議) 제1차 전체회의가 열려 중화인민공화국(中華人民共和國) 수립을 결정하고 북평(北平)을 북경(北京)으로 개칭하고 수도로 정하였다.

1949년 10월 1일 마오쩌둥(모택동; 毛澤東)이 천안문 성루에서 중화인민공화국을 정식으로 선포하고 현재에 이르고 있다. 북경은 명실 공히 정치와 문화뿐만 아니라 이 나라의 국제교류의 중심으로 자리하게 되었다. 현재 70여 개의 대학과 500여 개의 각종 연구소가 불을 밝히고 열심히 활동하고 있다.

통계에 의하면 북경에 있는 문화재와 고대건물 유적지가 7,862개 소이고, 사찰이 2,666개나 된다고 한다. 그 대표적인 것이 자금성과 천안문, 만리장성과 명13릉, 천단공원 등 누구나 한 번 보면 기가 질리게 만드는 대형 건축물들이 도처에 자리하고 있다. 중국의 여러 고도(古都) 중에서

북경 시내의 자전거 행렬

도 북경이 원형(原形)을 가장 온전히 보존된 곳으로 알려져 있다.

현재의 북경은 출퇴근 시간이 되면 시내 곳곳은 거리마다 자전거 물결이 장관을 이룬다. 주 교통수단인 자전거가 유난히 많아 가히 자전거 천국이라 할 수 있다. 자동차와 자전거, 사람들이 뒤섞여 있는 도로모습이 거대한 물줄기처럼 느껴진다. 북경 시내에 운행하는 자동차 번호판에는 북경을 나타내는 '京' 이라는 글자가 있음을 알 수 있다.

거리 곳곳에서 우리나라의 태극권과 비슷한 체조를 하고 있는 모습도 이색적인 구경거리다. 또 상점 앞 가로수 밑에서는 상의를 벗고 있는 남자들을 흔히 볼 수 있다. 더운 날씨 탓이라고는 하지만 모두들 아무렇지도 않게 삼삼오오(三三五五) 모여서 웃옷을 벗은 채 이야기를 나누고 있다.

또 도로변에는 각양각색의 노점상들이 즐비하게 늘어서 있고 화장실을 측소(則所)라 부르며 간판이나 광고판들이 한자의 본산지임에도 모두 간자체(簡字體)로 되어 있어 의아하고 신기하였다. 아무튼 북경은 고대 중국의 속살을 여과 없이 볼 수 있고, 이색적인 볼거리를 많이 제공해 주는 거대하면서도 비교적 편안하게 느껴지는 도시다.

인류 최대의 건축물 만리장성

오늘은 하루 일정이 촘촘하다. 호텔에서 아침을 먹고 2천년의 역사를 가진 인공축조물인 만리장성(萬里長城)을 향해 출발했다. 어려서부터 정확한 뜻도 모른 채 수없이 들었던 만리장성이다. 도착해 보니 중국의 만리장성은 듣던 대로 대단했다. 외국 정상들이 중국을 방문할 때면 어김없이 자금성(紫禁城)과 만리장성을 방문하는 일정이 들어 있었던 것으로 기억하는데 과연 중국으로서는 자랑할 만하다고 생각되었다.

외국 정상들뿐 아니라 수많은 관광객들이 방문하는 만리장성은 중국 5,000년 역사의 축소판이라고 할 수 있다. 고대부터 지금까지 끊임없이 밖으로 영토 확장과 경제상권을 노리면서도 문화적으로는 만리장성에 갇힌 것처럼 폐쇄성을 벗어나지 못하고 있다. 현재도 만리장성이 중국을 지배하고 있는 것처럼 느껴진다.

오늘 우리가 보는 만리장성은 명나라 때 축조한 것으로 특히 그 장대함은 이미 세계적으로 알려져 있다. 위성으로 보면 마치 꿈틀거리는 한 마리의 거대한 용(龍)이 날아가는 것처럼 보인다고 한다. 원래의 만리장성은 진나라 시황제(始皇帝) 때 춘추전국시대(春秋戰國時代)의 장성들을 연결하면서 축조되었다.

그 중에서 진(秦)나라 장성의 규모가 가장 크다. 그 뒤 한(漢)나라 무제(武帝) 때 축조한 한나라 장성, 명(明)나라 태조(太祖) 때 쌓은 명나라 장성이 있다. 처음에는 북방 이민족의 침략을 막기 위한 방어목적으로 만들어졌다. 흉노를 포함한 북방 유목민들은 세력이 강성할 때마다 월경(越境)하여 영토와 백성들을 유린했기 때문이다.

만리장성이 구축된 지 2000여 년이 되었지만 아직도 굳건하고 웅장하다. 장구한 세월 속에 무려 20개 왕조가 축조에 참여하였다. 그렇기 때문에 만리장성은 중국의 오랜 역사 그 자체라고 할 수 있다. 당연히 이런

북경 만리장성의 위용

저런 축조과정(築造過程)에 얽힌 수많은 일화가 전해지고 있다. 이런 고난(苦難)을 거쳐 마침내 인류 역사상 최대의 건축물 중 하나가 완성된 것이다.

그 규모는 누가 봐도 상상을 초월한다. 과연 이 같은 성을 어떻게 축조했을까, 아무리 생각해도 이해가 안 간다. 오래 전(1969년) 미국의 우주비행사 암스트롱이 처음으로 달에 착륙하였을 때 달에서 지구를 관측했는데 지구의 건물 중 유일하게 만리장성이 보였다는 기사를 읽은 적이 있다. 오죽하면 인류문명의 불가사의(不可思議)라 하겠는가.

길이만 해도 동쪽 산해관(山海關)에서 출발하여 서쪽 자위관(嘉峪關)까지 총 연장선이 6,300km에 달하는 거대한 인공성벽이다. 전통적으로 중국에서 거리를 계산하는 단위인 리(里)는 현재 500m에 해당하는데, 만리장성의 길이를 리(里) 단위로 환산하면 총 12,600리에 달해 만리장성(萬里長城)이라 부른다고 한다. 우리나라 남북 길이의 4배에 해당하는 거리이니 얼마나 장대(長大)한지를 알 수 있다.

물론 이 같은 거대한 축조물을 쌓기까지는 오랜 시간과 희생이 따랐을 것이다. 얼마나 많은 백성들의 피와 땀이 필요했을지는 불문가지(不問可知)다. 오죽하면 인부들이 공사 중 죽으면 그냥 그 자리에 바로 묻었다 해서 세상에서 가장 긴 무덤이라고 하겠는가. 이는 산해관에 있는 '맹강녀묘' 전설에서도 알 수 있다.

맹강녀는 성을 쌓기 위해 부역 나간 남편이 수년이 되어도 돌아오지 않자 변방으로 가서 이리저리 수소문하였다. 결국 남편이 죽었다는 소식을 듣고 성 밑에서 밤낮을 가리지 않고 대성통곡(大聲痛哭)을 하자 그 한(恨)이 하늘까지 미쳐 장성이 우르르 무너져 내렸다고 한다. 또 "하룻밤을 자도 만리장성을 쌓는다"가 아니라 "하룻밤을 자고 만리장성을 쌓게 되었다"고 하는 전설 등은 당시 백성들의 애환(哀歡)을 잘 대변해 주고 있다.

만리장성 중 가장 정교하게 축조된 것이 팔달령(八達嶺)이다. 최고봉은 해발 1,000m이다. 화강암을 사용한 장성의 성벽 높이는 8.5m이다. 폭은 하단이 6.5m, 상단이 5.7m로 말 다섯 마리가 나란히 달리거나 사람 열 명

만리장성에 올라

만리장성을 구경 나온 중국인 가족의 표정이 밝다

이 횡대로 걸을 수 있는 폭이다. 오늘 그 팔달령 장성을 직접 올라가서 눈으로 확인하고자 한다.

아직 이른 시간인데도 아침부터 장성에 오르려는 관광객들이 인산인해(人山人海)를 이루고 있다. 우리도 줄을 서서 한참을 기다렸다. 성을 오르기에 앞서 주의사항이 많았다. 그리고 장성 꼭대기를 다녀온 사람에게

만리장성에서 만난 한국 사관생도와 함께

는 장성완주증서(長城完走證書)를 교부한다고 한다. 쉬운 일은 아니겠지만 한 번 도전해 보기로 했다.

시간이 되어 장성을 오르기 시작했는데 많은 사람들이 한꺼번에 올라도 성벽 위가 넓어서 크게 불편하진 않았다. 오르면서 보니 중국인들은 가족단위로 많이 왔다. 우리도 처음에는 함께 출발했지만 점점 흩어져 선두에는 다섯 명만이 함께 걸었다. 한 시간여가 지나 정상에 도달하니 중국 장성관리자가 장성완주증서를 주었다. 대단한 것은 아니지만 그래도 해냈다는 보람이 있었다.

거기서 뜻밖에 우리나라 해군사관생도 두 명을 만났다. 참으로 반가웠다. 함정을 타고 세계 각처를 도는 훈련 중인데 중국 해안에 정박 중이라 잠깐 시간을 내서 왔다고 한다. 새하얀 정복차림이 그렇게 멋지고 믿음직스러울 수가 없다. 함께 기념사진도 찍고 음료수를 마시며 담소를 나누었다. 정상에서 내려다보니 또 다시 감탄사가 나왔다.

중국의 지도자 마오쩌둥(모택동)이 일찍이 '장성을 올라보지 않은 사람은 사나이가 아니다'라고 말했다는데 만리장성의 위용은 인간의 한계를 뛰어 넘는다. 그런데도 해냈으니 인간의 힘과 지혜가 얼마나 위대한가를 새삼 느꼈다. 약속시간이 되었기 때문에 더 세밀하게 돌아보지 못해 아쉬웠지만 장성에서 내려와 곧바로 명 13릉으로 향했다.

명나라 13명 황제와 29명 황후들의 궁전 같은 무덤

명 13릉은 능묘구역만 해도 약 40km²에 달할 정도로 넓다. 열세 명의 명나라 황제(皇帝)가 묻혀 있다고 해서 붙여진 이름이다. 그 외에 29명의 황후(皇后), 그리고 1명의 귀비(貴妃)가 묻혀 있다고 한다. 북경 시내에서 서북쪽으로 약 40km 떨어진 천수산(天壽山) 기슭에 위치해 있다. 무슨 사정이 있는지는 알 수 없으나 열세 개의 능 중에서 장릉(長陵), 정릉(定陵), 소릉(昭陵) 등 세 개의 능만 개방한다고 한다. 무덤인지 궁전인지 구분이 안 될 정도로 거대하고 웅장하다.

명 13릉을 찾으면 맨 먼저 대궁문(大宮門)을 만난다. 그리고 대궁문 앞 양쪽에 하마비(下馬碑)가 있다. 하마비는 능침에 제사를 지내러 갈 때 이곳에 도착하면 황제로부터 대소 신료들까지 가마나 말에서 내린 다음 반드시 걸어서 들어가야 한다는 경계(警戒)의 표지라 한다. 선조에 대해 공경하는 마음 때문일 것이다. 가다 보면 신도가 나온다. 장릉까지 곧게 7km나 뻗어 있고 양 옆에는 동물들이 엎드려 있는 석상생(石像生)이 서 있는데 볼거리가 많다.

장릉(長陵)은 13개 능(陵) 중에서 가장 주목받는 능침이다. 숲속에 둘러

명 13릉 중 장릉 가는 길

싸여 있는데 명나라 3대 황제인 영락제(永樂帝)가 황후(皇后) 서씨(徐氏)와 함께 잠들어 있다. 규모면에서 최대(最大) 최고(最古)의 것으로 알려졌다. 우리에게는 영락대전(永樂大典)을 편찬한 황제로 알려진 인물이다. 영락대전은 1407년에 완성되었으며, 모두 22,877권이었으나 모두 소실되거나 분실되고 현재는 800권 정도만 남아 있다고 한다.

영락제는 남경에서 북경으로 천도한 후 자금성을 조성했던 황제이기도 하다. 지상궁전인 능은전(綾恩殿) 이면에 유체가 잠들어 있는 지하궁전이 있다고 하는데 아직도 발굴되지 않았다고 한다. 아니 발굴하지 못한다고 해야 할지도 모르겠다. 그 간악하기로 소문난 일제침략기에도 손을 대지 못했다고 한다.

정릉(定陵)은 장릉 다음으로 큰 규모이며 제13대 황제인 만력제(萬曆帝)와 그의 두 명의 황후가 잠들어 있는 능이다. 정릉은 1956년 5월부터 발굴되었는데 진귀한 문화재 3000여 점이 출토되었다고 한다. 그중에서 만력제의 금관과 두 황후의 봉관은 세계에서 보기 드문 보물로 알려져 있다. 정릉의 지하궁전은 높이 27m, 면적 1,195m²의 완전한 석조구조로서 견고하게 되어 있다. 정릉을 돌아보는 곳에서는 만력제의 무자비(無字碑)가 인상적이었다.

만력제는 16세부터 64세까지 48년간 재위한 황제였지만 업적이 하나도 없어 글씨가 없는 무자비를 세웠다고 한다. 속사정이야 모르겠지만 참 어이가 없다. 어느 왕조이건 그와 같은 무능하고 방탕한 군주는 있는 법이지만 48년을 재위하면서 그럴 수가 있는지 이해하기 힘든 특이한 인물이란 생각이 들었다.

소릉(昭陵)은 13대 융경제(隆慶帝)의 능묘로 1990년에 개방되었다. 우리는 장릉과 정릉만 돌아보았다. 장릉과 정릉을 돌아보는데 걷기도 힘들었고 많은 시간이 걸렸다. 정릉의 지하궁전은 그 규모나 견고함 모두가 대단했다. 그래서 많은 사람들이 이구동성(異口同聲)으로 중국의 구조물들은 역시 거대하고 웅장하다고 말한다. 만리장성도 그렇고 아마도 오후에 갈 자금성도 예외는 아닐 것이다.

나는 명 13릉을 보면서 우리나라의 왕릉들과 비교해 보았다. 우리나라의 동구릉(東九陵), 서오릉(西五陵)을 비롯한 왕릉들이 이보다 규모는 비록 작지만 범상치 않은 운치가 있다. 또 사후(死後)에도 자연과 원활하게 소통하기에 유택을 모시는 곳으로서의 가치는 우리나라의 능들이 훨씬 뛰어나다는 생각을 했다.

세계 최대의 궁전 자금성

점심 식사를 마치고 자금성(紫禁城)으로 이동하였다. 자금성의 위치는 북경 시내 중심에 자리해 있는데 그 규모가 엄청나다. 현존하는 세계 최대(最大)의 궁궐(宮闕)로 알려져 있다. 1406년 영락제에 의해 자금성 건축이 시작됐고, 완성까지 14년이 걸렸다고 한다. 또 이 공사엔 연인원 100만 명이 넘는 일꾼이 동원되었다고 하니 그 규모를 알 만하지 않은가.

백성들이 피땀 흘려 지었지만 정작 백성들과는 거리가 멀었다. 오로지 황제를 위한 건축물이었다. 백성들은 일체 출입이 허락되지 않았다. 황제를 비롯한 황실관계자와 고관대작들만 들어갈 수 있는 금단의 성이다. 자금성이란 이름은 글자마다 의미를 지녔는데 자금성의 자(紫, 자주색)는 천제(天帝)가 살았다는 북두성(北斗星) 즉 자미원(紫微垣)을 상징하고, 금(禁)은 금지(禁止)한다는 말로 황제의 허락 없이는 누구도 궁을 들어오거나 떠날 수 없다는 사실을 의미한다고 한다.

그리고 성(城)은 궁궐을 의미한다. 자금성의 지붕이 모두 황색인 것도 황제의 집이라는 뜻을 담고 있다. 이 황금빛 지붕이 태양에 반사되어 번쩍번쩍 빛나면서 권위와 위압감을 느끼게 한다.

자금성은 명나라부터 청나라까지(1420~1912) 492년 동안 중국 황실의 궁궐이었다. 명나라 황제 12명, 청나라 황제 10명이 주인노릇을 했다. 거의 500년 동안 중국 통치의 중심이었을 뿐만 아니라 황제와 그 식솔들이 갖가지 사연을 안고 살아온 집이기도 하였다.

그러나 1911년 쑨원(손문; 孫文)이 주도한 신해혁명(辛亥革命)은 군주제를 공화제로 바꾸면서 청 왕조의 통치를 종식시켰다. 중국 2000년 봉건통치(封建統治)의 종지부를 찍은 것이다. 신해혁명 후에도 청나라의 마지막 황제 부의(溥儀)는 13년 동안 자금성에서 머물렀다. 그러나 허수아비에 불과했다. 이미 망해 버린 왕조가 아닌가. 1924년 10월 10일 결국 국민군에 의해 추방되고 말았다. '마지막 황제' 라는 영화를 보면 자금성과 부의의 비운(悲運)이 섬세하게 그려져 있다.

현재 자금성은 중국 고대 예술품과 역사유적을 모아 놓은 고궁박물관(故宮博物館)으로 사용되고 있다. 전시된 역사문물이 무려 100여 만 점이라고 한다. 1987년 유네스코 세계문화유산으로 지정됐다. 자금성의 전체 면적은 72만m²이며 건축 면적만 15만m²로 길이 960m, 폭 750m인 직사각형으로 되어 있다. 그야말로 상상을 초월할 만큼 세계에서 가장 큰 궁궐이다.

자금성 동서남북에는 문이 있다. 남쪽에는 정문인 오문(午門)이 있다. 사실 천안문을 자금성 정문으로 알기 쉬우나 천안문은 황성 내성의 정문이다. 북쪽에는 신무문(神武門)이 있으며, 동쪽에는 동화문(東華門), 서

북경 자금성 전각 중 일부의 모습

쪽에는 서화문(西華門)이 있고, 네 곳에는 각각 독특한 각루(角樓)가 있다. 그 안에 약 800채의 건물이 있고, 방의 수만 9,999개나 된다. 자금성 밖에는 외측에 폭 52m, 전장 3,800m의 호성하(護城河)가 둘러싸고 있다.

보안을 위해 궁궐 내부에는 나무가 전혀 없고 담벼락은 높이가 10m에 길이가 4km나 된다. 땅을 밑으로 3m를 파내고 전부 돌로 채워서 지하의 침입자를 막고 있다. 오문은 일직선으로 영정문(永定門), 정양문(正陽門), 대명문(大明門), 대청문(大淸門), 중화문(中華門), 그리고 천안문(天安門)으로 이어져 있다. 북방에는 3대전과 황제가 정무를 처리하거나 외국 사절을 접견하던 건청궁(乾淸宮), 황후가 거처하던 교태궁(交泰宮), 예전엔 황후가 거처하던 곳이었으나 청나라 때에 재를 올리던 곳으로 바뀐 곤령궁(坤寧宮) 등 3궁이 신무문과 함께 직선상에 있다.

궁전 전체는 둘로 나뉘어져 하나는 황제가 조하(朝賀)를 받고 의식을 행하는 태화전(太和殿), 황제가 의식을 거행하기 전에 휴식을 취하던 중화전(中華殿), 황제가 연회를 베풀던 보화전(保和殿) 등 외조(外朝)와 동북 서쪽의 양 날개에 위치하는 문화전(文華殿), 무영전(武英殿) 등이 있다. 이밖에도 수백 개의 내정(內廷)과 부속궁(附屬宮)이 있다. 그야말로 상상을 초월할 만큼 거대하고 오로지 황제만을 위해 존재하는 권위주의적(權威主義的) 상징물이란 생각이 든다.

우리는 비록 자금성 일부만 돌아볼 수밖에 없었지만 둘러보면서 나는 이런 생각을 했다. 철통같이 출입이 통제된 이 폐쇄적 공간에서 얼마나 많은 인권유린(人權蹂躪)이 자행되었겠는가. 또 수많은 여인들의 투기, 환관들의 횡포, 외척과 대신들의 권력에 대한 모함과 암투가 벌어졌을지 짐작이 갔다. 그뿐 아니라 황제의 자리도 항상 좌불안석(坐不安席)이었을 것이다. 더구나 조선시대 우리나라와의 관계를 떠올리면 더욱 부정적 건축물로 다가온다.

중국과 조선은 국력의 차이로 수직적 상하관계였다. 황제(皇帝)와 왕

(王)이라는 호칭 하나만 보더라도 대충 짐작이 간다. 긴 세월 위계질서에 얽매인 조선의 조정이 얼마나 전전긍긍했을까 생각하니 더욱 마음이 우울했다. 자금성은 그 규모가 너무 커 이 웅장한 자금성을 제대로 둘러보는 것은 불가능에 가깝다. 더구나 삼복(三伏) 여름철이라 날씨도 무더워 극히 제한된 일부만 살펴보았다. 그런데도 한나절이 걸렸다.

서태후의 여름별장 이화원

자금성에서 나와 버스로 이화원(頤和園)으로 갔다. 북경시 북서쪽에 있는 중국의 초대형 정원이다. 정원 면적은 7만여 평이다. 둘레는 2.9km나 된다. 이곳은 청나라 말기의 여인으로 욕망(慾望)의 화신(化身)이자 악행(惡行)과 기행(奇行)으로 유명한 서태후(西太后)의 여름별장(離宮)이다.

서태후는 남편과 아들 조카에 이르기까지 주변 사람 모두를 닥치는 대로 무자비하게 희생시키면서까지 권력과 욕정을 탐한 희대의 악녀로 알려져 있다. 그가 이곳에서 수렴청정을 할 때는 궁전 역할도 겸했던 곳이라 한다. 처음에는 청의원(清漪園)으로 불렸으나 1886년 서태후(西太后)에 의해 이화원이란 이름을 갖게 되었다. 서태후의 거처 낙수당(樂壽堂)을 비롯한 3,000여 칸의 수많은 전각들과 진귀한 유물들이 많아 곳곳에 볼거리가 많고 가는 곳마다 아름다운 건축물들이 도열해 있다. 수려한 정자(亭子), 전(殿), 집, 누각(樓閣), 대(臺) 등이 자리하고 있다.

특히 인공산인 만수산(萬壽山)과 인공호수 곤명호(昆明湖)가 관광객들의 눈길을 사로잡는다. 만수산은 이화원 안에 위치한 산으로 금나라 때에는 금산(金山)으로 불리어졌다. 원(元)나라 시대 전설에 의하면 어떤 사람이 산중에서 돌항아리를 얻었다고 해서 그 명칭이 옹산(甕山)으로 변경되었다고 한다. 그러나 청나라 건륭황제 16년에 다시 만수산으로 명칭을 바꿨다. 산의 높이는 약 59m이고 사방으로 전각들이 배치되어 있는데 그 중에서 서쪽의 불향각(佛香閣)은 이화원 내에서 제일 큰 건축물로 알려져 있다.

이곳의 백미는 역시 곤명호다. 곤명호는 참으로 거대하다. 호수 둘레가 8km에 달한다. 이화원 전체면적이 약 90만 평이라고 하는데 그중 4분의 3을 곤명호가 차지하고 있다. 마치 항저우의 서호(西湖)를 연상시킨다. 여름에는 유람선도 운행한다. 호수의 가운데는 남호도(南湖島)라는 섬이 하나 있는데 이 섬에는 감원당(鑒遠堂), 함허당(涵虛堂), 남취각(嵐翠閣) 등이 그 정취를 뽐내고 있으며, 길이가 150m, 너비가 8m의 17개의 아치 모양을 한 다리가 동쪽 제방과 연결되어 있다.

이 다리는 백색 대리석으로 만들어졌으며 다리의 난간에는 540개의 돌 사자가 조각되어 있는데, 그 모양이 각각 다르고 마치 살아 있는 느낌을 준다. 더 많이 둘러보고 싶었지만 다리도 아프고 오후 늦은 시간인 데다 이화원도 역시 너무 넓어 대략 주마간산(走馬看山)식으로 지나치면서 볼 수밖에 없었다. 이화원에서 특별히 나의 관심을 끈 것이 있었다. 군데군데 구멍이 난 하얀 돌들이 유독 많았는데 태호석(太湖石)이라고 한다.

태호석이 장수(長壽)를 비는 돌이라 해서 중국의 유명한 관광지에는 이러한 태호석을 쉽게 만나볼 수 있다. 모두가 시장하기도 하고 많이 지쳐서 더 이상은 볼 수가 없었다. 다만 중국은 땅이 넓고 이화원(頤和園)도 크고 넓은 공간이라는 생각만은 오래갈 것 같았다.

북경교민들과 토론의 시간을 가지다

저녁에는 북경에 살고 있는 교민초청 간담회가 있었다. 저녁식사와 곁

중국 교민과의 간담회를 통해 우의를 다지다

들여 진행된 간담회는 약 2시간 동안 진행되었다. 교민들이 본국에 대해서 하고 싶은 말들이 너무 많아 보였다. 연길 쪽하고는 좀 다른 양상이었다. 중국과 수교된 지가 아직은 일천(日淺)하고 교민들의 욕구는 충족되지 않아 그렇겠지만 본국 정부에 대한 주문이 대부분이었다. 그러나 긴 시간 대화를 통해 서로의 입장을 이해하게 되었고 결국에는 누가 제의했는지 모두가 일어서서 아리랑을 합창하며 간담회를 마무리했다.

오늘은 아침부터 참 많이 걸었다. 만리장성을 비롯해 명 13릉, 자금성과 이화원까지 북경에서 보아야 할 명승지들을 숨 가쁘게 돌았기 때문에 많이 피곤하였다. 간담회가 끝나자마자 곧장 어제 묵었던 '국제반점'으로 돌아와 휴식을 취했다.

제8일, 1994년 7월 21일 (목요일)

오늘이 연수 마지막 날이다. 시간을 빠듯하게 쪼개가며 상당기간 단절되어 있던 중국이란 나라에 대해 나름대로 열심히 탐색(探索)하다 보니 벌써 일주일이 지나버렸다.

오늘은 어제보다 날씨가 시원해서 좋다. 북경의 날씨는 변화가 심하다고 한다. 그래도 이번 연수기간에 비가 한 차례도 내리지 않아 천만다행이었다. 오늘 일정은 오전에 천안문광장(天安門廣場)과 인민대회당(人民大會堂) 등을 방문하고 천진(天津)까지 가야 한다.

귀국은 오후 2시에 천진공항에서 하도록 되어 있다. 호텔에서 아침 식사를 마치고 귀국준비를 마쳤다. 각자의 짐을 완전하게 꾸려서 버스에 실었다. 차를 타고 천안문광장까지 이동하면서 가이드로부터 천안문광장과 부속건물에 대한 설명을 들었다. 특히 천안문 주변에서 지켜야 할 안전에 대한 이야기를 많이 해 주었다. 아마도 그곳이 다른 곳에 비해 조심해야 할 사정이 있는 것 같았다.

천안문광장과 인민대회당

우리 일행은 안내인을 따라서 북경의 상징이며 '천안문사태'로 유명해진 천안문광장(天安門廣場)으로 갔다. '천안문광장'은 중국 건국 10주년을 기념하기 위해 1959년에 조성한 광장으로 북경을 방문하는 사람이면 누구나 한 번쯤 찾아가 기념사진을 찍는 곳으로 알려진 명소이다. 북경(北京) 도심인 자금성 옆에 있다.

이곳에서 가장 눈에 띄는 것은 제작기간이 1년이나 걸렸다는 마오쩌둥(모택동; 毛澤東, 1893~1976)의 대형 초상화다. 또 초상화 좌우로 붙어있는 '중화인민공화국 만세', '세계인민대단결 만세'라는 대형글씨가 붙어있어 눈길을 끈다. 세계인들이 신문이나 텔레비전을 통해 한 번쯤 보았을 것으로 짐작이 간다. 나 역시 어제 그제 처음으로 북경시내를 오가며 차

천안문

창으로 잠깐씩 보았는데 직접 와 보니 참으로 넓었다. 곳곳에 경찰들이 배치되어 있었다. 천안문은 원래는 승천문(承天門)이라고 불렀다고 한다.

천안문이 최초로 건설된 것은 명나라 영락제 15년인 1417년으로 황성을 새로 건축하면서 천안문을 세웠다. 당시의 이름은 '황제가 하늘로부터 명을 받아 잇는다'는 뜻의 승천문인데 이 문은 불과 40년 만에 전화(戰火)로 소실되었고, 1651년 청나라 때 재건하면서 '천하를 편안하게 하자'는 뜻의 천안문(天安門)으로 바뀌었다고 한다.

천안문의 전체 넓이는 1,710㎡이며, 성루 넓이는 62.77㎡이다. 문은 모두 5개인데 그 중에서 가장 큰 가운데 문은 황제만이 드나들 수 있는 어도(御道)였다. 어도는 황제만 드나들지만 그 외에도 특별히 출입이 허락된 사람이 있는데 그것은 황제 앞에서 시험을 치러 합격한 전시급제자와 혼인을 위해 처음으로 자금성에 들어오는 황후(皇后)에게만 이 문을 통과할 수 있는 권한이 주어졌다.

청나라 말기 절대 권력을 장악했던 그 유명한 서태후조차도 후궁(後宮) 출신으로 태후가 됐기 때문에 이 문을 통과해 보지 못했다고 한다. 천안문광장은 원래 1651년에 설계되었는데 오랫동안 그대로 이어져 오다가 1958년에 마오쩌둥의 지시에 의해 현재의 규모를 갖추게 되었다.

광장 총면적은 44만㎡로 세계 최대 규모이다. 모스크바에 있는 붉은 광장의 3배에 달하는 대형광장이다. 100만 명을 동시 수용할 수 있는 규모라고 하니 가히 세계 최대의 광장이라 할 만하다.

천안문광장은 중국 근현대사의 중심 무대로 자리매김했다. 중국 근대의 새로운 문을 여는 혁명적인 일들이 거의 이곳에서 벌어졌다. 1919년 중국에서 일어났던 항일민족저항운동이자 신문화운동(新文化運動)인 '5.4운동'의 중심지였고, 마오쩌둥이 1949년 10월 1일 이곳 천안문 성루에 올라 새로운 중국(新中國)을 선언하며 '중화인민공화국'의 건국을 선포한 곳이기도 하다.

1966년 중국 전역에 회오리바람을 몰고 온 '문화대혁명(文化大革命)'과 1989년 6월 4일에는 중국 민주화운동인 '천안문사건'이 일어난 곳 또한 이곳이다.

특히 천안문사건은 중국이 감추고 싶은 치부(恥部)로 알려진 사건이다. 개혁가였던 후야오방(호요방; 胡耀邦, 1915~1989)의 죽음이 계기가 되어 학생을 중심으로 시작되었다가 점차 일반 시민들에게까지 확산이 된 대규모 '민중저항운동(民衆抵抗運動)'이었다. 피의 일요일, 북경대학살, 천안문사태 등으로 불린다. 우리나라의 4.19혁명과 닮았다.

결국은 덩샤오핑(등소평; 鄧小平, 1904~1997) 정권이 무력을 앞세운 탄압으로 민주화운동은 미완(未完)에 그치고 말았다. 등소평 정부는 계엄령을 선포하고 탱크까지 동원해 수많은 인민들을 희생시켰다. 그 무자비함이 도살(屠殺)이라 불릴 만큼 인명피해가 컸다고 한다. 이때 희생된 학생들과 시민들은 제대로 알려지지도 않았고 제대로 평가받지도 못하고 있다.

중국 당국이 치부를 드러내기를 꺼려해 아직도 정확한 숫자마저 발표

되지 않고 있으니 당연한 일이다. 중국에서는 천안문 사태라는 말 자체가 금기어(禁忌語)가 되다시피 했다. 그러나 공교롭게도 중국의 천안문 사태 이후 서양에서는 독일의 베를린 장벽이 무너지고 소련이 붕괴하며 마침내 냉전(冷戰)이 종식되기에 이른다.

천안문광장에서 가장 인기 있는 볼거리는 해가 뜨는 새벽에 거행되는 국기게양식이다. 행진곡과 함께 군인들이 중국 국기인 오성홍기를 게양하는데, 이 의식이 너무 엄숙하고 걸리는 시간만도 30분 정도가 소요되기 때문에 많은 사람들이 사진을 찍기 위해 진을 치고 기다리고 있다고 한다. 하지만 우리는 시간이 허락지 않아 그 광경은 구경할 수가 없었다.

이밖에도 천안문광장(天安門廣場)에는 중국을 대표하는 정부의 주요 기관 건축물들이 주변에 운집해 있다. 광장을 중심으로 해서 "북쪽에 천안문이 자리 잡고 있고, 남쪽에는 마오쩌둥 주석 기념관, 정양문, 동쪽에는 중국역사박물관과 중국혁명박물관이 있다. 광장 서쪽에는 인민대회당이 있다." 나는 전부터 인민대회당(人民大會堂)이 어떻게 생겼는지 궁금하고 관심이 많아 꼭 한 번 들어가 보고 싶었다.

중국의 주요 정치적 결정을 내리는 행사가 거의 이곳에서 이루어지기 때문이다. 입장절차는 무척 까다로웠지만 오늘 그 뜻을 이룬 셈이다. 대리석으로 장식된 내부는 한 마디로 크고 웅장했다. 인민대회당은 높이 46

마오쩌둥기념관 앞에 참배객들이 줄지어 서 있다

미터, 길이 336미터, 너비 206미터에 건축면적이 17만 평방미터에 달한다. 중앙회의장은 1만여 명의 인원을 수용할 수 있고 대회당 안에 5천 개의 좌석을 가진 연회장이 있다. 시간이 없어 안내인의 설명을 짧게 들으면서 돌아 나왔다.

광장 남쪽에는 관광객들이 많이 찾는 마오쩌둥기념관(毛澤東紀念館)이 있다. 특히 마오쩌둥기념관 안에는 방부처리 된 마오쩌둥의 시신이 수정관에 뉘어져 있어 생생하게 볼 수가 있다. 주위에는 오성홍기(五星紅旗)와 전국 각지에서 올라온 진귀한 꽃들이 관을 두르고 있다. 소련의 레닌이나 베트남의 호치민, 그리고 우리가 출국하기 일주일 전인 7월 8일에 사망한 북한의 김일성(金日成)도 이와 비슷한 형태로 관리될 것이라고

천안문광장 인민영웅기념비

한다. 사회주의국가의 공통된 장례의식(葬禮儀式)이란 생각을 했다.

또 천안문광장 중앙에는 약 38미터 높이의 중국 역사상 최대의 기념탑인 인민영웅기념비(人民英雄紀念碑)가 세워져 있는데 마오쩌둥 주석의 친필로 쓴 '인민영웅영수불후(人民英雄永垂不朽)' 8글자와 뒷면에는 저우언라이(주은래; 周恩來, 1898~1976) 수상이 썼다는 중국 현대사가 촘촘하게 새겨져 있다. 우리 연수단은 그야말로 숨이 찰 정도의 빠른 속도로 인민대회당과 천안문광장을 한 바퀴를 돌아 나왔다. 겨우 눈요기만 한 셈이지만 철저히 가려져 있던 죽(竹)의 장막(帳幕)이라던 중국의

심장을 눈으로 직접 확인했다는 것으로 아쉬움을 달랬다.

한 사람의 일탈행동, 옥에 티가 되다

천안문광장과 인민대회당을 둘러보고 나서 천진(天津)으로 이동하기
위해 인원점검을 하는데 일행 중 한 명이 보이지 않아 비상(非常)이 걸렸
다. 사정을 알아보니 조금 전 견학을 마치고 화장실에 간다고 했는데 아
직껏 돌아오지 않은 것이다. 좀 기다리면 오겠지 했는데 한참을 기다려도
오지 않았다. 무슨 일이 생긴 것이 틀림없었다. 연수 마지막 날에 생각지
도 않은 사고가 발생하고 말았다.

단원 전체가 당혹해 하면서도 지혜를 모아 대처해야 했다. 수교가 되었
다고는 하나 치안(治安) 등 아직은 모든 것이 어설픈 중국의 여러 가지 정
황이 마음을 불안하게 했다. 중국 공안경찰(公安警察)에게도 도움을 요
청하고 우리들도 몇 명씩 조를 편성해 찾아 나서기도 했다. 그러나 행방
이 묘연했다. 그렇다고 항공기 시간을 맞추려면 천진행을 더 이상 지체할
수도 없어 대표 두 명만 북경에 남기로 하고 다른 사람은 모두 천진으로
가는 버스에 올랐다.

북경에서 천진까지는 두 시간 정도의 거리다. 버스를 타고 가는 내내
분위기가 예전과 달리 침울한 것은 당연한 일이었다. 천진에서는 시간이
없어 시내를 돌아볼 수가 없다고 한다. 설령 시간이 있다고 해도 선뜻 시
내 구경을 나설 분위기도 아니었다. 차를 타고 가면서 안내인이 천진에
대한 대략적인 설명을 해 주는 것으로 만족해야 했다.

천진은 북경에서 약 130km 떨어져 있는 공업과 산업으로 알려진 도시
다. 또 내륙과 바다를 이어주는 훌륭한 항구를 가지고 있는 입지조건 때
문에 원나라(1279~1368) 때부터 무역과 상업의 중심지였다. 청나라 때

는 번영의 전성기였다. 천진은 비옥한 한족문화의 중심지인 화북지방(華北地方)의 첫째가는 항구도시다. 중국 전체에서도 손꼽는 도시로 알려져 있다. 나는 천진하면 맨 먼저 떠오르는 것이 학교에서 근현대사 시간에 배웠던 '천진조약(天津條約)' 이었다.

천진조약이 맺어지게 된 계기는 1856년에 일어났던 애로우호사건(청나라와 영국·프랑스 사이의 갈등으로 벌어진 사건) 때문이다. 이 사건으로 중국은 영국과 1858년 처음으로 불평등 조약인 '천진조약'을 맺게 되었고, 1885년 4월에는 청나라와 일본이 전문 3개조의 천진조약을 체결하였다. 이 같은 사건들이 중국이 근대로의 전환이 시작된 시점이기도 하지만 청 왕조(淸王朝)의 몰락을 재촉하는 시발점이 된 계기라고 해도 과언이 아니다.

우리는 천진에 도착하자마자 점심식사부터 했다. 식당에서 식사를 하면서도 북경에 남아 있는 대표들과 연락을 계속했으나 아직도 소재파악이 어렵다는 대답이다. 어쩔 수 없이 우리들만 먼저 귀국할 수밖에 없었다. 천진공항(天津空港)으로 이동해 출국수속을 했다. 그런데 우리가 비행기에 탑승하기 직전에 북경에서 실종자를 찾았다는 연락이 왔다. 우리는 환호했다. 그러나 한 편으론 씁쓸한 마음을 지울 수 없었다.

사건을 대략 간추리면 이렇다. 천안문광장 관람을 마치고 혼자 화장실에 갔는데 중국 불량배들에게 붙들려 현금과 손가방 옷가지 등을 빼앗기고 끌려가 갇혀 있다가 시간이 한참 경과한 후에 풀려난 것이다. 그래도 몸은 상한 곳이 없고 우리가 출국하기 전에 소재라도 알게 된 것은 다행한 일이었다.

나는 이번 일을 지켜보면서 생각했다. 북경에서 아침에 출발할 때 안내인이 왜 천안문광장 주변에서는 각별히 조심하라고 몇 번이나 주의를 환기시켰는지 짐작이 갔다. 그리고 개방이 되었다고는 하나 중국이 아직은 치안 등 여러 가지 면에서 후진성을 벗어나지 못하고 있다는 사실도 확인했다. 또 여행이나 단체활동을 할 때 개인행동은 절대 금해야 할 첫 번째 덕목이라는 것을 체험으로 배웠다.

어찌됐건 이번 일은 호사다마(好事多魔)라고나 할까. 그 동안 모든 연수 일정이 훌륭하게 잘 진행되었는데 옥에 티처럼 개운치 않은 여운(餘韻)을 남기게 되었다. 오후 2시(중국시간) 천진공항을 출발한 비행기는 오후 5시(한국시간) 김포공항에 도착했다.

공항에서 간단한 해단식(解團式)을 가졌다. 위원들에게는 각자 연수보고서를 작성하여 월요일까지 통일연수원에 제출하기로 공지했다. 나는 마중 나온 가족들과 함께 차에 올랐다. 이렇게 해서 6박 7일의 중국체험 연수를 마쳤다. 함께한 모든 분들께 감사드린다.

후기(後記)

세계 인구의 4분의 1을 차지하고 있는 15억 명의 중국은 1994년 현재 무서운 속도로 발전하고 있다. 19세기 아편전쟁으로 열강의 침략을 받아 몰락했던 잠자던 사자가 드디어 기지개를 켜고 활동을 개시한 것이다. 우선 국가의 기본노선이 사회주의 시장경제체제가 확립됐다. 정치적으로는 사회주의를 유지하지만 경제적으로는 시장경제를 실행하고 있는 것이다. 중국의 이 같은 변혁의 배경에는 1966년 5월에서 1976년 10월까지 소위 10년동란(十年動亂)이 영향을 미친 결과라 할 수 있다.

마오쩌둥의 시대는 저물고 덩샤오핑의 시대가 열리며 중국이 오랜 침체에서 벗어나 서광이 비치게 된 것이다. 마오쩌둥 1인 장기독재의 폐해는 물론이고 '문화대혁명' 시기의 중국은 정치 사회적으로 혼란의 극치요, 광란의 시기라 해도 과언이 아닌 암흑기였다. "자본주의의 싹을 키우느니 사회주의의 풀을 먹겠다"며 홍위병을 앞세워 가혹한 탄압을 자행함으로써 몰락을 재촉하게 되고 이런 가운데 죽의 장막도 서서히 변화의 조짐을 맞게 된다.

국제정세도 요동쳐 소련이 붕괴되는 등 공산주의가 몰락했고, IT를 앞세운 정보기술혁명이 시작됐으며 덩샤오핑이라는 영웅이 출현하게 된 것이다. 마오쩌둥과의 정책대립으로 숙청되어 지방의 노동자로 전락해 은인자중(隱忍自重)하고 있던 덩샤오핑에게 큰 뜻을 펼 수 있는 기회가 찾아왔다.

저우언라이의 도움으로 그의 세 번째의 복권이 이루어졌다. 그 동안 중국을 이끌어 왔던 두 축은 저우언라이와 마오쩌둥이었다. 그런데 그들이 1976년 연이어 사망하자 덩샤오핑은 명실 공히 권력의 중심에 서게 된다. "사회주의도 먹어야 할 수 있다"며 시장경제를 앞세운 개혁개방의 기치를 들게 된다.

1978년 12월 18일 중국 공산당 11기 3중 전회(중앙위원회 제 3차 전체회의)에서 '사상해방(思想解放)'과 '실사구시(實事求是)'를 강조한 연설에서 사회주의 현대화 건설과 개혁개방을 선언하며 시장경제체제로의 전환, 대외개방, 외국자본 도입 등, 죽의 장막 속에서 병들어 있던 대륙의 문을 활짝 열어젖혔다.

그는 또 1980년 인구 3만의 보잘것없는 어촌인 광동성(廣東省) 심천(深圳)을 중국의 첫 번째 경제특구로 지정하면서 단호한 어조로 "개혁개방 없이는 죽음밖에 없다." "스스로 피의 도로를 열어라." "검은 고양이든 하얀 고양이든 쥐만 잘 잡으면 된다." 즉 "자본주의건 공산주의건 인민을 잘 살게 하면 된다"는 '흑묘백묘론(黑猫白描論)' 등을 쏟아내며 강력한 리더십을 발휘하기 시작했다.

1992년 1월 덩샤오핑의 남순강화(南巡講話; 덩샤오핑이 1992년 초에 무한; 武漢, 심천; 深圳, 주해; 珠海, 상해; 上海 등을 시찰하고 중요한 담화를 발표한 일) 이후 개혁개방정책을 가속화하고 1992년 10월 제 14차 당대회 및 1993년,

1994년 제 8기 전국인민대표대회 결의를 통해 이를 완전하게 제도화했다. 또 '북경대학살'이라 칭하는 '천안문사태'로 민심이 이반되었던 혼란정국도 공권력을 동원해 수습했다. 장쩌민 총서기 겸 국가주석을 정점으로 하는 후계체제를 공고히 함으로써 정치적으로도 안정기에 접어들었다.

중국은 경제면에서도 모든 목표를 상향조정하고 있다. 경제성장률의 목표를 6%에서 9%로 높이고 국영기업의 현대화, 세제개혁, 금융개혁, 사회보장제도의 합리화 등을 일관되게 추진해 나가고 있다. 대외정책 또한 이념보다는 실리추구의 외교를 전개하고 있다. 중국의 최대과제인 경제개발에 유리한 국제환경개조성에 심혈을 기울이고 있다.

따라서 우리 한반도를 비롯한 주변정세의 안정과 평화에 큰 관심을 보이고 있다. 특히 천안문사태 이후 냉각된 대미관계 개선에 초점을 맞추고 관계회복에 적극 나서고 있음을 알 수 있다. 1993년 11월 시애틀 APEC 회의 때 중·미 정상회담과 금년 3월 크리스토퍼 미 국무장관의 방중을 추진한 바 있어 대미관계 또한 갈수록 유연해지고 있다.

한·중 관계는 김영삼(金泳三) 대통령의 방중으로 더욱 돈독해졌다. 김영삼 대통령은 장쩌민 주석과의 회담에서 북한 핵문제에 대한 중국의 역할을 주문했고, 중국도 한반도비핵화(韓半島非核化)와 평화에 대한 노력을 약속함으로써 양국의 공동 관심사에 대한 지속적 공조를 해 나가기로 했다. 경제문제에 있어서도 최대한 협력하기로 하고 경제통상의 협력체제 구축에 나서고 있다.

우선 이중과세방지협정(二重課稅防止協定)을 체결하고 우리는 금년 중에 4천만 달러 규모의 대외경제협력기금(EDCF)을 중국 측에 제공하겠다고 했다. 문화교류(文化交流)의 중요성에 대한 인식을 공유하고 충칭임시정부청사 복원과 우리 독립투사의 유해봉환(遺骸奉還)에 중국 정부의 협조를 요청했다.

그 외에도 중국에 우리의 총영사관을 추가설치하고 무관부(武官府)를 교환 설치하기로 하며 항공협정, 어업협정 등을 적극 추진하기로 했다. 북·중 관계는 한·중 수교 이후 소원한 관계를 가졌으나 중국이 북한 달래기에 나서면서 반전되었다. 1993년 7월 중국의 고위당정사절단(단장; 후진타오 정치국 상무위원) 방북을 계기로 기존관계를 거의 회복한 것으로 보인다.

이번 중국체험연수(中國體驗練修)는 비록 짧은 기간이었고 넓은 대륙 중, 일부지역을 본 것에 불과하지만 우리 연수단은 이번 중국 방문의 실제 체험을 통해서 말로만 듣던 죽(竹)의 장막(帳幕) 안을 직접 눈으로 확인할 수 있었다. 현지에서 본 중국은 분명 변하고 있었다. 아직은 모든 것이 부족한 듯 어설프지만 용틀임을 시작한 것만은 분명하다.

머지않아 세계의 중심국가(中心國家)가 될 것이라는 무한한 가능성을 느낄 수 있었다. 긴 역사 속에서 축적된 내공에서 뿜어 나오는 거친 숨결에는 힘이 넘쳐나고 있었다. 나는 중국의 개혁과 개방정책(開放政策)이 성공하기를 바란다. 또한 동북아시아의 새 시대를 여는 견인차가 되기를 바란다. 그리고 북한도 개혁개방(改革開放)의 추세에 동참(同參)하기를 기대한다. 지금 한반도를 둘러싸고 있는 동북아시아 정세는 새로운 기류가 형성되고 있다. 국제 외교무대에선 영원한 적도 영원한 동지도 없고 오로지 국익(國益)만 존재한다는 사실을 여실히 보여주고 있다. 한국도 이처럼 요동치고 있는 국제정세의 파고를 넘으려면 유연하고 폭넓은 외교(外交)를 구사해야 한다.

국내적으로는 국민통합(國民統合)과 정치적 안정이 급선무요, 대외적으로는 급변하는 국제정세(國際情勢)를 활용할 수 있는 치밀한 외교 전략을 펼쳐나가야 할 시점이다. 미래를 위해 우리가 경계해야 할 일은 분열(分裂)과 자만심(自慢心)을 버리는 일이요, 명심해야 할 일은 국력(國力)을 키우고 국론통일(國論統一)을 이루는 일이다.

제 2 부

동유럽 사회주의권 연수

러시아, 독일, 체코, 오스트리아, 헝가리

2003년(5월 14일~5월 21일)

01

통일교육위원
동유럽 사회주의국가 방문

　통일부 통일교육원이 주관하는 통일교육위원 유럽체험연수 일정이 결정되었다. 이번에 방문하게 될 나라는 구사회주의권인 러시아와 동유럽 4개국이다.

　연수 목적은 통일교육위원들에게 구사회주의권 국가의 변화와 실상을 직접 체험토록 함으로써 국제정세에 대한 폭넓은 시야 형성 및 현장감 있는 통일교육 역량을 함양하는 데 있다.

　연수기간은 2003년 5월 14일(수)~5월 21일(수)까지 7박 8일(기내 1박)이며 연수국가는 러시아(모스크바), 독일(베를린·드레스덴), 체코(프라하), 오스트리아(비엔나), 헝가리(부다페스트) 등 5개국이고 연수인원은 25명이다. 구체적인 연수 일정은 다음과 같다.

　* 5월 14일(수) 대한민국(인천~모스크바) 1박
　* 5월 15일(목) 러시아(모스크바) 2박

* 5월 16일(금) 독일(베를린·드레스덴) 3박－자체 세미나
* 5월 17일(토) 체코(프라하) 4박
* 5월 18일(일) 오스트리아(비엔나) 5박－토론·간담회
* 5월 19일(월) 헝가리(부다페스트) 6박
* 5월 20일(화) 러시아(모스크바) 7박(기내)
* 5월 21일(수) 대한민국(인천) 8일 귀국

연수종료 후 7일 이내에 연수결과보고서를(A4 용지 5매 이상) 제출할 것으로 되어 있다.

제1일, 2003년 5월 14일 (수요일)

2003년 5월 14일 오전 9시 인천공항에 도착해 인원파악과 주의사항, 상견례 등을 마치고 첫 번째 방문국인 러시아의 모스크바로 가는 출국수속을 했다. 나는 1992년 겨울과 1993년 겨울 모스크바대학 초청으로 정책연수차 두 차례 러시아를 방문한 적이 있다. 그래서 생소하거나 설레는 마음은 좀 덜하지만 그래도 벌써 10여 년이 지났기 때문에 변화에 대한 기대감은 그 어느 때보다 크다.

오늘도 인천공항 출국장에는 러시아로 가려는 한국인들이 많이 보인다. 과거 철의장막 시절 공식적인 왕래를 상상할 수 없었던 것을 생각하면 격세지감(隔世之感)이 느껴진다. 이젠 많은 사람들이 평화로운 마음으로 러시아를 익숙하게 왕래하고 있다. 1990년 한국과 러시아의 수교 후 인천공항에서 러시아 모스크바 공항까지 직항로가 열려 우리의 국적기로 편하게 여행할 수 있게 되었기 때문이다. 우리의 국력이 그만큼 커진 결과이기도 하다.

12시 50분에 우리가 탑승한 러시아 여객기는 인천공항 활주로를 이륙했다. 구름 한 점 없는 화창한 날씨의 축복 속에 서해 상공으로 비행을 시작했다. 항공기의 운항은 매우 순조로웠다. 그래도 9시간이 넘는 탑승은 지루하기도 하고 쉬운 일은 아니다. 한국인의 입맛에 맞게 조리된 기내식을 먹은 후 일행들과 담소도 하고 책도 읽고 와인도 마시면서 즐겁게 보내려고 노력했다.

드디어 한국시간으로 밤 11시, 러시아 현지 시간으로는 오후 6시에 모스크바 공항에 무사히 착륙했다. 눈에 익은 공항의 모습이 눈에 들어왔다. 좀 지루한 입국수속을 마치고 밖으로 나왔다. 러시아의 입국심사는 인내심을 필요로 한다. 심사에 걸리는 시간이 다른 나라에 비해 까다롭고 많이 걸리기로 유명하다.

개혁과 개방으로 동토를 녹인 러시아

러시아는 대략 1,200년의 역사를 가진 나라이다. 영토 또한 세계에서 제일 크다. 러시아는 총면적이 1,708만km²로 한반도의 78배, 미국의 1.8배나 되는 거대한 나라다. 러시아의 국토 동서의 시차는 11시간이며 한국과의 시차는 평균 5시간이 좀 넘는다. 인구는 1억 4,600만 명이고, 100여 개 민족이 섞여 살고 있다. 분포를 보면 러시아인(82%), 타타르인(4%), 우크라이나인(3%), 고려인은 147,000여 명이 살고 있다.

수도인 모스크바 거주자는 870만 명이다. 주요 도시로는 모스크바 외에도 전에 '레닌그라드'로 불리던 '상트페테르부르크'가 있다. 거주 인구는 480만 명이다. 모스크바가 '정치의 도시'라면 상트페테르부르크는 '문화의 도시'라 할 수 있다. 정부형태는 대통령제이고 의회는 상원과 하원 양원제로 되어 있다.

우리나라와의 관계는 과거 아편전쟁에서 패한 청나라가 1860년 북경조약으로 만주 연해주 일대를 러시아에 넘겨줌으로써 시작된다.

구한말 조선과 국경을 접하게 되고 러시아가 한반도에 본격 진입하면서부터 영향력을 행사하기에 이른다. 대표적인 사건이 아관파천(俄館播遷; 명성황후가 일본 낭인들에게 살해된 후 고종이 러시아 공사관으로 피신한 사건)이다.

일제 패망 후에는 한반도 분할을 획책하고 미소공동위원회(美蘇共同委員會)와 같은 아픈 역사적 굴곡(屈曲)도 있었다. 또한 냉전시기에는 왕래 자체가 원천 봉쇄되었기 때문에 러시아에 대한 모든 것이 베일에 가려져 있었다. 그러나 현재는 1990년 9월 수교 이래 민주주의와 시장경제라는 공통가치와 상호보완적 경제구조를 바탕으로 왕래도 활발하고 각 분야의 교류도 꾸준히 증가하고 있다.

지난 12년간 6차례의 정상간 교환방문이 있었으며, 10여 회의 정상회담을 가진 바 있다. 현재 한국과 러시아는 '21세기 미래지향적 동반자적 관계'를 유지하고 있다. 남북관계가 정상화되고 통일이 되면 부산에서 기차를 타고 평양을 거쳐 시베리아를 횡단해 유럽까지 달릴 수 있는 것이 꿈이 아닌 현실로 다가올 것이다.

러시아는 네 차례의 격동의 시대가 있었다

첫 번째 위기가 대동란시대(1598년~1613년)다.

러시아가 모스크바국가이던 16세기 유럽과 러시아는 패권을 놓고 경쟁하였다. 러시아는 정치 문화적으로 서유럽에 뒤떨어지고 동유럽의 강호 폴란드와 북유럽의 강국인 스웨덴에도 밀리는 상황이었다. 모스크바국가를 통치해 온 '류릭왕조'의 정통후손인 '표도르'가 1598년 사망하자

왕위계승권을 놓고 대혼란에 빠져 결국 국가체제가 붕괴되고 만다.

오랜 혼돈의 시기를 거쳐 1613년에 가서야 '로마노프 왕조'가 들어서게 되면서 다시 일어서게 된다. 로마노프 왕조는 이후 1917년까지 300년 동안 러시아를 통치하게 된다. 로마노프 왕조는 시작부터 마지막까지 파란만장했다. 숱한 우여곡절이 많았으나 두 번에 걸친 제정러시아의 도약의 시대가 있었다.

한 번은 로마노프 3대 황제인 '표트르대제'(1672년~1725년) 때다. 강력한 중앙집권으로 귀족세력을 제압하고 서구화 정책을 통해 강력한 육군과 해군을 양성하여 북으로는 스웨덴과 남으로 튀르크제국까지 영토를 확장한다.

또 한 번은 그 유명한 '예카테리나여제'(1729년~1796년) 때다. 독일인 여성인 예카테리나여제의 아버지는 가난한 독일 귀족 출신이고 어머니는 스웨덴의 왕가 출신이었다. 어려서부터 야심이 많았던 '예카테리나'는 스웨덴에서 러시아로 건너가 마침내 그의 꿈을 이루었다. 남편인 표트르 3세를 암살하고 제위에 올라 철권통치(鐵券統治)로 현재의 러시아와 일치하는 영토를 확장하게 된다. 폴란드를 합병하는 등 영토 확장뿐만 아니라 국부(國富)를 키움은 물론이고 학문과 예술을 꽃피웠으며 러시아를 서구열강과 어깨를 나란히 하는 외교적 위상까지 갖추게 되었다.

두 번째 위기는 조국전쟁(1812년) 때다.

프랑스대혁명(1789년~1799년)의 영향으로 프랑스에 '나폴레옹'이 등장하면서 유럽의 정치질서가 급격히 재편된다. 나폴레옹은 영국을 굴복시키기 위해 대륙국가와 영국의 무역금지령을 내렸다. 이른바 '대륙봉쇄령'이다. 그러나 러시아는 여기에 호응하지 않았다. 러시아가 불복(不服)하자 나폴레옹은 1812년에 러시아를 침공하게 된다.

나폴레옹의 군대는 프랑스군 40만, 폴란드군 20만으로 60만 대군을 이끌고 레닌그라드를 거쳐 모스크바 점령을 목표로 진군하였다. 나폴레옹의 목표는 오로지 모스크바 점령이었다.

러시아의 알렉산드르 1세는 전열을 재정비하고 노장군(老將軍) '쿠투조프'를 새 사령관으로 임명하고 나폴레옹 군의 방어전(防禦戰)을 맡긴다. 양군은 1812년 9월 7일 모스크바 서쪽 근교 110km 지점 '보로디노'에서 결전이 벌어진다.

프랑스 침공군 13만 병력과 대포 500문, 러시아 방어군 12만 병력과 대포 600문으로 새벽부터 밤까지 계속된 전투는 침공군 사망자 3만 명, 방어군 사망자 4만5천 명, 모두 7만이 넘는 군대를 잃었다. 악전고투(惡戰苦鬪) 끝에 모스크바를 얻은 나폴레옹은 후에 이 전투가 '내 생애에 가장 힘들었던 전투'였다고 회고했다고 한다.

그러나 프랑스 군은 그처럼 힘들게 모스크바를 얻었지만 '나폴레옹'의 예상은 완전히 빗나가고 말았다. 모스크바를 점령하면 러시아가 항복하리라는 기대와는 달랐다. 여기에는 러시아황제 '알렉산드르 1세'와 백전노장 '쿠투조프' 장군의 계략이 숨어있었다. '공간(空間)을 주고 시간(時間)을 얻는다', '적에게는 아무것도 주지 않는다'는 전략으로 맞선 것이다. 일명 '초토화 작전'이다. 즉 모스크바의 모든 것을 불태우고 외곽으로 물러나 나폴레옹이 지치기를 기다렸다.

결국 나폴레옹은 추위와 배고픔을 견디지 못하고 후퇴를 명한다. 러시아는 정규군과 게릴라군 '파르티잔'(빨치산)의 맹렬한 공격으로 철수하는 나폴레옹 군을 추격해 철저히 궤멸(潰滅)시킨다. 나폴레옹은 60만 대군을 거의 다 잃고 불과 수천 명을 데리고 초라한 귀국길에 오른다.

결국 나폴레옹은 이 전쟁의 패전으로 몰락하게 된다. 이와 반대로 러시아는 이 전쟁의 승리로 드디어 유럽의 열강으로 자리매김하게 된다. 프랑스 파리에는 '나폴레옹의 승전을 기념하는 개선문'이 있고 모스크바에는 '쿠투조프의 승전을 기념하는 개선문'이 있다.

세 번째 위기는 러시아 혁명과 사회주의 등장이다.

1917년, 제1차 세계대전 중에 발생한 러시아의 2월혁명은 왕조에 반기를 든 민중혁명(民衆革命)이었다. 경제난으로 수도의 빵 배급이 중단되고 여성들의 시위가 격화되자 로마노프 왕조는 군대를 동원해 방어했지만 민중들의 분노만 자극하게 된다. 결국 '니콜라이 2세'를 퇴위시킴으로써 오랫동안 러시아를 통치해 왔던 '차르체제'를 붕괴시키는 결과를 가져왔다. 국민들에게 너무나도 가혹(苛酷)한 '차르체제'인 '로마노프 왕조'의 몰락(沒落)이었다.

이후 러시아는 극심한 내홍을 겪게 된다. '레닌'은 10월혁명(볼셰비키 혁명)에서 무력봉기를 독려하고 임시정부 타도를 촉구하며 마침내 10월 25일 겨울궁전에서 임시정부 각료들을 체포한다. 10월 26일 소비에트 사회주의 공화국을 선포하고 권력 장악에 성공하게 된다.

그러나 반혁명세력으로 인한 피비린내 나는 내전(1917년~1922년)이 발생하여 '볼셰비키'(레닌이 이끈 러시아 사회민주 노동당의 다수분파)는 절체절명(絶體絶命)의 위기에 처하게 된다(이 시기가 유명한 영화 '닥터 지바고'의 배경이 된 때다). 반격에 나선 '볼셰비키'는 무자비한 강압정책으로 권력을 유지하게 되는데 이는 러시아 인구의 절대 다수인 농민들이 차악(次惡)으로 '볼셰비키'를 선택한 결과다. 이유는 '볼셰비키'는 곡식을 빼앗아 가지만 자위군이 이기면 지주가 되어 돌아온다는 것이었다.

그 뒤로도 러시아의 혼란은 계속되었다. 1924년 '레닌'이 죽고 1936년에 가서야 철의 사나이 '스탈린'이 권력을 장악해 스탈린 헌법을 제정하고 소련식 사회주의체제를 완성하게 된다.

네 번째 위기는 대 조국전쟁이다.

대 조국전쟁(1941년~1945년)은 독일과 소련의 전쟁을 말한다. 우리는 제2차 세계대전(1939년 8월~1945년 8월)이라고 한다. 제2차 세계대전 당시 유럽의 동부전선에서는 독일군과 소련군이 맞붙고 서부전선에서는 독일·이태리 연합군과 영국·미국의 연합군이 대치하고 아시아 전선에서는 일본군과 영국·미국의 연합군이 대결했던 전쟁이다.

여기서 러시아가 대 조국전쟁이라고 말하는 것은 독일과 소련의 전쟁을 말한다. 2,700만 명의 희생자를 낸 이 전쟁의 시작은 1941년 독일군이 소련을 침공하면서 시작된다.

그해 겨울, 모스크바 공방전에서 소련의 붉은 군대가 악전고투 끝에 모스크바를 사수한다. 이듬해인 1942년 가을, '스탈린그라드' 전투에서 막강한 '나치 히틀러'의 독일군이 패배한다. 연전연승하던 독일군의 불패 신화(不敗神化)가 깨진 것이다.

1943년 여름, 수천 대의 탱크를 앞세운 기갑부대 전투에서도 막강한 독일의 기갑부대가 패퇴한다. 1944년 여름, 소련군이 '바그라티온' 작전으로 독일군 중앙 집단군인 주력부대마저 격파한다. 독일은 병력의 대부분(70%)을 소련전선에 투입했지만 혹독한 동장군(冬將軍) 등으로 소련에게 연패를 당한다. 독일군은 1945년 5월 결국 패하게 된다.

유명한 노르망디 상륙작전을 성공시킨 '아이젠하워'가 이끄는 미군, '처칠'이 이끄는 영국군, '드골'이 이끄는 프랑스군 등 연합군은 여세를 몰아 제2차 세계대전을 승리로 이끈다. 러시아에서는 매년 5월 9일을 '승전기념일'로 정하고 전국에서 성대한 기념식을 치른다. 이때의 연합군과 독일군의 전투를 소재로 한 문예작품들이 무더기로 쏟아져 나온다.

탱크전과 공중전 그리고 보병과 게릴라전 등의 무수한 영화들도 만들어져 2차 세계대전에 대한 내용은 우리에게 너무나도 많이 알려져 있다. 특히 우리가 기억해야 할 것은 세계를 나치로부터 해방시키기 위한 이 전쟁에는 일본의 학정 때문에 소련에 이주해 살고 있던 우리 한인들도 대거 참전했다는 사실이다. 거의 모든 큰 전투마다 불멸의 공로를 세운 고려인들이 많았다고 모스크바대학 연수시절 들은 바가 있다.

러시아의 심장 모스크바를 다시 찾다

5월의 모스크바는 날씨가 따뜻하다. 나는 과거 두 차례 모스크바를 겨울에 왔었기 때문에 몹시 추운 날씨의 모스크바 기억이 강하게 남아 있다. 영하 27도 이상의 추위도 여러 차례 있었다. 추운 날씨를 이기려고 러시아 술 보드카를 호주머니에 넣고 다니면서 홀짝거리던 러시아 사람들이 생각난다. 우리 일행은 마중 나온 정연수 씨의 안내로 버스에 탑승해 시내로 진입했다. 시내는 벌써 어두워져서 야경이 펼쳐지고 있었다.

공항을 벗어나 네온사인이 아름다운 거리를 한참동안 달리던 버스가 멈춘 곳은 모스크바 시내에 있는 한식당이었다. 간판이 '하나식당' 이라고 되어 있었다. 모스크바에는 현재 이 같은 한식당이 많이 생겨나고 있다고 한다. 나는 10여 년 전 러시아 음식에서 풍기는 향신료 때문에 식당 문을 열고 들어가기조차 힘들어 무척 고생했던 일이 생각났다. 체중이 무려 5kg 이상 줄었을 정도였다.

그 당시에는 시내에 한식당이 거의 없었다. 시원한 '동치미' 생각이 간절하고 얼큰한 국물이 먹고 싶어 당시로서는 유일하게 북한이 운영하는 '평양식당'에 가서 '육개장'과 비슷한 음식을 사먹었던 기억이 났다. 지금은 무엇이든 먹고 싶은 한식을 언제든지 먹을 수 있게 되었으니 격세지감(隔世之感)을 느낀다.

붉은 광장에서 본 크렘린궁 '스파스카야' 시계탑

저녁식사를 마치고 곧바로 숙소인 코스모스호텔로 이동했다. 나는 통일교육위원 중앙협의회 사무처장 겸 서울시협의회 사무국장을 맡고 있는 김영(金營) 위원과 룸메이트가 되었다. 앞으로 연수를 마칠 때까지 방친구로 지낼 것 같다. 김 처장과는 평소 대화도 많이 하고 친분이 두터워 잘 되었다고 생각했다. 그분이 모든 연수 일정에 대한 업무를 주관했기 때문에 아마도 나를 파트너로 정한 것 같았다.

호텔 밖으로 나가서 시내구경을 할까 생각하다 그만두었다. 11년 전인 1992년 겨울에 길을 잃고 헤매었던 쓸쓸한 기억이 떠올랐고, 또 몹시 피곤하기도 했기 때문이다. 이렇게 러시아의 첫날 일정을 마쳤다.

오늘은 무척 분주한 하루가 될 것 같다. 러시아 일정이, 아니 모스크바를 둘러볼 수 있는 시간이 단 하루 오늘뿐이다. 모스크바 시내에 있는 명소 몇 군데를 돌아본다 해도 바삐 움직일 수밖에 없다. 호텔에서 8시에 출발해 먼저 '알렉산드로프스키' 공원으로 갔다. '크렘린궁' 뒤편에 위치해 있다.

1812년 나폴레옹이 침공했을 때 치열하게 맞섰던 조국전쟁이 끝난 후 러시아 황제 '알렉산드르 2세'의 명에 의해 조성되었다는 공원이다. 이 정원은 군인들의 정원으로 불리기도 한다. 처음에는 크렘린 공원으로 불렸으나 후에 알렉산드로프스키 공원으로 명칭이 바뀌었다. 정문은 높은 철문으로 되어 있는데 전쟁승리를 기념하는 상징물로 장식되어 있다.

앞에서도 잠깐 언급했듯이 여기서 말하는 조국전쟁이란 1812년 러시아의 알렉산드르 1세 때 프랑스의 나폴레옹이 60만 대군을 이끌고 러시아를 침공했던 전쟁을 말한다. 군사의 수가 22만에 불과하던 러시아는 모스크바의 모든 것을 비우고 떠나는 이른바 '초토화 작전'으로 나폴레옹을 고립시켜 패퇴하게 만들었다. 나폴레옹은 결국 추위와 배고픔을 견디지 못하고 대부분의 병력을 잃고 처참하게 퇴각할 수밖에 없었다. 러시아군

모스크바 중심가 러시아 정교 사원 건축물

은 끝까지 추격하여 파리까지 입성하게 된다.

이 전쟁의 패전으로 나폴레옹은 몰락하여 엘바섬(포도주 산지로 유명한 이탈리아에서 3번째로 큰 섬)으로 귀양을 가게 되었고 러시아가 크게 승리한 전쟁을 말한다. 러시아 국민들은 이 전쟁에 대한 대단한 자부심과 긍지를 가지고 있다. 러시아의 유명한 문학작품들이 이 전쟁의 전후를 배경으로 무수히 쏟아져 나왔다. 그 대표적인 작품이 톨스토이의 대작 '전쟁과 평화' 다.

'알렉산드로프스키 공원' 은 모스크바 시민들에게 가장 사랑받는 공원이자 즐겨 찾는 휴식처다. 벤치가 많고 잔디가 잘 조성되어 있어 잔디 위에 앉아 한가롭게 여가를 즐기는 시민들 모습을 쉽게 볼 수 있다. 공원 안에는 비둘기가 유난히 많아 평화스러움을 더 느끼게 한다.

이 공원의 명물은 역시 '영원히 꺼지지 않는 불꽃' 이다. 2차 대전에서 희생된 무명용사들을 기리는 이 불은 24시간 계속 꺼지지 않고 타오르고 있다. 그리고 불꽃을 지키는 근위병의 교대식 또한 심심찮은 구경거리다. 매시간마다 근위병의 교대식이 있는데 3명의 군인이 왼손에 총을 받쳐 들고 발을 높게 쳐들면서 러시아 특유의 느린 동작으로 걷는 포즈가 볼 만하다. 중국 등 공산국가들이 의전 때마다 행하는 형식인데 영화나 텔레비전에서 많이 보아왔다.

철의 장막을 벗겨낸 크렘린은 환하게 빛났다

우리는 공원 주위를 바삐 돌아서 크렘린 쪽으로 이동했다. '크렘린 궁전' 의 위풍당당한 모습은 러시아와 모스크바의 상징이고 오늘 우리가 보아야 할 가장 중요한 곳이기도 하다. 총면적 2만 평방미터에 700개의 방으로 이루어진 크렘린 궁전은 모스크바의 중심에 위치한 건축예술의 기

모스크바 붉은 광장 앞에서

넘비로서 옛 소비에트연방과 공산권 위성국가들을 통치하던 곳이다. 그리고 현재도 러시아의 심장이나 다름없는 곳이다.

어쩌면 오늘 하루를 이곳 주변에서만 보내야 할 것 같은 생각도 든다. 모스크바의 모든 것들이 대부분 이곳에 집중되어 있기 때문이다. 우선 러시아 사람들의 말을 빌리면 하늘 아래 모스크바가 있고, 모스크바에는 크렘린이 있다고 자랑한다. 와서 보니 그럴 만도 하다. 환상적인 시가지의 핵이 되고 있는 것이 바로 크렘린이다. 정교하고도 예술적 품격까지 갖춘 훌륭한 건축물이다. 사회주의의 상징이요, 공산주의 철권통치의 산물인 크렘린은 소비에트 정권의 요새요, 막강한 권력의 상징으로 알려져 왔다.

성벽의 총 길이는 2,235m로 철벽을 이루고 있어 아무나 들어갈 수 없고, 그 속에서 무슨 일이 일어나고 있는지 알 수 없다 해서 붙여진 별칭이 철의 장막이 아니던가. '크렘린과 붉은 광장, '성 바실리 성당', 러시아 정교회 중앙성당인 '우스펜스키 대성당', '블라고베시켄스키 대성당', '아르항겔리스키 성당' 등이 모여 있고 붉은 빛깔이 눈에 띄는 '역사박물관', 하얀색으로 꾸며진 '굼백화점' 등이 대조를 이루며 저마다 매혹적인 자태를 뽐내고 있다.

소련의 심장 크렘린궁

특히 '삼위일체탑'과 '구세주탑'의 아름다움은 말할 수 없는 즐거움을 준다. 또 '이반 3세'의 명에 따라 세워진 '성모승천 대성당'과 '성모수태 대성당'은 노란색 돔형식의 지붕으로 화려함을 뽐내며 모든 이의 시선을 끈다. 또한 거대한 '차르의 종'과 대포 앞에서는 사진 촬영하는 사람들로 붐비고 언제나 관광객들의 인기를 독차지한다.

이 모든 건축물들의 중심이요, 앞마당과 같은 곳이 바로 '붉은 광장'이다. '붉은 광장'은 러시아뿐만 아니라 세계적으로 역사적 의미가 크다. 1812년에는 나폴레옹이 이곳에서 열병식을 가졌고, 1945년에는 독일과의 전쟁이 종결된 것을 기념하는 승리의 행진을 벌인 곳도 이곳이다. 그러나 연설회나 처형식, 대규모의 시위가 열리기도 했다.

지금은 이곳에서 매년 열리는 5월 1일 노동절 행사와 11월 7일에 열리는 10월혁명 기념일 행사가 유명하다. '붉은 광장'에는 일체의 차량이 들어갈 수 없다.

세계에서 광장으로 유명하다는 베니스의 산마르코 광장, 로마의 성베드로 대성당 앞 광장, 파리의 화합의 광장, 중국의 천안문광장과 함께 지명도에 있어서도 결코 뒤지지 않는 곳이 바로 이곳 붉은 광장이다.

붉은 광장에서 성 바실리 성당을 바라보다

나는 그 중에서도 학창시절부터 사진으로 수없이 보아왔던 알록달록한 꽃봉오리 모양의 '성 바실리 성당'이 제일 멋있고 눈길이 자주 간다. 그리고 '성 바실리 성당'의 모습을 보면서 모스크바에 왔다는 실감이 난다.

예술적 양식이 아주 독특한 이 성당은 지하공간의 토대 위에 세워진 9개의 교회들로 구성되어 있고, 그 중 47.5m의 제일 높은 교회를 나머지 8개의 교회가 둘러싸고 있다. '성 바실리'라는 이름은 1558년경 가장 존경받던 '바실리'라는 예언자의 이름을 따서 지어졌다고 한다. 우리가 갔을 때는 한창 보수공사 중이었기 때문에 사진이 멋스럽지 못하게 나왔다.

또 하나 붉은 광장에서 빼놓을 수 없는 곳이 있다. 러시아의 혁명을 이끌었던 레닌이 잠들어 있는 지하 동굴 묘다. 크렘린 성벽 쪽 지하 6m 유

붉은 광장 성 바실리 성당(일부는 보수공사 중)

리관 속에 방부 처리되어 있어 많은 사람들이 누구나 볼 수 있다. 손을 앞으로 모으고 누워있는 레닌을 보면 혁명가다운 풍모는 보이지 않고 단신과 가냘픈 모습에 실망스러워 하는 사람이 많다. 나도 볼 때마다 그런 느낌이 들었다.

하지만 그가 혁명을 주도해 러시아뿐만 아니라 당시 세계정세에 미친 영향은 대단한 것이었다. 레닌 묘를 뒤로하고 광장으로 나와 사진 몇 장면을 찍으려고 잠깐 서서 광장을 살펴보았다. 광장에는 세계 각지에서 몰려온 수많은 관광객과 나들이 나온 러시아인들로 넘쳐나고 있었다.

'붉은 광장'은 옛 러시아어로 '아름다운 광장'이라는 뜻이라고 한다. 글자 그대로 주변 환경, 건축물, 사람들이 모두 아름답게 느껴진다. 특히 러시아 남자들은 좀 무뚝뚝한 반면 여성들은 상냥하고 미모도 빼어나게 아름답다. 마침 나들이를 나온 여고생으로 보이는 소녀들과 사진촬영을 했다. 생기발랄한 그들의 모습은 우리나라의 소녀들처럼 꿈 많고 웃음을 주체할 줄 모르는 10대들이었다.

붉은 광장에서 나와 우리는 '굼백화점'을 둘러보기로 했다. 냉전시기

휴일 나들이 나온 러시아 소녀들

에 소련의 모스크바는 공산주의의 본산이었던 터라 백화점이 있다는 것 자체가 신기한 구경거리다. 그래서 쇼핑을 한다기보다는 워낙 유명한 백화점으로 소문이 나서 호기심으로 가보자고 한 것이다. '굼'이라는 말은 러시아 말로 '종합'이라는 뜻을 나타낸다고 한다. 우리는 들어서자마자 감탄사가 절로 나왔다. 서양의 백화점들하고는 분위기가 영 달랐다. 백화점 겉모습도 멋있었지만 내부 장식도 워낙 고풍스럽고 화려해서 백화점이라는 생각이 들지 않고 궁전 같은 느낌이 들었다.

우리는 오래 머무를 수가 없어 간단한 기념품들을 사고 나는 동료 몇 사람과 러시아 아이스크림을 사서 맛보았다. 화장실도 유료였다. 우리 일행의 사용료로 6달러를 지불했다. 백화점에서 나와 인근에 있는 '아르바트 거리'로 갔다. 서울의 명동이나 인사동과 같은 느낌이 드는 정겨운 거리다. 모스크바의 뒷골목 낭만이 가득한 거리인 셈이다.

이곳에는 여러 가지 그림을 접할 수 있는 곳이 많고 관광객이라면 한 번쯤 들러봄직한 정겨운 거리다. 나는 1992년 러시아에 처음 왔을 때의 일이 생각나 한참동안 그 거리를 보며 회상에 잠겼다. 영하 20도가 넘는 추운 겨울날씨에 지인의 부탁으로 성화 한 점을 사러 골목길을 너무 깊이 들어갔다가 길을 잃어버려 말할 수 없는 큰 곤욕을 치른 적이 있었다.

그때 당황스러웠던 생각을 하니 감회가 남달랐다. 혼자 미로처럼 생긴 골목을 너무 깊숙이 들어간 것이 화근이었다. 그러나 그 곤혹스러웠던 일도 이제는 세월이 지나 생각하니 하나의 아름다운 추억이 되어 있었다.

나는 이곳 아르바트 거리가 친근하게 느껴져서 좋다. 웬일인지는 모르겠으나 아마도 내가 가장 좋아하는 러시아의 대문호 푸시킨의 옛집과 푸시킨 부부의 동상이 있어 더욱 정겹게 느껴지는지도 모르겠다.

권총 결투로 37세의 젊은 나이에 아깝게 생을 마감한 푸시킨에 대한 연민의 정도 많이 작용하고 있는 것 같다. 그가 남긴 주옥같은 시는 우리나라에도 건너와 많은 사람들에게 널리 사랑받은 바 있다. 심지어는 시골

이발소 같은 곳에도 액자에 넣어져 걸려 있던 푸시킨의 너무나도 유명한 시(詩) '삶이 그대를 속일지라도' 를 읊조려 본다.

삶이 그대를 속일지라도 _ 알렉산드르 푸시킨

삶이 그대를 속일지라도
결코 슬퍼하거나 노하지 말라
슬픈 날에는 참고 견디라
머지않아 곧 기쁨의 날이 오리니

마음은 언제나 미래에 사는 것,
현재는 한없이 우울한 것
이 세상 모든 것은 하염없이 사라지나
지나가버린 것은 또 그리워지나니.

모스크바 대학 연수시절을 회상하다

아르바트거리를 나와 러시아 식당에서 점심식사를 했다. 현지식인데도 그런대로 먹을 만했다. 사실은 러시아 특유의 향이 나에겐 잘 맞지 않아서 은근히 걱정을 많이 했었기 때문이다. 오후에는 버스로 시내 관광에 나섰다.

가장 먼저 '모스크바대학' 으로 갔다. 눈에 익은 멋진 건물이 나타났다. 고풍스럽고 사진을 한 화면에 담을 수 없을 정도로 거대한 건물이다. 스탈린 양식으로 지어진 본관건물은 누구나 한 번 보면 멋스러움에 탄성을

균형미 돋보이는 모스크바 대학의 멋스러운 모습

지른다. 나는 1992년, 1993년 두 차례 이 대학에서 연수를 받은 적이 있다. 모스크바 대학은 건물뿐 아니라 교수진도 탄탄한 자타가 공인하는 300년 전통의 세계적인 종합대학이다. 전체 학생 수 32,000명에 외국인 학생만도 7,000여 명이고 강의실만 45,000여 개에 이른다. 특히 수학과 과학부문에는 타의 추종을 불허한다. 역대 수많은 노벨상 수상자가 이곳에서 배출되었다.

정문 앞 해발 85m의 레닌언덕에서는 모스크바 시내를 한눈에 조망할 수 있는 곳이어서 신혼부부를 비롯한 많은 사람들이 즐겨 찾는 곳이다. 지대가 높고 앞이 확 트여서 나는 여기에만 오면 답답함이 사라지고 무엇이든지 이루어질 것 같은 시원한 느낌이 들어서 좋다. 우리는 웅장하면서도 고전미가 넘치는 아름다운 모스크바대학을 배경으로 단체 기념사진을 찍었다.

모스크바대학에서 조금 내
려가면 명성 높은 러시아 국
립 서커스공연장이 나온다.
러시아의 서커스 묘기는 세
계에서 제일이다. 전에 이곳
에서 서커스공연을 관람했는
데 묘기도 훌륭했지만 공연
이 끝나고 나갈 때 보니 바닥
에 휴지는 물론 과자부스러
기 하나 떨어져 있지 않은 것

모스크바대학 정책연수시절

을 보고 감탄한 적이 있었다. 그쪽 방향으로 차를 타고 조금 가다 보면 우
주박물관이 나온다.

입구에 하늘로 치솟아 오르는 것처럼 보이는 특이한 조형물이 하나 나
오는데 바로 우주비행사 '유리 가가린'을 기념하는 조형물이다. 시간이
없어 우주박물관에는 들어가 볼 수 없어 그냥 지나쳤다. 그 외에도 모스
크바 시내에는 볼쇼이 극장, 푸시킨 국립 미술박물관, 전승기념관 등이
둘러볼 만한 곳이다. 우리도 차를 이용해 잠깐씩 들렀으나 겉모습만 살폈
을 뿐 시간이 없어 오래 머물지는 못했다.

명성 높은 '볼쇼이 극장'은 19세기 중반 러시아 건축예술의 본보기가
되고 있으며, 유럽에서 가장 큰 극장전용 건물 중 하나로 알려져 있다. 건
물뿐 아니라 '볼쇼이 발레'는 모르는 사람이 없을 정도로 유명하다. 나도
오래 전에 딱 한 차례 정장차림을 하고 '볼쇼이 발레' 공연을 관람하는
행운이 있었다. 전승기념관에서는 높이 치솟은 전승기념탑과 전쟁 장면
을 실제처럼 묘사한 전승파노라마 입체그림들이 강하게 뇌리에 남았다.

저녁식사는 우리 교민이 운영하는 한식집으로 안내되어 맛있게 먹었

다. 주인은 모스크바에 온 지 5년가량 되었다고 한다. 처음에는 많이 힘들었으나 지금은 한국 관광객들이 많이 찾아주어 걱정 없다고 했다. 음식이 정갈하고 주인의 대접 또한 융숭했다. 우리의 맛을 살린 식단이라 모두들 좋아했다.

지금은 우리 교민들과 유학생들이 당당하게 대한민국이라는 국적을 가지고 러시아에서 생활하고 있다. 누구든지 자유롭게 방문하고 현지에서 사업을 벌이고 있다. 많은 학생들이 유학하며 각 분야의 학문을 연구하고 있다.

하지만 돌이켜보면 결코 잊어서는 안 될 눈물겨운 수난사(受難史)도 간직하고 있다. 우리는 그 동안 20세기 초반 망국(亡國)의 시대에 러시아 연해주에서 일어났던 끔찍하고 잔인한 역사적 사실을 잊은 채 살아가고 있다. 나는 책과 여러 경로를 통해 그 시절의 이야기를 많이 보고 들었는데 그 때마다 국가라는 울타리가 얼마나 소중하고 고마운가를 뼈저리게 느끼곤 했었다.

피맺힌 한(恨)을 가슴에 묻은 우리의 핏줄 고려인

흔히 카레이스키라 불리는 러시아 고려인의 역사는 약 150년이 되었다. 고려인이 러시아로 이주한 과정을 보면 1860년대 함경도 주민 13가구가 지주들의 착취(搾取)와 기근(饑饉)을 피해 연해주 등지로 자발적 이민을 개시한 것이 효시로 알려져 있다. 그러나 그 숫자는 미미했고 한인들의 이주가 본격화 된 것은 1905년 일제의 강압(强壓)으로 '을사늑약(乙巳勒約)'이 체결되면서 우국지사들이 몰려들어 연해주에 민족학교를 세우고 본격적인 활동을 시작하면서부터다.

그 후 1910년 한일강제합병이 되고 수탈을 일삼았던 일제치하에서 견디지 못한 동포들이 만주를 거쳐 대거 연해주로 흘러 들어가게 되었다. 이들이 눈물을 머금고 남부여대(男負女戴)하여 고향을 등지게 된 것은 나라를 침탈당했기 때문이다. 일제에게 토지를 수탈당하고 굶주림을 견디지 못해 조국을 떠날 수밖에 없었다. 세계 곳곳에 나라 잃은 백성들의 망국의 한이 겹겹이 서려 있음을 우리는 잊지 말고 꼭 기억해야 한다.

1860년 제정러시아는 청나라와 베이징조약을 맺고 연해주를 러시아의 영토로 편입시켰다. 당시 연해주는 꽁꽁 얼어붙은 동토로 사람이 거의 살수 없는 곳이었다.

1864년부터 빈곤에 허덕이던 조선인들이 만주에 가면 넓은 땅도 구할수 있고 배불리 먹을 수 있다는 일제의 교활한 부추김과 떠도는 풍문에속아 하나둘 만주로 모여들게 되었다. 간악한 일제의 수탈과 인권유린을 견디지 못한 힘없는 백성들이 조상 대대로 이어 온 정든 고향을 버리고이국 땅 만주 벌판을 떠돌게 된 것이다.

그러나 그곳도 망국민(亡國民)에게는 안식처가 아니었다. 악명 높은 관동군(關東軍)과 마적(馬賊)들의 횡포와 핍박에 시달렸다. 더구나 1920년홍범도(洪範圖)가 이끈 '봉오동전투'(1920년 만주에 있는 봉오동에서 우리 독립군이 처음으로 일본 정규군을 대패시킨 전투를 말함) 승리 이후 관동군의 대대적인 토벌작전이 시작되자 더 이상 버틸 수가 없었다. 터전을 지키려고안간힘을 썼지만 저항마저도 어려워지자 또 다시 간도를 버리고 러시아의 시베리아 동토인 연해주로 생활터전을 옮길 수밖에 없었던 것이다.

조금이라도 조국과 가까운 곳에 정착하려고 두만강 건너 연해주에 정착해 공동체를 만들어 생활하며 망국의 한을 달래 보려 했지만 나라 잃은민족에게는 러시아라고 다를 바가 없었다. 러시아 총독이나 중간 관리자들의 착취는 끝이 없었다. 그렇지만 천성이 부지런하고 끈기가 남다르며농자천하지대본(農者天下之大本)으로 살아온 우리 민족에게는 이마저도넘지 못할 벽은 아니었다. 어려움 속에서도 살기 위한 궁여지책(窮餘之

策)으로 이국 땅 소련의 척박한 동토를 밤을 낮 삼아 악착같이 개간해 나갔다. 그리고 마침내 토질 좋은 금싸라기 농지(農地)로 바꾸어 놓았다.

그리고 겨우 안정을 찾아가며 뿌리를 내리고 살게 되었다. 그렇다고 해서 그들이 조국을 잊은 것은 아니었다. 가슴 속에는 자나 깨나 조국의 독립과 광복을 간절히 염원하며 고향으로 돌아갈 날을 꿈꾸고 있었다. 또한 그들은 어려운 여건에서도 조국의 독립운동에도 커다란 공헌을 했다. 독립군으로 직접 나서기도 하고 십시일반(十匙一飯)으로 독립자금을 모금해 돕기도 했던 것이다.

일제강점기에 연해주에서 활동한 인물 중에 우리가 기억해야 할 인물이 있다. 연해주 항일독립운동의 대부로 널리 알려진 최재형(崔在亨, 1860~1920)이다. 최재형은 참으로 걸출한 독립지사였다. 함경북도 경원에서 노비의 아들로 태어나 어린 시절 가족과 함께 연해주로 이주한 그는 가난하고 힘없는 처지의 조선 동포들을 아낌없이 도운 인물로 알려져 있다. 동포들은 그를 '페치카(러시아 난로) 최'라 불렀다고 한다.

젊은 시절 험한 막일과 선원일을 하다 그만 두고 군수품 사업으로 막대한 부(富)를 축적한 그는 전 재산을 항일독립운동을 위해 썼다. 독립군의 필수품인 무기구입과 독립군들의 숙식을 해결했을 뿐 아니라 30여 개의

최재형 선생 삽화(崔在亨기념사업회)

학교와 교회를 세워 민족의식을 고취시켰다. 또 조선침탈의 원흉 이토 히로부미(이등박문)를 처단한 안중근(安重根) 의사의 하얼빈 의거를 배후에서 도왔다. 1919년에는 대한국민의회 외교부장과 상해 대한민국 임시정부 초대 재무총장에 선임되기도 했다.

그러나 1년 후인 1920년 블라디보

스토크에 상륙한 일본군에 의한 신한촌 참변(1920년 4월 연해주 한인촌에서 일본군이 한인들을 무참히 학살한 사건을 말함) 때 연해주에서 체포돼 이틀 만에 총살당하고 말았다. 그 후 시신과 묘지도 없이 냉전시대를 거치며 오랜 세월 잊혀진 사람으로 방치되어 있었다. 그가 죽은 후 42년만인 1962년이 되어서야 독립운동의 공적을 인정받아 '대한민국 건국훈장 독립장'에 추서되었다.

이처럼 천신만고(千辛萬苦) 끝에 연해주에 터를 잡은 한인들은 집단촌락을 이루며 비교적 안정되게 살아가게 되었다. 그러나 그것도 잠깐이었다. 연해주 한인들의 시련은 또 다시 시작되었다. 일제 마수(魔手)보다 더 무서운 적이 스며들어 온 것이다. 바로 '공산주의(共産主義)'라는 스탈린 독재의 독수(毒手)가 뻗친 것이다.

1937년 연해주 동포들에게 청천벽력(靑天霹靂) 같은 일이 발생한다. 소련의 잔인한 대국주의 정책으로 고려인에 대한 강제이주 명령이 떨어졌다. 러일전쟁 이후 일본과 대립각을 세우고 있던 러시아는 조선인들이 일제의 정탐활동에 가담하고 있다는 판단 아래 전대미문의 끔찍한 인종청소(人種淸掃)를 단행하기로 한 것이다.

스탈린은 연해주에서 일본과 전쟁이 벌어질 경우 한인들이 일본 편에 설 것을 몹시 우려했다고 한다. 실제로 이를 뒷받침하는 사건이 일어나기도 했다. 1937년 6월 아무르강에서 일제 관동군이 러시아 군함을 격침시킨 일이 벌어지고 우수리지방에서 일본과 러시아의 군사충돌이 빈번하게 일어났다.

예민해진 스탈린은 한인들이 일본과 한 통속이라 의심하고 우선 한인 지도층 2,500명을 전격 체포해 격리시켰다가 처형해 버렸다. 이를 목격한 연해주 한인들은 공포에 떨어야 했다. 이때 연해주에는 한인들이 일본군의 간첩이라는 소문이 돌기도 했고, 일본은 이를 퍼뜨리며 교묘히 이용했기 때문에 러시아로서는 사전에 한인들을 격리시키는 것이 상책이라고 생각했는지 모른다.

어쨌든 소련 공산주의자들은 내친김에 공포에 떨고 있던 연해주 한인들에게 강제 이주명령을 통보하고 일주일도 안 되어 17만여 명의 고려인들을 강제로 험지(險地)로 격리시키는 폭거를 단행하게 된다. 고려인들은 그 동안 피땀 흘려 일구었던 삶의 터전을 빼앗기고 가재도구 하나 제대로 챙기지 못한 채 빈손으로 끌려가게 된 것이다. 그들은 영문도 행선지도 모른 채 창문도 없는 화물열차에 태워져 수만 리 떨어진 중앙아시아 황무지에 짐승처럼 버려지고 말았다.

연해주 고려인의 강제이주 역시 나라 잃은 백성들이 겪어야만 했던 피맺힌 통한(痛恨)의 역사다. 이들의 강제이주는 전 과정이 강압적이고 위협적이었으며 또한 야만적이었다. 이송중에도 러시아의 만행은 계속되었다. 수많은 한인들이 이유 없이 어디론가 끌려가 실종되고 살해되었으며, 아무것도 먹을 것이 없어 공포와 굶주림이라는 이중고에 시달렸다. 또한 닭장 속 같은 열악한 열차 내부의 오염된 환경 때문에 대다수가 매일같이 병으로 죽어갔다.

이처럼 숙청과 기근, 질병 등을 견디고 천신만고(千辛萬苦) 끝에 살아남은 사람들은 나중에 종착역에 도착해서야 자신들이 처한 황당한 사실을 알게 되었다. 그곳은 연해주에서 수천 킬로 떨어진 사람이 살 수 없는 오늘날의 카자흐스탄, 우즈베키스탄 등 중앙아시아의 황무지였던 것이다.

1937년 10월말까지 중앙아시아로 이송이 완료된 고려인 수는 총 36,442가구 171,781명이었다. 그중 카자흐스탄에 95,256명, 우즈베키스탄에 76,525명이었다. 그 뒤에 수송된 4700명까지 합하면 약 18만여 명이 인권의 사각지대에서 억울하게 희생되었다. 이처럼 기막힌 사연을 간직하고 살고 있는 후예들이 바로 '카레이스키'라고 불리고 있는 중앙아시아 고려인들이다. 지금은 교민이 45만여 명으로 늘었고 악행의 주범 러시아도 뒤늦게 1989년 반인도적 범죄행위를 시인했다.

하지만 70년이란 긴 세월을 어찌 되돌릴 수 있겠는가. 우리는 그들의 희생을 헛되이 해서는 안 된다. 우리 조상들의 활동 무대였던 연해주에 대한 관심을 기울여야 한다. 연해주에 버려져 있는 한인들의 유적지도 찾아내어 관리하고 우리의 혼을 불어넣어야 한다. 연해주는 면적만 해도 16만km²로 남한(10만km²)의 1.7배에 달하는 광활한 땅인데 전체인구는 겨우 200만 명이 살고 있다. 통일 이후를 생각하더라도 역사적, 경제적, 문화적 가치가 커 결코 놓칠 수 없는 지역이다.

　지금은 구소련이 붕괴되고 개혁개방이 단행되어 고려인들이 강제이주 70년 만에 자유롭게 연해주로 귀환할 수 있도록 허락되었다. 하지만 유라시아 전역에 분포되어 살고 있는 45만여 명의 고려인들 중 93%의 고려인 대부분은 그대로 정착지에 머물며 살아가고 있다. 다만 7%인 2만여 명의 고려인들만이 연해주로 되돌아와 살고 있다. 지금 연해주에는 귀환한 일부 동포들에 의해 그나마 우리 문화를 계승하고 유적지를 돌보고 있는 실정이다.

일제에 의해 강제 징용된 조선의 노무자들

러시아 한인들의 비극은 그뿐만이 아니다. 한때 일본의 영토였다가 2차 세계대전 종전 후 러시아지역으로 반환된 사할린에도 한을 안고 살아온 우리 동포들이 남아 있다. 러·일간에 오랜 영토분쟁을 겪다 1951년 샌프란시스코 강화조약으로 지금은 완전히 러시아의 영토가 된 사할린은 남북의 길이가 950km, 폭이 160km, 면적은 72,492km²로 세계에서 23번째 큰 섬으로 알려져 있다.

　이 사할린 섬에 4만3천여 명의 고려인들이 살고 있다. 일본 식민통치시대인 1939년에서 1945년 해방이 될 때까지 약 15만 명의 조선인들이 일제에 의해 강제 징용되어 갖가지 강제 노역에 시달렸다. 그들은 일제에 의해 노예처럼 착취를 당했다. 오매불망(寤寐不忘) 꿈에 그리던 조국광복을 맞았지만 그들의 귀향(歸鄕)의 꿈은 이루어지지 않았다.

　종전 후 일본인과 중국인들은 모두 고국으로 돌아갔지만 조선인들은 아무도 이들을 찾는 사람도, 데리러 올 사람도, 데려갈 사람도 없이 버려지고 말았다. 이론상으론 일본이 전쟁을 치르기 위해 징용으로 데려갔으니 당연히 일본이 책임을 져야 했다. 하지만 일본은 강점기에도 그랬지만 패전 후에도 반인륜적이고 파렴치한 족속임을 여실히 보여주었다.

　그렇다. 일본은 패전 후에도 반성의 기미가 전혀 없었다. 동남아시아를 비롯한 여러 지역에서 마치 분풀이를 하듯 인면수심(人面獸心)의 만행을 저질렀다. 일본군의 마지막 발악에 강제 징집된 조선청년들과 강제로 끌려간 위안부들이 무수

평화의 소녀상

히 희생되었다. 이 같은 악행은 이곳 동토의 섬 사할린에서도 예외가 아니었다. 전쟁에서 패하자 일본은 자국 국민들만 챙겨 본토로 돌아가고 이들 조선인들의 귀국은 끝내 외면하고 말았다. 아니 정확히 말하면 이젠 쓸모가 없어졌으니 헌신짝처럼 버리고 간 것이다.

일본인들의 조선인들에 대한 횡포와 악행은 너무 많아 필설로 다하기 어렵다. 일제강점기 시기인 1923년 관동대지진(1923.9.1. 간토지방 대지진, 진도 7.9, 사망 약 10만여 명) 때도 그랬다. 당시 일본 군부는 대지진으로 민심이 흉흉해지자 이것을 빌미로 유언비어를 퍼뜨려 조선인들과 일본 내 사회주의자들을 축출하고자 했다.

조선인들이 폭동을 일으키고 우물에 독을 풀어 일본인들을 학살하고 방화를 저질렀다는 누명을 씌워 어림잡아 7천여 명의 조선인들을 무차별 학살했다. 조선인들은 지진으로 입은 피해보다 이 같은 일제의 반인륜적 피해가 훨씬 더 컸던 것이다.

사할린의 조선인들에게는 해방된 조국도 도움이 되지 못했다. 해방은 되었지만 남북분단과 미군정하의 혼란스런 국내사정으로 인해 그 누구도 이들에게 신경 쓸 겨를이 없었던 것이다. 사할린에 버려진 이들은 굶주림을 참아가며 항구가 바라보이는 언덕에 올라 행여 올지도 모르는 귀국선(歸國船)을 하염없이 기다렸다고 한다.

그러다가 전후 처리과정에서 사할린이 러시아로 편입되는 바람에 이들의 귀국의 꿈은 사라져 버리고 말았다. 돌아갈 길이 영영 막혀버리고 말았던 것이다. 조국은 해방이 되었지만 그들은 해방을 맞이하지 못했다. 그뿐 아니라 일본 본토에 남겨졌던 조선인들을 비롯하여 중국 만주와 해남도(海南島)를 비롯한 동남아시아 각처에 남아 있던 동포들도 귀국길이 막혔다.

광복 60년을 맞이했지만 살아서는 물론 죽어서도 돌아오지 못하고 있는 동포들과 이미 고인이 된 유해들이 수도 없이 널려 있다. 조국은 어떠한 경우라도 자국민을 외면해서는 안 된다. 언제까지라도 그들을 찾아내 살아 있는 사람은 물론이고 이미 고인이 된 유해라도 고국의 품으로 봉환(奉還)해야 할 것이다.

오랜 세월이 흘러 1990년 한국과 러시아의 수교가 되었다. 러시아로 편입된 뒤 귀국길이 막혀 돌아오지 못했던 사할린 징용1세 일부는 꿈에 그리던 고국으로 돌아와 정착해 살고 있다. 또 일부는 고국 방문단이라는 이름으로 몇 차례 고국을 다녀간 적이 있다. 그러나 대부분의 1세들은 한을 안은 채 죽거나 이제 90이 넘은 고령으로 돌아올 수가 없게 되었다.

이젠 2세와 3세들이 대부분이다. 이들은 지금 러시아 사람으로 살아가고 있다. 생각해 보면 참으로 딱하고 기막힌 일이 아닌가. 그나마 위안이 되는 것은 비록 귀국은 좌절되었고 어쩔 수 없이 이국땅에 뿌리를 내리고 살게 되었지만 그 후예들인 사할린 동포들 대부분이 러시아의 중산층 이상의 생활수준을 유지하고 각 분야에서 고려인의 존재감을 과시하며 살아가고 있다는 것이다.

오늘날 러시아 고려인들은 사할린뿐만 아니라 동쪽 끝 캄차카반도에서 서쪽으로는 시베리아와 중앙아시아를 거쳐 동유럽의 우크라이나까지 광활한 유라시아대륙에 널리 분포되어 살고 있다. 이들 고려인들은 국적은 비록 러시아인이지만 세계적인 강국으로 성장한 대한민국을 자랑스러워한다. 엄밀히 말하면 그들의 모국에 대한 정서는 남한도 북한도 아닌 분단 이전의 조선(朝鮮)을 역사적 조국으로 생각하고 있다.

그래서 그들은 우리 민족이 하루빨리 통일이 되기를 학수고대(鶴首苦待)하고 있다. 세월이 한 세기가 넘었어도 아직도 통한의 삶은 대를 이어 계속되고 있다. 고려인들은 누구나 자신의 정체성에 대한 고민이 있다. 그런데 설상가상으로 조국마저 분단 상태여서 너무나 안타까워하고 있다. 우리가 조국통일을 서둘러야 하는 이유가 여기에도 있는 것이다.

20세기 '디아스포라'는 태평양 너머에도 있었다

당시 나라 잃은 민족의 설움은 비단 러시아뿐만이 아니었다. 어쩔 수 없이 고국을 떠나야만 했던 우리 선조들은 태평양 건너 미주지역(美洲地域)에도 있었다. 이들 미주 한인들도 사정은 마찬가지였다. 일제의 폭압과 수탈에 견디지 못하고 돈을 많이 벌 수 있다는 말에 속아 해외로 나온 노동자들이기 때문이다.

하와이에 한인 노동자들이 처음 도착한 것은 1903년 1월 13일이다. 이들은 사면이 바다로 둘러싸인 미국 하와이의 사탕수수 농장에서 파도소리에 향수를 달래며 하루빨리 돈을 벌어 고향에 돌아가기만을 기다렸다. 그러나 1905년 을사늑약과 1910년 한일합방으로 돌아가고 싶어도 돌아갈 나라가 없어져 버렸다. 이들은 망국의 한을 품은 채 나라 잃은 백성의 서러움을 겪으며 통한의 세월을 보냈다.

어려운 노동여건에서도 자신들의 월급 25%를 독립자금으로 내놓았다. 그뿐 아니라 당시 독립운동의 거목이었던 우성(又醒) 박용만(朴容萬)이 이끄는 '대조선국민군단(大朝鮮國民軍團)'에 입단해 낮에는 농장에서 일하고 밤에는 고된 몸을 이끌고 군사훈련을 받았다. 조국이 독립되어야만 고국에 돌아갈 수 있다는 간절한 염원 때문이었다. 그러나 그들이 바라던 조국광복의 꿈은 이루어졌지만 귀향의 꿈은 끝내 이루어지지 않았다.

이 같은 이주노동자들은 지구 반대편 멕시코와 브라질에도 있었다. 1905년 일제의 침탈이 시작되고 국내 사정이 혼돈으로 치닫고 있을 때 국내에는 이민 브로커가 활개를 쳤다. 일제의 탄압과 허기에 지친 청년들은 노동시간은 적고 높은 임금을 준다는 브로커의 달콤한 말만 믿고 따라나선 것이다. 당시로선 확실한 정보도 부족했을 뿐만 아니라 계약서를 분별할 만한 능력 또한 갖추지 못한 사람이 대부분이었다.

날조된 계약조건을 제대로 확인도 하지 못한 채 1905년 3월 5일 1,000여 명의 조선인들이 제물포항을 떠나 멕시코로 향했다. 약 2개월의 항해 끝에 1905년 5월 4일 멕시코 서부항구에 도착한 이들이 배치된 곳은 '애니깽'(원래 이름은 '에네켄'으로 선인장 용설란으로 선박용 밧줄을 만드는 원료) 농장이었다. 그곳은 상상했던 꿈의 나라가 아니었다. 이들의 고통은 하와이보다 훨씬 더 심했다.

자기 키보다 더 큰 선인장 농장에서 억센 가시에 온몸을 찔려가며 밤낮으로 일해야만 했다. 낯선 이국땅에서 '애니깽'이란 이름으로 노예처럼 일했다. 갖은 천대와 멸시를 받아가며 눈물을 삼켜야만 했다. 새벽 4시에 기상하여 40도에 육박하는 살인적 더위 속에서 하루 12시간씩을 꼬박 일했다. 또 조금만 마음에 들지 않으면 휘둘러대는 감독관의 채찍과도 싸워야 했다. 자유시간이라고 예외가 아니었다. 농장주는 이들의 일거수일투족을 하루 종일 감시했다.

그러나 모든 것이 낯선 이국땅에서 그들에게 달리 선택할 방법은 없었다. 이미 선금을 받고 배를 탔기 때문에 계약이 만료되기 전까지는 참고 이겨내야만 했다. 어려운 역경 속에서도 오직 조국의 독립과 귀향의 꿈이 있었기에 버틸 수 있었다. 하루 35센트로 겨우 숙식을 해결할 정도의 저임금이었지만 이들 역시 조국독립에 대한 열망은 뜨거웠다. 피 같은 돈을 모아 독립자금을 임시정부에 보냈다. 그 돈이 윤봉길, 이봉창 같은 독립군들이 사용한 폭탄이 되어 일제 침략자를 응징하고 민족정기를 빛낸 밑거름이 되었다.

그러나 이들도 끝내 고국에 돌아오지 못했다. 조국은 해방이 되었고 선택의 자유도 주어졌지만 모든 여건이 너무 늦어버린 것이다. 대부분이 현지에 그대로 정착해 미국을 비롯한 중남미 각처에 뿌리를 내리고 살고 있다. 그때로부터 한 세기가 흐른 지금 우리의 국력도 이민의 형태도 완전히 달라졌다. 우리의 정부가 수립되었고 눈부신 발전을 계속해 세계 10위권의 경제력을 보유한 국가로 성장했다.

오늘날에도 이민을 가는 사람들이 더러 있지만 목적이나 형태는 완전히 달라졌다. 타인의 강요나 호구지책(糊口之策)이 아닌 자기계발(自己啓發)을 위해 고국을 떠나는 자발적 해외 이민자들이 대부분이다.

또한 이들은 세계 각국에 폭넓게 분포되어 우수한 두뇌와 성실한 생활로 당당하게 두각을 나타내고 있다. 조국의 명예를 빛내며 성공적인 삶을 살아가고 있다.

정치, 경제, 사회, 문화, 예술, 스포츠 등 각 분야에서 맹활약하는 한국인들이 수없이 많다. 그들의 가슴 속에도 고국에 대한 애틋함이 살아 숨쉬고 있다. 하나같이 조국이 통일되기를 간절히 원한다. 우리는 그들의 바람대로 하루빨리 분단을 극복하고 통일을 이루어 그들에게 자랑스러운 모국(母國)이 되어야 할 것이다.

상트페테르부르크 백야의 추억

내일 아침이면 우리는 모스크바를 떠나 베를린으로 간다. 그런데 한 가지 아쉬운 점이 있다. 그것은 며칠 후 5월 29일이 되면 도시탄생 300주년을 맞이하게 되는 상트페테르부르크(전 레닌그라드)를 지척에 두고도 가보지 못하고 떠나는 것이다. 상트페테르부르크는 모스크바에서 북쪽으로 640km 떨어진 인구 510만 명의 러시아 제2도시. 발트해 핀란드만 연안의 수많은 섬 위에 세워진 도시다. 1703년 '표트르 대제'가 '네바강'의 하구에 '페트르파블로프' 요새를 만들면서 비롯되었다.

만 10년 후인 1713년 모스크바에서 천도하여 도읍지가 되었다가 1918년 다시 모스크바로 옮겨가기까지 약 200년 동안 제정러시아의 수도로 군림하였다. 독특한 건축물들이 조화를 이루어 유럽에서 가장 아름다운

러시아의 중흥을 이룬 표트르 대제상

도시로도 꼽힌다. 나는 러시아에 올 때마다 빼놓지 않고 이곳을 찾았다. 그때 보았던 겨울궁전과 여름궁전, 네바강과 에르미타슈 박물관, 그리고 밤이 되어도 어두워지지 않는 백야(白夜)의 신비로운 추억은 아직도 강한 인상으로 남아 있다.

그리고 또 하나 잊혀지지 않는 것은 러시아인들의 투철한 애국심과 문화 사랑이었다. 제2차 세계대전 중인 1941년 8월부터 약 30개월 동안 독일군에게 포위되면서 40만 명이 아사상태(餓死常態)에 이르렀음에도 굴하지 않고 시민들이 자발적으로 나서서 도시를 지켜냈다는 이야기를 전해 들었다. 독일군의 극심한 공중포격으로 문화재가 훼손되려 하자 시민들이 몸으로 지붕을 겹겹이 덮어 문화재들을 보호했다는 말을 듣고는 감동과 함께 러시아인들의 문화를 사랑하는 격조 높은 수준에 매료되기도 했다.

그래서 이곳을 다른 이름으로 '영웅도시(英雄都市)'라고도 불린다. 우리들의 문화재 보호에 소홀함이 대비되어 부끄러움을 느꼈다. 선조들이 이루어 놓은 귀하고 귀한 문화재를 고이 보존해서 후손들에게 온전히 물려주어야 할 것이다. 상트페테르부르크는 또 레닌이 공산주의 혁명을 완성시킨 곳으로도 유명하다.

이곳은 '피의 일요일', '3월혁명', '10월혁명', '11월혁명' 등 '러시아혁

'상트페테르부르크'의 자랑인 '에르미타슈' 미술관

명'의 중심지였다. 1924년 레닌이 죽자 그를 기념하여 한때 '레닌그라
드'로 불리기도 했었다. 러시아에서 모스크바를 '정치의 도시'라고 한다
면 '상트페테르부르크'는 '문화의 도시'라고 할 만큼 문화적(文化的) 볼
거리가 많은 곳이다.

러시아의 대표적인 문학가인 푸시킨, 톨스토이, 도스토예프스키 등도
이곳을 근거지로 활동하며 불후의 명작들을 발표하기도 했다. 다음에 기
회를 봐서 꼭 다시 한 번 방문하기로 작정하고 아쉬운 마음을 달랬다.

제3일, 2003년 5월 16일 (금요일)

아침 5시 30분에 전용버스로 모스크바 공항으로 갔다. 8시 5분에 독일
베를린행 보잉 747 항공기에 탑승해 모스크바 공항을 출발하여 독일시간
9시, 베를린 '쉐네필드 공항'에 도착했다. 독일에서 우리를 안내해 줄 현
지 교민 김진실 씨가 마중을 나와 있었다. 매우 친절하게 우리를 맞았다.
공항에서 베를린 시내로 가는 고속도로 '아후토반'을 달리면서 여러 가
지 쏟아지는 질문에도 열성적으로 대답해 주었다. 특히 독일 사람들은 한

국이라는 나라와 한국인들에 대한 인식이 아주 호의적이라고 말했다.

첫째, 매사에 근면(勤勉)하고 성실(誠實)하며, 둘째, 학구열(學究熱)이 아주 강한 민족이란 생각을 가지고 있다는 것이다. 그것은 아마도 과거 1960년대와 1970년대 파독(派獨)되었던 광부들과 간호사들의 영향이 아닌가 생각된다. 그 당시 서독은 경제가 성장해 호황을 누렸지만 국민들의 3D업종 회피현상으로 극심한 노동력 부족을 겪고 있었다. 반면에 우리나라는 지독한 가난과 실업난을 탈피하기 위해 고심하던 중이었다.

사정이 그러했으므로 양국이 합의해 광부와 간호사의 파독이 결정되었다. 연인원 2만5천 명의 광부들과 간호사들은 이역만리(異域萬里) 서독에 파견되어 가장 어렵고 힘든 일을 마다하지 않았다. 파독 광부들은 지하 1,200m의 막장에 들어가 50kg이 넘는 쇠동발을 세우느라 땀과 탄가루가 범벅이 되었으며, 간호사들은 외로운 타국병원에서 거구(巨軀)의 독일인 환자들을 일으키고 누이느라 힘이 부칠 때마다 서러운 눈물을 쏟으면서도 참아냈다.

그리고 그들은 낮에는 피땀 흘려 일하고 잠자고 쉬는 시간을 쪼개가며 학업에도 몰두했다. 그들의 근면함과 성실함을 독일 사람들은 기억하고 있는 것이리라. 또 오랜 세월동안 같은 분단국이었다는 동병상련(同病相憐)의 정서도 작용했을 것이라는 생각을 했다.

통일된 독일에서 한반도 통일을 다짐하다

독일은 지정학적으로도 유럽의 중앙에 위치해 있다. 독일을 중심으로 동쪽으로는 체코, 루마니아, 헝가리 등 동유럽이 포진해 있고, 서쪽으로는 프랑스, 네덜란드, 벨기에 등 서유럽이 있으며, 남쪽으로는 이탈리아, 스위스, 그리스 등 남유럽이 자리하고, 북쪽으로는 스웨덴, 노르웨이, 핀란드 등 북유럽이 형성되어 있다. 명실 공히 유럽의 핵(核)이라고 할 수 있다.

또한 제2차 세계대전의 패전국으로 분단되었으나 '라인강의 기적'을 일으키면서 우리보다 먼저 통일을 이룬 나라이기도 하다. 베를린은 통일독일의 중심지다. 베를린은 내가 꼭 한 번 와보고 싶었던 곳이었다. 그래서 그런지 베를린의 눈에 보이는 하나하나가 새롭고 의미 있게 다가왔다. 김진실 씨는 베를린을 한 마디로 말하면 30여 개의 공원과 숲으로 둘러싸인 숲의 도시요, 아름답고 살기 편한 도시라고 했다.

프로이센왕국의 옛 수도였고, 현재는 통일독일의 수도인 인구 346만 명의 물의 도시라 했다. 도시 한가운데로 '슈프레강'이 흐르고 있다. 지금은 평화스러운 강이 되어 관광객들이나 베를린 시민들의 휴식처가 되었지만 30여 년 전에는 베를린의 동서를 갈라놓은 비운의 강이었다고 한

베를린의 도심에도 운하가 발달되어 배들이 운행되고 있다

다. 슈프레강을 헤엄쳐 동베를린에서 서베를린으로 탈출을 시도하다가 총에 맞아 숨진 사람만 100여 명이 넘는다고 하니 그럴 만도 하다. 나는 언뜻 우리나라 경기도 파주의 임진강이 생각났다.

베를린 상류에는 '하펠강'이 흐르고 있으며 동서로는 넓은 호수지대가 펼쳐져 있다. 또 시내 곳곳에는 운하(運河)가 발달되어 있어 물의 도시라는 칭호가 무색하지 않다. 통일을 이룬 후 요즘 동서독 사람들의 정서를 묻는 질문에 김진실 씨의 대답은 이러했다.

1989년 11월 9일 베를린 담장이 무너지고 그 이듬해인 1990년 10월 3일 통일이 되었는데 13년이 지난 아직도 동서독 사람들의 갈등은 여전히 남아 있고 행복지수 또한 높지 않다고 한다. 그 대표적인 예가 금년에 제작된 '굿바이 레닌'이라는 영화가 선풍적인 인기를 몰고 왔는데 그 속에 대답이 들어 있다고 했다.

구 동독 사람들이 현재 생활이 과거보다 훨씬 나아졌음에도 불구하고 서독 사람들과 비교되는 상대적 박탈감 때문에 오히려 과거 동독시절의 문물을 회상하며 그리워한다는 것이다. 그래서 요즘 독일에서는 '오스텔지어(ostalgia)'라는 말까지 생겨났다고 한다.

독일은 동서가 전쟁을 치른 적도 없고 분단 중에도 동서독 교류가 상당하였음에도 그러한데 아마도 한국은 통일 이후의 문제점이 독일보다도 더 클 것이라고 진단했다. 그러기에 한국은 분단 60년을 극복하려면 100년이 넘게 걸릴 수도 있다는 생각으로 통일을 철저히 준비해야 할 것이라는 충고(忠告)까지 덧붙였다.

우린 맨 먼저 통일독일과 베를린을 상징하고 있다는 '브란덴부르크 문'으로 향했다. 베를린에 가면 누구나 한 번쯤 찾는다는 이 문은 큰 광장에 멋스러운 고전미를 풍기며 우뚝 서 있었다. 특히 높이 26m, 가로 65.1m의 브란덴부르크 문 위에 조각된 네 마리의 말들은 곧 달릴 것처럼 기상이 대단했다. 원래는 프리드리히 2세(1788~1891) 때인 3년 만에 세워진 프러시아제국의 개선문(凱旋門)이었는데 1961년 베를린 장벽이 세워지면서 동·서독 분단의 상징처럼 되었다.

당국의 엄격한 통제 아래 허가받은 사람만이 동서 베를린을 왕래할 수 있는 경계선이요, 출입문 역할을 했던 곳이다. 1987년 '레이건' 당시 미국 대통령이 '브란덴부르크 문' 앞에서 연설 도중 '고르바초프' 당시 소련 서기장에게 한 말이 한동안 화제가 되기도 했다. 레이건이 고르바초프를 향해 당신이 진정 변화를 원한다면, 자유와 평화를 얻으려면 '이 장벽을 당장 허물어 버리시오' 라고 말했던 곳이다.

그런데 2년 후인 1989년 11월 9일, 정말 기적처럼 동독 주민 10만여 명의 성난 인파가 이 문 앞에 모여들어 베를린 장벽을 허물어 버렸다. 그래서 지금은 통일독일의 자유를 뜻하는 상징의 문이 되어버린 것이다. 각국의 많은 정치가들과 관광객들이 이곳을 방문해서 기념촬영을 한다. 나도 카메라를 꺼내어 시도해 봤는데 브란덴부르크 문의 전경을 넣어야 하기 때문에 사진 찍기가 그리 녹록치 않았다. 겨우 한두 장을 찍는 데 그쳤다.

베를린의 명소 브란덴부르크 문의 위용

브란덴부르크 문을 빠져나온 우리는 서둘러 그 유명한 '베를린 장벽'이 있었던 곳으로 이동했다. 냉전시대 베를린 시민들이 겪었던 슬픔과 분노, 회한이 켜켜이 서려 있는 역사의 흔적이기도 하다. 동서냉전의 산물인 베를린 장벽은 1989년 당시 다 철거되어 세계 40여 개 국으로 흩어져 237개 장소에서 기념물로 전시하고 있다.

우리나라도 독일 정부가 서울시에 기증한 기념물 일부가 청계2가 장교빌딩 앞에 전시되어 있다. 독일은 분단의 상징물이자 사적 기념물로 베를린 시내 35개소에서 원형을 보존하고 있으며, 담장 중 가장 긴 것은 슈프레강변의 '이스트사이드갤러리'로 불리는 약 1마일 1.6km의 장벽이다.

우리가 지금 그 장벽 앞에 서 있다. 이 장벽에는 100여 점이나 되는 여러 가지 형태의 벽화가 그려져 있었다. 관광객들을 위한 배려인지 과거를 잊지 않기 위함인지는 모르겠지만 삭막하지 않아서 보기에도 좋았다. 일부에서는 장벽을 다 없애버리는 것이 좋겠다는 주장도 있었다고 한다.

그런데 이렇게 일부나마 남겨져 우리가 볼 수 있어 다행이었다. 장벽을 보는 순간 우리나라의 휴전선을 생각했다. 분단국 국민으로서 남다른 감회가 깊게 느껴졌다. 동독과 서독의 통일과정은 우리 한반도로서는 눈여겨 봐두어야 할 귀중한 교훈으로 여겨지기 때문이고 한 편으로는 부럽기까지 했기 때문이다.

베를린 장벽에서 휴전선을 생각하다

1945년 제2차 세계대전이 연합국의 승리로 끝나고 독일은 미국, 영국, 프랑스, 소련 등 4대 연합국에 의해 분할 점령되었다. 소련 점령지에 속해 있던 수도 베를린 역시 똑같이 분할되었다. 이후 미국, 영국, 프랑스 3국 점령지는 서독 관할의 서베를린으로 통합되었고, 소련 점령지는 동독 관할의 동베를린으로 갈라지게 되었다.

 동독 정부는 1961년 8월 13일, 동베를린과 서베를린 주민의 출입을 막기 위해 인민군을 동원하여 베를린 장벽을 세우게 된다. 베를린 시내를 동서로 가른 96마일(154km)에 이르는 두터운 콘크리트 담장이다. 서(西)베를린 외곽지역까지 합하면 장장 160km에 달하는 길고 긴 장벽이다. 독일인 키의 두 배에 달하는 높이 3.6m, 너비 1.2m, 무게 1.2톤짜리 단위석(單位石) 약 88,000여 개를 하나하나 쌓아서 만들었는데 장벽해체 과정에서 대부분 가루로 부서져 버리고 온전한 것은 650여 개에 불과하다고 한다.

 동독 정부는 이 장벽을 '반파시즘 방어벽'이라 했고, 서독에서는 당시 서베를린의 시장이었던 '빌리 불란트'가 말한 '수치의 벽'이라고 불렀다. 탈출을 감시하는 초소만도 116개 소에 이르고, 벙커도 20여 개에 달했다고 하니 얼마나 삼엄한 경계를 펼쳤는지를 알 수 있다. 어쨌든 이 장벽을 쌓은 후로는 일체 출입을 통제하고 브란덴부르크 문을 통해서만 겨우 왕래가 허용되었다.

 그러다가 소련 공산주의 체제가 경제난으로 흔들리게 되고 '고르바초프'의 개혁 개방정책이 시행되면서 동독 주민들이 동요하기 시작했고, 동서독 수뇌부도 교차방문하게 되면서 통일논의가 활발하게 확대되었다. 하지만 뿌리 깊은 이념적 차이와 독일이 안고 있는 정치적 난제 때문에 통일의 길은 험난했다. 아직 통일이 되기까지는 많은 시간이 더 필요해 보였다.

 그러나 운명의 신은 독일과 독일 국민들의 손을 들어주게 된다. 당시 동독은 국가수반이었던 독재자 '호네커'가 건강상 이유로 물러나고 새로운 지도부가 들어서게 되었다. 그러자 동독 주민들은 여행자유화를 끊임없이 요구하며 집단 탈출에 나섰다. 헝가리 국경을 비롯한 독일 전역에서 소요와 함께 탈출이 이어졌다. 심지어 동유럽은 물론 서유럽까지도 여행의 자유를 허락하라는 수십 만 동독 주민들의 외침은 베를린광장을 진동시켰다.

　새로 들어선 정치국은 이에 대한 고민이 컸다. 그러다가 결국 시민들의 열망과 압력을 못 이겨 동독 주민들의 상시출국과 서독으로의 개인 여행을 수용하기로 결정한다. 새로 마련한 규정에 따라 11월 10일부터 경계검문소를 통해 출입국하는 것으로 잠정 결정했다. 그런데 뜻하지 않은 일이 발생한다. 참으로 우연한 정치적 사건으로 인해 베를린 담장이 갑자기 붕괴되고 만 것이다.

　그 정치적 사건이란 1989년 11월 9일 동독 사회주의통일당(SED) 정치국 신임 대변인인 '권터 사보스키'가 동독 주민들에게 여행 자유화 사실을 알리는 과정에서 초래한 실수를 말한다. 새로 임명된 동독 정치국 대변인 '권터 사보스키'는 아직 업무파악이 덜된 상태에서 기자회견장에 나갔다. 그는 여행자유화에 대한 해당규정이 언제 발효되느냐는 기자들의 갑작스런 질문에 당황했다. 한참 서류를 뒤적이며 머뭇거리다가 "제가 아는 바로는 지금 바로 시행됩니다"라고 대답하고 말았다.

　이 소식이 저녁 8시 뉴스에 나가자 방송을 본 시민들 수만 명이 베를린 장벽으로 몰려들어 장벽을 열 것을 요구했다. 당황한 경계병들이 유혈사태를 막기 위해 총을 버리고 경계를 포기함으로써 철통같던 베를린 장벽은 마침내 열리고 말았다.

　모처럼 자유를 만끽한 동베를린 시민들은 베를린 장벽을 넘어 서독으로 갔다가 다시 동베를린으로 돌아오기도 했다. 이에 고무된 일부 주민들은 연일 망치와 곡괭이를 동원해 장벽을 부수기 시작했다. 이제는 출입국 심사도, 비자도 필요 없는 누구나 자유왕래가 가능하게 되어버린 것이다. 오랜 세월 동서를 가로막았던 독일의 베를린 장벽은 그렇게 무너지게 되었다.

　그 긴 장벽이 지금은 대부분 다 철거되고 브란덴부르크 문을 중심으로 한 약간의 장벽만 새롭게 단장을 해서 기념물로 남겨두었다. 우리는 아직

남아 있는 베를린 담장을 따라 걸으면서 독일의 통일과정에 대한 이야기도 나누고 여러 가지 벽화가 그려져 있는 베를린 장벽을 배경으로 사진들을 많이 찍었다. 아마도 지금 이 시간이 이번 유럽 사회주의권 연수의 가장 중요한 순간이고, 또한 가장 의미 있는 지점을 걷고 있는 것이 아닌가 하는 생각도 들었다.

독일의 통일이 우리에게 주는 의미가 남다르고 부러운 일임에는 틀림없다. 그러나 독일의 통일이 그렇게 하루아침에 쉽게 이루어진 것이 아니라는 사실에 우리는 주목해야 한다. 대외적 여건과 지도자의 의지, 그리고 동서독 국민들의 민족공동체 의식의 발로였다.

첫째로 동독을 지배하고 있던 공산주의 종주국 소련의 몰락을 들 수 있다. 1953년 스탈린 사망으로부터 시작된 소련의 쇠퇴는 리더십의 공백을 유발하게 된다. 그 여파로 야기된 유고, 폴란드, 헝가리를 비롯한 동유럽 위성국가들의 독립을 향한 저항과 동요가 봇물처럼 터져 나오기 시작했다. 거기에다 1986년 소련 몰락의 결정타가 되어 버린 '체르노빌' 원전폭발사고, 과도하고 무의미한 '아프간 침공' 등이 몰고 온 후유증은 소련경제의 침체를 재촉했다.

이 같은 현상은 동독인들의 서독에 대한 동경과 의존을 자극하는 계기가 되었던 것이다. 대내적으로는 독일 국민들의 통일에 대한 열망과 지도층 인사들의 굳건한 신념과 실행의지를 들 수 있다. 그들은 하나같이 치밀하고 다양한 적극 외교를 통해 국제사회를 설득해 나갔고, 국민들은 이 같은 미래지향적 통일정책에 호응했던 것이다.

독일 통일은 이처럼 독일인들의 계속된 통일을 향한 노력이 오랜 세월 끊임없이 이어져 온 결과였다. 그들은 우리와 달리 봉쇄(封鎖) 속에서도 동서교류가 활발했다는 사실 하나만 보더라도 우리와는 큰 차이가 있다. 그 때문인지는 몰라도 분단 40년 동안 동독에서 서독으로 이주해 정착한 주민이 400만 명에 달한다는 사실에 새삼 놀라움을 금치 못했다. 그것도 주로 베를린을 통해서 이루어졌다는 사실은 더욱 믿기지 않는다.

물론 동독의 독재정치와 경제적 어려움이 탈출의 주원인인 것은 말할 것도 없다. 그들의 필사적인 탈출방법에는 여권위조는 기본이고 땅굴을 파거나 심지어 열기구를 이용해 목숨 걸고 자유를 찾아 나섰다고 한다. 자유를 찾아 서독으로 탈출을 시도한 5,000여 명 중에서 200명이 넘는 사람들이 사살되었다고 한다.

또 그들이 탈출에는 성공했지만 서독에서 안정적으로 정착하기까지는 여러 가지 우여곡절(迂餘曲折)이 많았다고 한다. 그러나 서독 정부는 이들을 따뜻하게 보살폈고 이들이 훗날 동서독 통일에 상당부분 기여했다는 사실만은 모두가 인정했다.

나는 우리나라와 비교하며 상당수에 달하는 '탈북자'들을 떠올렸다. 다시 한 번 베를린 담장을 바라보며 우리나라도 하루빨리 통일을 이루어 휴전선 철조망을 걸어내고 그곳에 평화를 상징하는 조형물을 남기는 날이 왔으면 좋겠다는 생각이 간절했다.

베를린 장벽에서 한반도 통일을 생각하다 (2003년 5월 16일)

독일 동서분단의 상징물인 베를린 장벽의 남아 있는 모습

　다시 버스를 타고 시내로 진입하며 진실 씨의 이야기는 이어졌다. 독일 사람들은 집이나 자동차, 옷차림 등으로는 그 사람의 재산 정도를 알 수 없으며, 다른 사람에 대한 시기나 자랑이 별로 없는 비교적 소박한 성격을 가지고 있는 것이 특징이라고 한다. 자녀양육도 개인이나 가정의 일로 생각지 않고 국가가 책임지고 초등학교부터 대학까지 교육을 시키고 있으며, '킨더겔트(kindergeld)'라 해서 아이가 태어나면 만 18세까지 자녀의 최소한의 생계비를 추가로 지원하는 제도가 있다고 한다. 그래서 독일은 완전한 민주주의라기보다는 사회주의에 가까운 나라로 볼 수 있다는 것이다.
　듣고 보니 공감이 간다. 그 외에도 독일 삼색국기의 유래와 나치 히틀러의 제3제국에 대한 이야기, 베를린의 자랑인 슈프레강의 유람선과 하펠강, 엘베강 등 베를린 자연환경에 대한 이야기가 끝이 없었다. 우리는 차에서 내려 '운터 덴 린덴' 거리를 산책하기로 했다. 브란덴부르크 문에

독일 '훔볼트대학' 교정 일부

서 마르크스 - 엥겔스 광장까지 동서로 1.6㎞ 정도 뻗어 있고 대중 집회장
으로도 자주 이용된다고 한다. 박물관과 공연장이 많고 도서관, 오페라
하우스, 시청과 교회, 훔볼트대학 등이 있다.

우리는 베를린시청을 방문해 관계자에게 간략한 현황 설명을 듣고 곧
바로 '훔볼트대학'을 방문하기로 했다. '훔볼트대학'은 옛 '베를린대학'
이라고 하는데 언어학자인 빌헬름 폰 훔볼트가 1810년에 설립했다고 한
다. 대학교 교정에 들어서니 '마르크스와 엥겔스'가 함께 있는 동상이 세
워져 있었다. 훔볼트대학은 졸업식과 교복, 사각모, 졸업장도 없지만 지
도교수의 추천장이 모든 걸 대신한다고 한다.

누구나 알 수 있는 유명한 독일 출신 비스마르크, 마르크스, 쇼펜하우
어 등이 수학했고, 노벨상 수상자만 29명이나 배출한 명문대학으로 알려
져 있다. 또 아인슈타인과 헤겔, 볼프강, 하이제 등 기라성(綺羅星) 같은
학자들이 이 학교에서 교편을 잡기도 했던 그야말로 자타가 공인하는 명
문대학이다.

좀 더 자세히 둘러보고 싶었지만 오후엔 드레스덴으로 이동해야 하기 때문에 더 이상 머무를 수가 없어 유감이었다. 점심식사를 하러 가는 길에 철제로 된 물건을 파는 가게로 갔다. 키가 작고 몸이 유난히 뚱뚱한 사람이 주인인데 거구를 이끌고 가게 안을 분주하게 오가며 열심히 설명하는

훔볼트대학 교정의 마르크스와 엥겔스상

모습에서 독일인의 성실함과 직업정신을 엿볼 수 있었다.

독일은 철제제품이 우수하다고 해서 나는 칼 몇 점과 전정가위를 샀다. 점심식사를 마치고 드레스덴으로 떠나면서 참으로 열성적으로 세심하게 베를린을 안내해 주었던 '김진실' 씨에게 감사인사를 하고 작별했다.

아름다운 중세도시 드레스덴의 건축물

드레스덴은 베를린에서 180km 떨어진 거리에 있다. 버스로 2시간 정도 걸렸다. 인구 50만 명의 전형적인 문화도시로 알려진 곳이다. 드레스덴에서 미술을 공부하고 있다는 유학생 박균호 군이 마중을 하고 안내를 맡았다. 부산이 고향이라는 박 군은 아담한 체격이었지만 눈빛이 영롱하고 신념이 있는 훌륭한 청년이어서 장래가 촉망되었다. 많이 격려해 주었다.

드레스덴에서 머무를 수 있는 시간이 오후 한나절이라서 부지런히 움

직여야 했다. 드레스덴은 그리 크지는 않고 보수와 단장이 아직 멀었지만 도시 전체가 오래된 예술품 같다는 생각이 들었다. 한때 '엘베강의 플로렌스'라는 찬사를 들을 만큼 유럽에서 가장 아름다운 도시였다는 것이 실감이 났다. 시선을 어디로 돌려도 보이는 건물마다 고풍스런 모습이 너무 아름다웠다.

전통적인 바로크양식 건축물들의 진수를 느끼게 한다. 더구나 주변에 잔잔한 엘베강까지 흐르고 있어 그 운치는 가히 일품이었다. 그러나 한 가지 흠이라면 곳곳에서 문화재 보수작업을 하고 있어서 사진촬영은 물론 완성된 온전한 건축물을 감상하지 못한다는 것이 안타까웠다.

드레스덴은 처음 슬라브족 촌락으로 시작되어 1489년 작센주의 주도(州都)가 되었고, 대화재(大火災) 이후에 요새화(要塞化) 되었다고 한다. 그 후에도 유난히 많은 화재와 폭격 등으로 시련을 겪어 온 매우 불운한 도시로 알려져 있다. 1813년에는 나폴레옹도 이곳을 군사작전의 중심지로 삼았다고 할 정도니 짐작이 가고도 남는다. 따지고 보면 인명살상과

드레스덴의 고풍스런 중세의 건축물

파괴 외에 아무 소득도 없는 전쟁 때문에 죄 없는 인간의 생명과 인류의
귀중한 문화재가 처참하게 파괴된 예는 수없이 많다.

현대에 와서도 예외가 아니다. 이라크 수도이자 고도(古都)인 바그다드
파괴를 비롯해 세계 곳곳이 지금도 수없이 파괴되고 있다. 이유야 어찌됐
건 지나고 보면 승자건 패자건 모두가 처참하고 참담한 결과만 남기게 된
다. 승자라 하더라도 반짝 영웅이 된 것 같지만 결국의 평가는 박하다. 기
껏해야 전쟁광(戰爭狂)들이요, 범죄자(犯罪者)들로 결론이 난다.

드레스덴은 그 후에도 수많은 시련이 반복되어 세계 2차대전 막바지인
1945년 2월 13일과 14일 이틀 동안에는 미군과 영국군 항공기 800대의 집
중 포격을 받았다. 그러니 이처럼 조그만 도시가 온전할 수 있었겠는가.
완전히 파괴되어 흔적을 찾을 수 없을 만큼 처참했다고 한다.

그러나 독일 통일 후 적극적으로 복구를 추진하여 상당부분이 복구되
었다. 드레스덴은 역사적으로 전화(戰火)로 파괴되었다가 복원된 몇 안
되는 도시로 알려져 있다. 우리는 지금 완전하지는 않아도 그런대로 훌륭

드레스덴의 명소 '츠빙거 궁전'

하게 재현된 모습을 볼 수 있게 되었다. 그러나 지금도 곳곳에서 복원공
사가 조심스럽게 진행되고 있어 언제 다 마칠 수 있을지 많은 시간이 필
요할 것 같아 참 안타까웠다.

우리는 바로크 건축양식의 대표적 건물이라는 '츠빙거 궁전'을 관람하
기로 했다. 궁전 안으로 들어서니 검은색 건물에 정교한 조각상들이 많고
동양에서는 느낄 수 없는 웅장하면서도 섬세하고 하늘을 향해 치솟은 뾰

전화(戰禍)로 인해 검게 그을렸지만 하나하나가 섬세함의 극치를 이루고 있다

족뾰족한 모습의 지붕들이 많아 서양의 중세를 제대로 보는 것 같아 실감이 났다.

특히 군주의 행렬이라는 벽화는 역대 군주들 35명을 포함한 백성과 신하들의 행렬을 자기타일로 만들어 붙인 그림인데 우수하고 재미있는 볼거리였다. 길이가 101m나 되고, 사용된 자기만도 2만4천여 개에 달한다고 한다. 마치 우리나라 조선시대 국왕들의 능행(陵行)과 비슷하다는 생각이 들었다. 특히 정조대왕의 화성 능행렬(陵行列)과 엇비슷하다. 이 시기에 벌써 중국 청나라와도 교류가 있었다고 하니 왕조의 번영이 대단했음을 짐작케 한다.

서둘러 도자기 박물관, 오페라 하우스 등을 둘러보니 벌써 어둠이 내렸다. 식당으로 갔다. 야경도 참 아름다운 도시다. 저녁식사 후에는 호텔에서 연수단 전체 회의가 열렸다. 간담회 형식이었지만 사실은 세미나를 방불케 했다. 맥주도 한잔씩 나누면서 러시아와 독일을 보고 느낀 점 등을 서로 돌아가면서 격의 없이 의견을 교환했다.

특히 통일교육위원이라는 긍지와 자부심과 책임의식 때문이었는지 모르지만 독일 통일에 대한 견해와 이에 대한 토론은 시간 가는 줄 모르고 계속되었다. 밤늦은 시간까지 독일의 고도(古都) 드레스덴에서 즐겁고 보람찬 시간을 보냈다.

독일 통일은 저절로 된 것이 아니다

나는 독일 통일을 보면서 항상 부럽다는 생각을 했었다. 물론 나만 그런 것은 아닐 것이다. 더구나 독일 현지에 와서 나날이 발전되어가는 독일의 모습과 독일 국민들의 활기찬 얼굴을 보니 더욱 그러하다. 독일과 우리나라는 분단과정이 같다. 제2차 세계대전 후 냉전체제 아래서 연합국에 의해 강제로 분단국이 되었다. 독일은 동서로, 한반도는 남북으로 갈렸다.

그러나 한 가지 분명히 다른 것이 있다. 그것은 독일은 전범국(戰犯國)이지만 우리는 전범국이 아니라는 사실이다. 그러기에 생각할수록 더욱 쓰라리다. 그런데 전범국으로 징벌을 받았던 독일은 벌써 통일이 되었고, 일제의 식민통치를 받다 미국과 소련의 전리품으로 희생당한 한반도는 아직도 분단을 극복하지 못하고 있으니 통탄(痛嘆)할 일이다.

독일은 1945년 제2차 세계대전에서 패전국(敗戰國)이 되었다. 소련군이 진주한 동독과 서방연합군이 진주한 서독으로 나뉘어 분할 통치되었다. 1950년대 초에는 한때 중립통일방안이 제기되기도 했지만 무산되고 대결국면이 고착화 되었다.

그러다가 대전환기를 맞게 된 것은 1969년 '빌리 브란트 총리'가 그 유명한 '동방정책(東方政策)'을 추진하면서부터다.

1972년부터 1987년까지 약 15년간 34차례의 협상을 통해 정치 군사를 뺀 모든 분야의 협력체계를 구축하고 민간교류가 활발하게 이루어졌으며, 1982년에는 슈미트 서독 총리의 동독 방문, 1987년에는 호네커 동독 공산당 서기장의 서독 방문으로 대화를 통한 통일의 전기를 마련하였다. 양진영의 통일방안으로 동독은 '1민족 2국가' 서독은 '1국가 2체제'를 내세우며 결코 쉽지 않은 줄다리기 협상을 하고 있었다.

그런데 뜻하지 않은 변수가 생겼다. 소련의 고르바초프가 경제난을 타개하기 위한 방편으로 '페레스트로이카', '글라스노스트' 라는 개혁과 개방정책을 추진하게 되었던 것이다. 그러자 이에 편승한 동구권 공산위성 국가들이 속속 민주화를 추진하게 되었고, 동독도 여기에 보조를 맞추게 되었다. 동·서독 교류와 협력이 급물살을 타게 되고 결국 베를린 장벽이 무너지게 되었다.

경제력이 막강한 서독은 이 기회를 무산시키지 않으려고 소련에는 경제협력을 약속하고 주변 국가들에게는 치밀하고도 집요한 외교공세를 폈다. 마침내 2+4(동독, 서독＋미, 영, 프, 소) 회담을 성사시켜 1990년 10월 3일, 대망의 게르만민족의 통일을 이루게 되었다. 그뿐 아니라 폐허(廢墟)가 되었던 드레스덴, 라이프치히 등 옛 동독지역도 화려하게 부활(復活)하며 또 다시 '라인강의 기적'에 이어 '엘베강의 기적'을 일으키고 있다.

우리 한반도 역시 1950년 한국전쟁(韓國戰爭)을 빼면 그 과정이 독일과 크게 다를 바가 없다. 우리도 기필코 통일을 이루어야 한다. 더 이상 민족의 반목(反目)을 막고 화합(和合)의 지혜를 모아야 한다. 선진국의 기본이 되는 국력 또한 키워나가야 한다. 그렇게 되려면 남북의 국민들도 뜻을 하나로 모으고 정치권이 앞장서서 민족화합(民族和合)과 조국의 평화통일(平和統一)을 이루는 데 성심을 다해야 할 것이다. 지금 우리에게 그보다 더 중한 일이 또 어디 있겠는가.

제4일, 2003년 5월 17일 (토요일)

'프라하의 봄' 그 흔적을 찾아보다

오늘은 체코의 수도 프라하로 간다. 아침 일찍 일어나 드레스덴 강변을 걸었다. 드레스덴의 아침을 느끼고 싶었다. 아마도 어제 다 못 본 드레스덴에 대한 갈증 때문이기도 하다. 강변이라 바람도 싱그럽고 어제 오후에 보았던 시내 분위기와도 다른 느낌으로 와 닿는다. 드레스덴의 모든 문화재가 완전히 복원되면 다시 한 번 방문해서 화려했던 전성기의 모습을 느껴보고 싶다.

시내를 더 둘러보고 싶었지만 아침 식사 때문에 멀리 가지 못하고 금방 되돌아왔다. 벌써 시간이 꽤 지나 있었다. 식사를 간단히 마치고 전용버스에 올랐다.

정각 9시에 체코 프라하를 향해 출발했다. 프라하까지는 약 두 시간쯤 걸린다고 한다. 버스를 타고 가면서도 독일을 좀 더 여유 있게 살펴보지 못하고 떠나는 것이 못내 아쉬웠다. 차창으로 보이는 풍경은 한가롭고 평화스러운 모습이다. 유럽의 전원마을이 계속해서 이어졌다.

나는 문득 고교시절로 돌아가 '프라하의 봄'을 생각했다. 그때는 나라 이름이 체코슬로바키아로 불렸다. 1960년대 후반 프라하를 중심으로 일어났던 '민주자유화운동' 이야기다. 그것은 개혁운동이자 저항운동이었다. '체코사태'라고도 한다. 소련 스탈린주의를 배격하고 민주적인 선거제도, 언론·출판·집회의 자유 등을 주장하며 한동안 세계의 이목을 집중시켰었다.

체코의 개혁을 주도하며 혁명을 이끌었던 '드브체크'란 사람이 연일 신문에 기사화 되고 있었다. 인물도 잘 생겼고 추구하는 정신도 훌륭해 존경하는 마음이 컸던 것으로 기억된다. 그러나 소련은 이러한 체코 '민주자유화운동'이 동유럽 공산국가들에게 미칠 영향을 우려한 나머지 무자비한 탄압정책을 폈다. 바르샤바조약기구 5개국 군 20만 명을 동원하여 잔인한 숙청으로 저지하고 말았다.

실패한 혁명은 언제나 아쉬움이 큰 법이다. 결국 1968년 8월 20일 '프라하의 봄'은 미완으로 막을 내리고 말았다. 하지만 그 파문은 컸다. 끝내 공산주의의 몰락을 가져왔으니 말이다.

오래 전 일이라 기억은 희미하지만 오늘 그 현장을 찾아가는 것이다. 웬일인지 소년처럼 가슴이 뛴다.

10시 30분 독일에서 체코로 넘어가는 국경을 이웃동네 가듯 간단하게 통과했다. 참으로 손쉬운 출국이고 가벼운 입국이었다. 평야지대를 달리던 버스가 체코지역으로 접어들면서부터 산림지대로 진입하고 있었다. 고갯마루 휴게소 부근에는 여성들이 나와 관광객들을 상대로 호객행위를 하고 있는 것을 보았다. 성에 대한 욕구나 문화도 동서양이 별 차이가 없다는 생각이 들었다.

드레스덴을 출발한 지 두 시간이 조금 지나 오전 11시쯤 프라하에 도착했다. 프라하는 세계에서 가장 아름다운 도시로 꼽힌다. 관광객이 연간 1억 명이 넘는다고 한다.

프라하의 첫인상은 강렬함이었다. 건물 지붕이 온통 붉은 색으로 채색(彩色)되어 있었다. 그러나 그 붉은 지붕들이 군데군데 조화를 이루며 멋스럽게 모여 있어 이색적이고 유럽다운 아름다움이라고 생각했다.

그 붉은 색조의 건축물들이 시선을 압도하며 갑자기 딴 세상에 온 것 같은 느낌을 자아내게 한다. 장중(莊重)하기는 하지만 약간 무겁고 어두운 느낌을 주는 독일과는 아주 대조적인 모습이다. 체코를 왜 '유럽의 심장' 이라고 하는지 쉽게 짐작할 만하다. 프라하에 도착하자 우리를 안내해 주기 위해 기다리고 있던 한국인 유학생이 마중을 나와 반겨주었다. 체코에서 예술분야를 전공한다고 한다.

세계 곳곳에 우리의 미래를 이어나갈 청년들이 이처럼 열심히 노력하고 있다는 생각에 한껏 고무되었다. 그 학생은 차에 오르자마자 점심식사 장소로 우리를 안내하면서 체코와 프라하에 대한 폭넓고 상세한 설명으로 많은 궁금증을 해소해 주었다. 고국에서 온 어른들에 대한 각별한 정을 느끼는 듯했다. 그가 설명해 준 체코공화국과 프라하에 대한 내용들은 정신이 번쩍 들 만큼 새로운 것이 많았다.

그저 그런 동유럽의 공산주의 위성국가중 하나라는 우리의 선입견(先入見)을 완전히 바꾸어 놓았다. 체코와 프라하는 그 동안 고이 감추어 놓았던 유럽의 보물이었다. 그야말로 어디를 가나 어마어마한 문화유산이 쌓여있는 보고(寶庫)라는 생각마저 들었다.

프라하 시내 중심부에도 붉은 색 지붕과 뾰족한 첨탑이 보인다

음악과 스포츠를 즐기는 체코의 국민들

체코는 독일, 오스트리아, 폴란드, 슬로바키아에 둘러싸인 중부유럽의 내륙국가로 면적은 한반도의 1/3 정도이며, 남한만 비교한다면 강원도를 뺀 정도의 나라다. 인구는 1,030만 정도고 정부 형태는 의원 내각제로서 수상이 중심이 된다. 기후는 대륙성 기후와 해양성 기후의 중간지대에 속한다. 중심산업은 관광이 주류를 이루고 있으며 양조산업, 기계, 제지, 특히 무기산업이 발달하였다. 화폐단위는 코루나(Koruna)이고 1인당 국민소득은 6,500달러 정도 된다.

우리나라와는 1990년 3월 22일 정식 외교관계가 수립되었고, 종교는 가톨릭신자가 대부분이라고 한다. 1989년 민주화혁명으로 체제전환이 이루어진 이래 민주주의, 시장경제, 인권존중 등을 정책의 근간으로 하여 1993년에는 NATO(북대서양조약기구)에 가입하였고, 2004년이 되는 내년에는 EU(유럽연합) 가입을 추진함으로써 전통 유럽사회로의 복귀를 목표로 하고 있다는 것이다.

우리 연수단이 오늘 머물게 되는 '황금의 도시' 프라하는 인구가 120만 명이고 우리 교민은 102세대 300명 정도가 살고 있다고 한다. 체코 국민들은 유난히 음악과 스포츠를 사랑하는 민족으로 정평이 나있다. 대제국 오스트리아의 혹독한 핍박과 지배를 받으면서도 '보헤미안' 특유의 민속춤과 노래를 잊지 않고 지켜냈다고 한다. 체코 국민들이 사랑하는 체코 국민음악의 아버지 '스메타나'의 '나의 조국'이나 '드보르작'의 교향곡 '신세계로부터'는 이들의 감성을 그대로 살려냈기 때문에 체코에서는 매우 특별하다고 한다.

'스메타나'는 50세의 나이에 청력을 완전히 상실한 상태에서 교향시 '나의 조국'을 작곡하기 시작함으로써 민족주의 음악을 확립했다. '드보르작'의 교향곡 '신세계로부터' 역시 미국에 머물면서 조국 체코와 프라하를 그리는 향수에 젖어 쓴 곡이라고 한다. 그처럼 마음 바탕에 애국심

프라하 시내에는 항상 연중무휴로 관광객들이 북적이고 있다

이 담겨 있고 간절함이 있었기에 두 작품 모두 체코와 프라하를 대표하는 곡이 탄생했을 것이다. 체코 국민들로서는 우리의 '아리랑'이나 '그리운 금강산'과 같은 노래가 아닐까 생각해 본다.

그들은 독일 사람 못지않게 맥주를 사랑하는 민족이다. 한 사람당 맥주 소비가 세계 제일일 만큼 맥주를 즐기기 때문에 맥주의 본고장으로 정평이 나있다. 스포츠에도 열광하는데 그 중에서도 아이스하키, 축구, 스키를 주로 즐긴다고 한다. 오랜 공산치하에서 살았지만 낭만과 멋을 아는 국민들이라는 생각이 들었다.

또 하나 특이한 것은 도시 건축물들 사이사이로 지붕 위에 첨탑들이 우후죽순(雨後竹筍)처럼 솟아 있는 것이다. 100여 개가 훨씬 넘게 보였다. 동양에서는 그처럼 하늘을 향해 치솟는 건물보다 완만하고 둥그런 지붕이 많은 것에 비해 대조적이었다. 그 뾰족한 첨탑들로 인해 독특하고 색다른 미(美)가 느껴져 기억에 오래 남을 것 같다.

프라하 시내 중심지에는 다른 도시들처럼 '블타바 강'이 흐르고 있다. '몰다우 강'이라고도 한다. '블타바 강'은 장장 430km에 이르는 체코에서 가장 긴 강으로 폭이 상당히 넓고 비교적 깨끗하다. 곳곳에 유람선들이 왕래하고 있다. 계속 흘러서 엘베강과 합류한다고 한다.

체코의 역사는 상고와 중세를 거치면서 매우 복잡하게 전개된다. 프라하는 원래 분지였는데 4세기경부터 사람이 거주한 흔적이 나타나고 있고 슬라브인이 들어온 것은 6세기경이며 9세기쯤에 성들을 축조하면서 비로소 도시가 형성되었다고 한다. 그러다가 12세기에 이르러 유럽의 강대국으로 자리매김하게 된다. 드디어 14세기 '카를4세' 때 '신성로마제국'의 황금기를 맞이한다.

프라하는 이때부터 수도로서 전성기를 구가하게 된다. 15~16세기경에는 고딕건축, 17세기에는 바로크건축이 유행하였고, 그밖에도 로마네스크 양식, 르네상스와 아르누보 양식까지 유럽 건축물의 대부분이 혼재되

프라하 시내의 운치와 '블타바 강' 위에 떠있는 유람선

어 있다. 그만큼 역사의 부침이 다양했음을 증언하고 있는 것이다. 오랜 종교전쟁을 거쳤고 18세기 말, 오스트리아－헝가리제국이 들어서게 되었다.

　제1차 세계대전이 끝날 무렵 오스트리아－헝가리 제국이 붕괴되어 체코슬로바키아 연방공화국이 탄생했지만 그 후 오랜 냉전시기에 소련의 위성국으로 있었던 것은 우리가 다 아는 사실이다.

체코슬로바키아는 러시아의 지배를 받다가 1944년 소련에서 해방되었다. 1989년 고르바초프의 개혁과 개방정책에 따른 민주화 물결이 동유럽 전역을 휩쓸면서 시민혁명이 일어나게 된다. 결국 공산정권이 무너지고 1989년 12월 29일 비공산권인 '하벨' 대통령이 개혁을 주도하며 체코슬로바키아 연방공화국을 이끌어 왔다. 그러나 슬로바키아 주민들의 경제 차별정책 등에 반발이 거세지자 연방의회는 결국 1993년 1월 1일, '체코' 와 '슬로바키아' 두 나라로 분리를 결정했다.

그래서 현재는 '체코공화국'이다. 과거 냉전시대 같으면 나뿐 아니라 우리 일행 모두가 체코에 오게 될 줄을 꿈이나 꾸었겠는가. 유독 체코는 다른 유럽 나라들보다 가기 힘든 나라처럼 느껴진 것은 내륙에 깊이 들어앉아 있어서인지 모르겠다.

버스가 중국식당에 도착했다. 프라하에서 첫 식사는 중식(中食)이 우리를 기다리고 있었다. 모두들 즐거운 마음으로 담소를 나누며 점심 식사를 했다. 체코는 들었던 대로 식당에서도 거리에서도 어디를 가나 음악이 흘러넘치고 있었다.

'유럽의 중심' 프라하의 진면목을 보다

식사를 마치고 시내관광에 나섰다. 프라하 제일의 명소이고 유럽에서 가장 '아름다운 다리'라고 하는 '찰스카를교'로 갔다. 사람들이 엄청나게 북적거리고 있었다. 차는 다닐 수가 없고 프라하 시민들과 외국 관광객들이 무리를 지어 다니고 초상화를 그려주는 화가들과 음악을 연주하는 멋쟁이 악사들이 신나게 흥을 돋우고 있었다. 낭만적이면서도 매우 로맨틱한 모습에 나도 금방 동화되고 말았다. 프라하의 시민들이나 관광객

들 모두가 매우 행복한 모습
들이었다.

우리는 색소폰을 연주하는
악사와 인사를 나누고 즉석
에서 한국인임을 밝히고 한
국노래를 연주해 달라고 부
탁했다. 그 악사는 기다렸다
는 듯이 곧바로 우리의 애국
가를 연주하기 시작했다. 우
리는 감격하여 아낌없는 박
수를 보냈다. 악사와 함께 기
념사진도 찍었다.

우리의 애국가를 익숙하게 연주하고 있는 멋쟁이 악사

이 다리는 신성로마제국의 황제 키를4세가 건립한 것인데 길이는
520m, 폭은 10m로 프라하성과 구시가지를 연결해 주고 있다.

밑으로는 '블타바 강'이 흐르고 다리 위에는 성인상(聖人像) 30여 개가

프라하의 '카를교' 위에는 언제나 사람들로 붐빈다

늘어서 있어 관광객들에게 각별한 볼거리를 제공하고 있다. '카를교' 에서 바라보는 '프라하 성' 과 '블타바 강' 은 매우 운치가 있다. 다리 끝에는 상점들과 카페들이 모여 있다. 우리도 군것질 거리를 사서 나누어 먹었다.

그런데 갑자기 왁자지껄 시끄러운 소리가 나서 보니까 소매치기가 붙잡힌 것 같았다. 차를 타고 오면서 사람들이 붐비니 소매치기를 주의하라고 들었는데 정말 실감이 났다.

우리는 프라하 성으로 갔다. 보헤미아 왕국이 있었다는 프라하 성은 고전미가 넘치는 아주 큰 성(城)이었다. 정문을 지나면 광장이 나오는데 1614년 합스부르크 황제의 대관식이 열린 곳으로 이를 기념하기 위해 만든 문이 있다. 성 안에는 대통령궁으로 사용하는 관저도 있고, 옛날 왕궁들과 함께 미술관, 박물관도 있다. 성이 워낙 커서 안에는 '성 비투스 대성당' 과 수도원 같은 것들이 모여 있다.

프라하 성은 체코와 프라하를 상징하는 건축물로 해마다 관광객이 끝없이 몰려든다고 하는데 체코의 가장 큰 명소 중 하나다. 그래서 프라하 시민들은 프라하 성에 대한 긍지가 대단하다고 한다. 구(舊)시가지 광장으로 갔다. 주변에는 너무나 아름다운 건축물들이 사방으로 배치되어 있다. 바로크, 로코코, 고딕 등 학창시절에 한 번쯤 배우고 들어봤던 시대별 건축물들이 다 모여 있어 마치 건축박람회장 같았다.

사람들마다 그 아름다운 모습을 놓칠세라 사진 찍기에 바쁘다. 그 중에서도 특히 1410년에 제작되어 600년이나 되었다는 '천문시계' 앞에는 사람들이 유난히 많이 모여 고개를 쳐들고 있다. 언제나 매시 정각이 되면 나타나는 그리스도의 열두 제자 인형들을 볼 수 있기 때문이란다. 이 '천문시계'는 제2차 세계대전 때 그 무자비한 폭격에도 다행히 무사했다고 한다.

우리도 한참동안 기다렸다가 인형들이 나와서 인사하는 걸 보았다. 노출시간도 너무 짧고 좀 싱거웠지만 또 안 보고 가면 또 서운했을 것이다. 오늘은 유난히 많이 걸었더니 좀 피곤했다. 저녁식사를 하고 크라운 프라자호텔에 여장을 풀고 휴식을 취했다. 우리의 연수 일정도 벌써 반이 넘어가고 있었다.

제5일, 2003년 5월 18일 (일요일)

오늘은 5월 18일 일요일이다. 5.18광주민주화운동 기념일이다. 1979년 이른바 10.26사건으로 유신시대가 종지부를 찍고 '서울의 봄'을 기대했었다. 그러나 권부에 서식하고 있던 전두환(全斗煥)을 비롯한 정치군인들이 하극상 반란을 일으켰다. 이른바 12.12사태다. 이들은 또 1980년 5월에는 광주를 고립시키고 민주화운동에 나선 선량한 광주시민들을 무자비하게 학살했다.

1968년 이곳 프라하에서도 똑같은 일이 벌어졌었다. 간악한 철권 공산 독재에 맞서 자유와 민주를 쟁취하기 위한 체코 국민들의 '프라하의 봄'도 소련이 주도한 수많은 군인들의 총칼에 의해 유혈사태만 남긴 채 사라지고 말았다. 동병상련(同病相憐)의 감회가 밀려왔다. 어느 나라 어느 민족을 막론하고 굴곡진 역사를 간직하고 있다. 우리 한민족 역시 수많은 시련의 물결을 헤치고 용케도 오늘까지 이어져 왔구나 하는 생각을 잠시 했다.

우리는 오전 8시, 프라하 프라자 호텔을 출발해 오스트리아 비엔나로 향했다. 비엔나까지는 약 5시간이 걸린다고 한다. 돌이켜보니 우리가 러시아를 빼고는 모두 반나절 여행을 하고 있다는 생각을 했다. 베를린에서도, 드레스덴에서도, 프라하에서도 나라마다 숙식까지만 하루씩 머물다 떠나가는 것이다. 아마 비엔나도 역시 마찬가지일 것이다.

정신 바짝 차리고 보지 않으면 주마간산(走馬看山)을 넘어 아무것도 얻어내지 못하겠구나 하는 생각에 주어진 여건에서 하나라도 잘 살펴야 되겠다고 다짐했다. 나는 차창 밖으로 펼쳐지는 동유럽의 전원 풍경과 자연 환경을 보고 있었다. 유럽은 산이 별로 없고 거의 평야지대로 되어 있는 천혜의 조건을 갖추고 있다. 그래서 전쟁이 잦기도 하지만 문명의 발달도 앞선 것 아닌가 하는 생각이 들었다. 중세부터 근대까지 수많은 분쟁과 이합집산(離合集散)이 있었기에 유럽은 특히 왕조의 구분도, 민족의 구분도 너무 복잡해서 헷갈리는 경우가 많다.

현지 시간 11시 17분에 체코와 오스트리아 국경을 가볍게 통과했다.

동부유럽의 전원풍경은 한 폭의 그림

12시 55분이 되어서야 비엔나 중앙역에 도착했다. 현지 전문 가이드

‘부르스 리’라고 하는 교민이 우리를 안내하기 위해 나와 있었다. 우선 곧바로 한식당으로 갔다. 점심시간이 늦어 시장했던 터이고 한국인의 입맛에 맞춘 한식이라 모두들 아주 맛있게 먹었다. 특히 된장찌개와 불고기는 몇 차례 더 나왔다. 맛있는 한식을 마련해 준 주인에게 감사하다는 인사를 하고 차 한잔할 겨를도 없이 바로 버스에 올랐다.

비엔나에서 우리를 안내할 ‘부르스 리’는 이름에서 풍기는 것처럼 아주 멋쟁이였다. 썩 잘 어울리는 색안경에 정장차림으로 인사를 마친 그는 오래 전부터 유럽에 건너와 유럽 각지에서 자유분방한 생활을 했다고 한다. 지금은 비엔나에 정착해 사업을 하고 있으며, 이처럼 가끔은 고국에서 특별한 손님이 오게 되면 직접 안내를 맡는 것이 아주 즐거운 일이라고 했다. 비록 짧은 시간이지만 성심껏 오스트리아와 비엔나에 대해서 안내해 드리겠다고 말하는데 참 긍정적이고 유쾌한 사람 같았다.

오스트리아는 유럽의 중심부에 위치해 주변에 일곱 나라가 둘러싸고 있다. 비엔나를 중심으로 스위스(취리히)가 780km, 체코(프라하)가 320km, 독일(베를린)이 660km, 이태리(베네치아)가 670km, 슬로베니아 380km, 헝가리(부다페스트)는 250km, 슬로바키아가 68km 거리에 접해 있는 크진 않으나 유럽 중부내륙의 중심축을 이룬다.

면적은 약 8.4만km²로 한반도의 2/5정도 된다. 인구는 809만 명이고 수도 비엔나에 160만 명이 살고 있다. 상류 연안에는 ‘다뉴브 강’(도나우 강)이 흐르고 있다. ‘다뉴브 강’ 유역에 사람이 살게 된 것은 석기시대부터라고 한다. 민족분포는 독일계가 대부분이어서 93%에 달한다. 나머지는 세르비아인, 크로아티아인, 터키인, 헝가리인, 체코인, 슬로바키아인들이 살고 있다. 우리 교민은 약 300여 명이 살고 있다고 한다.

언어는 당연히 독일어를 쓰고 있고, 종교 역시 가톨릭이 78%에 달한다. 국가형태는 9개 주로 구성된 연방공화국이고 정부형태는 내각책임제이다. 연방 대통령은 헌법상 국가원수로서 국정을 조정하고 내각을 통솔하는 지위에 있지만 상징적인 역할에 그친다. 입법부는 상원과 하원 양원제로 되어 있다. 1995년 1월에 EU(유럽연합)에 가입했고, GNP는 30,000달러에 가깝다.

우리나라와는 1892년 한·오 우호통상조약을 체결한 것이 맨 처음 인연이 되었다. 근래에 와서는 1963년 5월 22일에 정식 외교관계가 수립되어 현재 대사관이 설치되어 있다. 우리의 주요 수출 품목은 자동차, 무선전화기, 타이어, 모니터 등이고 주요 수입품목은 유리공예품, 기타 정밀화학 연료, 비스코스 섬유, 반도체, 가축, 육류 등이라 한다.

오스트리아는 중립국이다. 그래서 등거리 중립외교정책에 따라 북한과도 1974년 12월에 정식 외교관계가 수립되었다. 김정일(金正日)의 이복매제인 김광섭이 대사로 근무하고 있으며, 오스트리아에 북한의 금성은행이 나와 있다.

오스트리아하면 우리의 기억 속에 떠오르는 것이 하나 있다. 우리나라 초대 대통령 이승만 박사의 부인 프란체스카 여사의 고국이 바로 이곳 오스트리아인 것은 잘 알려져 있다. 그러나 우리 국민들 중에는 오스트리아를 오스트레일리아(호주)하고 혼동하는 사람들이 더러 있다. 그래서 프란체스카 영부인을 '호주댁'이라고 불렀다는 재미있는 이야기를 들은 적이 있다.

그뿐 아니라 오스트리아하면 또 하나 세계인들에게 부정적인 이미지로 각인된 것이 있다. 바로 '제1차 세계대전'의 발발이다.

1914년 오스트리아 황태자 부부가 보스니아의 수도 사라예보에서 세르비아 청년에게 암살당한 사건이 발생했다. 오스트리아는 곧 바로 세르비아에게 선전포고를 했고, 이것으로 인해 '제1차 세계대전'이 일어나게 되었다. 1914년부터 1918년까지 이어진 이 전쟁에서 약 4,000만 명이 희생된 인류 최대의 참극이 이렇게 시작되었던 것이다.

전쟁은 모든 것을 피폐하게 만든다. 그때부터 오스트리아는 몰락의 길로 접어들었다. 유럽의 제왕들을 벌벌 떨게 만들었던 '합스부르크' 대제국에서 옛 영광을 접은 채 소국으로 전락하고 말았다. 체코와 헝가리를 잃는 등 영토는 약소국으로 축소됐고, 마침내 1938년에는 독일에 합병되기에 이른다. 실제로 독일과는 거의 같은 나라라 해도 지나치지 않을 정도로 언어나 민족이 동질성을 갖고 있다.

그래서 오스트리아 역사는 매우 다난하고 복잡하다. 전신이 대제국이었던 만큼 유럽의 모든 나라들과 거의 역사적 연결성이 존재하기 때문이다. 독일이 폴란드를 공격함으로써 2차 세계대전이 발발하고 히틀러의 나치가 등장하자, 히틀러의 고향이기도 한 오스트리아는 나치를 열렬히 지지하였다. 그러나 후일 이것이 오스트리아의 족쇄(足鎖)가 되었다.

1945년 제2차 세계대전이 끝난 후 오스트리아는 나치에게 협력하였다는 이유로 전범국(戰犯國)이 되어 있었다. 그래서 곧바로 독립하지 못하고 미국, 영국, 프랑스, 소련 등 승전연합국들이 1955년까지 약 10년 동안

건축미가 돋보이는 오스트리아 왕궁

점령해 통치하게 된다.

우여곡절을 겪은 끝에 1955년에 가서야 강대국들로부터 독립하여 오늘의 오스트리아로 남게 되었다. 특히 냉전시대의 양대 강국인 미국과 소련에게 독일과는 다시 통일하지 않겠다는 것과 영세중립국으로 남을 것을 약속한 후에야 연합군 군정통치를 벗어나 독립국이 될 수 있었다. 지금은 그 찬란했던 대제국의 면모는 보이지 않고 옛 궁전만이 흔적으로 남아 과거의 영광을 보여주고 있다.

그러나 '썩어도 준치'라는 속담처럼 오스트리아는 비록 작은 나라지만 여전히 부유하고 과거의 품격을 잃지 않고 있다. 평화스런 예술의 메카 오스트리아 공화국으로 자리매김하고 있는 것이다. 오스트리아는 과거 우리 한반도와 비슷한 점이 많다. 우리도 오스트리아처럼 정치 외교적으로 영향을 미치고 있는 미국, 중국, 러시아, 일본을 설득하고 협력을 이끌어내 통일 후 영세중립국으로 가는 방안도 적극 검토해 볼 수 있을 것이다.

음악의 도시 비엔나에서 모차르트를 만나다

오스트리아가 음악과 관광의 나라라는 것은 이미 다 알고 있는 사실이다. 나도 평소 꼭 한 번 가보고 싶은 나라였기에 동경(憧憬)과 함께 기대(期待) 또한 컸다. 그 유명한 모차르트, 베토벤, 슈베르트, 체르니, 브람스 등 거물들이 이곳 비엔나를 중심으로 작품 활동을 했던 무대이기 때문이다. 그래서 이 유명한 음악가들에 대한 숨은 이야기들이 그치지 않고 흘러나온다.

특히 모차르트(1756~1791)와 마리 앙투아네트(1755~1793)에 얽힌 이야기는 널리 알려져 있다. 오스트리아 찰스부르크에서 태어난 모차르트는 5세 때 작곡을 할 만큼 음악 신동이었다. 모차르트가 6세 때 오스트리아의 수도 빈에서 그 유명했던 '마리아 테레지아' 여제(女帝) 앞에서 연주할 기회가 주어졌다. 연주를 하기 위해 무대 앞으로 나가던 모차르트가 넘어지자 그를 일으켜 준 소녀가 있었는데 모차르트가 고맙다고 하면서 내가 어른이 되면 너와 결혼하겠다고 말했다고 한다.

그 소녀가 바로 '모차르트' 보다 한 살 많았던 여제의 딸 '마리 앙투아네트' 였다. 그 후 이 소녀는 프랑스 왕 '루이16세' 의 왕비가 되었는데 1789년 프랑스대혁명 때 단두대(斷頭臺)에서 처형당하는 비극의 주인공이 되었다. 그의 말과 행동 일거수일투족(一擧手一投足)은 긍정보다는 부정적 화제를 모으며 역사의 조롱거리로 남았다.

두 사람 다 비운의 운명을 타고 났는지 천재 음악가 모차르트 역시 35세에 너무 일찍 생을 마감한다. 이들이 세계 역사에 뚜렷한 이름을 남기긴 했으나 행운이라기보다는 비운의 주인공이 된 것만은 틀림이 없다. 만약 이 두 사람이 결혼하였더라면 이들의 운명이 어떻게 변했을까 하는 부질없는 생각을 누구나 한 번씩 하게 되는 것이다.

비엔나의 고풍스런 건물 국립 오페라하우스는 세계적으로 유명하다. 거의 연중무휴(年中無休)로

왕궁 안에 있는 정교하고 아름다운 모차르트 동상

오페라와 발레 등의 공연이 이어진다고 한다. 1,642개의 좌석과 567개의 입석표가 있지만 거의가 매진이어서 예약은 필수다. 객석의 두 배 크기의 무대만 봐도 그 위용을 알 수 있다. 비엔나는 분명 예술의 도시임에 틀림이 없다. 아무도 이를 부인하지 않는다. 여건과 시간이 허락지 않아 이곳까지 와서 오페라 공연을 관람하지 못하는 것이 매우 유감이었다. 오래도록 아쉬움으로 남을 것 같다.

오스트리아는 대학교육도 좀 특이해서 학부보다는 대학원 중심 단과대학으로 운영되기 때문에 대학원을 나와야 졸업을 인정하는데 졸업비율이 매우 낮아 겨우 35% 정도가 졸업한다고 한다. 유럽에서 가장 오래된 640여 년의 전통을 지닌 빈 국립대학교는 약 4만 명의 학생이 등록하여 공부하고 있고, 가장 큰 대학병원이 있는 빈 의과대학은 세계적으로 명성이 자자한 노벨상 수상자의 산실이기도 하다.

그뿐 아니라 비엔나에는 국제원자력기구(IAEA) 등, 여러 국제기구의 본부가 자리하고 있기도 하다. 오스트리아가 비록 영토와 인구는 작지만 선진국 대열에 서 있는 나라임을 알 수 있는 대목이다.

5월인데도 날씨도 무덥고 햇빛이 무척 강하다. 누구나 저절로 그늘을 찾게 되는 오후다. 우리는 먼저 비엔나의 가장 큰 볼거리로 알려진 '쉔부

오스트리아 쉔부른 궁전

황제군대의 영광을 상징한 개선문인 '글로리에테'

른 궁전'으로 갔다. 1692년에서 1780년에 지었다는 '쉔부른 궁전'은 정문에서부터 양 옆의 독수리 상이 우리를 압도한다. 독수리 문양은 '합스부르크' 왕가의 상징이라고 한다. 참고로 중세 유럽의 3대 왕조는 '합스부르크 왕조', '부르봉 왕조', '룩셈부르크 왕조'였다고 한다.

궁전 정면을 바라보니 웅장한 금빛 건축물이 정교한 조각과 문양들로 장식되어 위용을 뽐내고 있다. 특히 화려한 건축물의 좌우 대칭은 그야말로 압권(壓卷)이다. 어느 것 하나 조금도 흐트러짐이 없다. 전형적인 서양식의 화려한 궁전이다. 바라보고 있노라면 우리가 마치 중세에 와 있는 것 같은 느낌이 든다. 이 건축물이 바로 프랑스 파리에 있는 '베르사유 궁전'과 비교되는 유럽 제일의 궁전이다.

유럽의 맹주로 500년을 지속해 온 신성로마제국 '합스부르크' 왕가의 '여름 궁전'으로 중세 건축물의 대표적 양식인 바로크의 진수를 보여준다는 건축물이다. 궁궐의 정원은 크고 넓다. 보리수와 마로니에, 플라타너스 나무들로 벽을 이루고 있는 나무울타리도 인상적이고 분수대에도 여러 가지 조각상이 대칭으로 배치되어 있다.

뒤쪽에는 황제군대의 영광을 상징한 개선문인 '글로리에테'가 보인다. 아쉽게도 '쉔부른 궁전' 내부는 볼 수 없었다. 가이드의 설명에 의하면 로코코 양식으로 된 1441개의 방이 있다고 한다. 보지 않아도 화려함의 극치였을 것으로 추측할 수 있다. 이곳이 또 사람들에게 회자되는 것은

40년을 집권한 불세출의 여제 '마리아 테레지아'의 거처였기 때문이다. 또 그의 막내딸 '마리 앙투아네트'에게 모차르트가 청혼했던 곳이기 때문이기도 하다. 근대에 와서는 '케네디'와 '흐루시초프'가 만나서 담판으로 쿠바사태를 해결한 곳으로도 널리 알려진 역사적 현장이기도 하다.

합스부르크 왕조는 아직도 살아 숨 쉰다

우리가 다음으로 찾은 곳은 '성 슈테판사원'이다. 이 대성당은 로코코 풍을 가미한 고딕양식의 건축물이다. 건물은 검게 그을린 것처럼 보이는 것이 장중하고 얼마나 오래 된 건물인지를 말해 준다. 유럽은 물론 세계 최고라는 137m 높이의 첨탑과 25만 개의 기와, 제단과 지붕이 놀라울 만큼 정교한 모습으로 우뚝 솟아 있다. 가까이에서 올려다보면 현기증이 날 정도이다.

무엇보다 더 놀라운 것은 이 건물을 짓는 데 무려 300년이 걸렸다고 한다. 나는 이 말을 듣고 무한한 경외심(敬畏心)마저 들었다. 그렇게 정성을 기울여 설계하고 하나하나 심혈을 기울여 건축을 하기 때문에 세월이 많이 흘러도 많은 사람들에게 공감을 얻고 오래도록 건재하게 되는 것이다. 아직 5월인데 날씨가 매우 무더웠다. 우리는 너무 더워 음료수를 사서 마시며 피서를 겸해서 내부로 들어갔다.

건물 내부도 화려하고 고전미 넘치는 아름다운 장식으로 치장되어 있었다. '하녀의 성모상', '필그람의 설교단' 등이 있다. 본당에는 바로크식 제단과 채색유리가 화려하다. 바로 이곳에서 모차르트의 화려한 세기의 결혼식이 있었던 곳이고, 또 서른다섯 젊은 나이에 운명한 모차르트가 그 명성에 어울리지 않게 초라하고 쓸쓸한 장례식을 치렀던 곳이라고 한다. 가는 곳마다 여기저기 모차르트의 흔적들이 남아 있다.

번화가 '케른트너 거리'로 나왔다. 오후 늦은 시간이어서 그런지 사람들이 무더기로 쏟아져 나와 정신이 하나도 없다. 우리는 많이 지치기도 했지만 그래도 인파에 섞여 비엔나의 중심거리를 한 번 걸어보기로 했다. 눈에 띄는 것들을 열거하면 황금색의 페스트기념비, 쌍두마차, 각종 화려한 고급주택, 백화점 호텔, 걸인, 악사, 우리와 같은 관광객들, 참으로 각양각색의 사람들이 웃고 떠들며 즐기는 매우 붐비는 거리다.

모차르트의 혼이 서린 '성 슈테판사원'은 웅장함이 돋보인다

하루 1천 명, 1년에 1억여 명이 다녀가는 곳이라고 '부르스 리'가 알려준다. 그는 우리를 즐겁고 열성적으로 안내하고 있어 동포애에 앞서 진심으로 고마움을 느끼게 했다. 볼거리는 많고 시간은 없고 아쉬움만 쌓이고 있는 비엔나의 여름날 오후를 그가 무료하지 않게 해 주었다.

한바탕 걸었더니 비엔나에도 어느덧 석양이 지고 있었다. 부르스 리의 안내로 저녁식사를 하러 갔다. 우리가 가게 될 식당은 350년이나 지속되어 온 비엔나의 명소로 전설처럼 유명하다는 식당이란다.

그곳으로 안내한다고 해서 농담이겠거니 하고 따라갔다. 큰길에서 약간 후미진 골목으로 들어가니 겉보기에도 오래된 느낌이 물씬 묻어나는 식당이 하나 있었다.

비엔나의 번화가 '케른트너 거리'

    들어서서 얼마 되지 않았는데도 여기저기서 남다른 점이 눈에 띄었다. 내부 장식은 물론 주인을 비롯한 종업원 모두가 친절이 넘치고 호의가 남달랐다. 그들에게는 오랜 전통에 대한 긍지가 몸에 배어있는 것처럼 보였다. 모두가 자리를 잡고 앉자 갑자기 3인조 밴드가 들어오더니 연주를 하기 시작했다. 이어서 맥주와 음식이 나오고 우리는 식사를 시작했다. 식사를 하고 있는데도 그들은 흥겨운 몸짓으로 쉬지 않고 연주를 계속했다.

우리의 대표적 민요 아리랑을 연주하는 악사들

    그런데 갑자기 귀에 익은 '아리랑' 가락이 흘러나왔다. 아마도 '부르스 리'가 우리에 대해 귀띔을 해 준 모양이었다. 우리는 식사를 하다 말고 모두 일어나 반주에 맞추어 아리랑을 함께 합창했다. 어깨동무까지 하고 몇 차례나 연속해서 불렀다. 정말 유쾌하고 즐거운 비엔나의 밤이었다.

제6일, 2003년 5월 19일 (월요일)

아침 6시 30분에 피라미드 호텔 주변을 산책했다. 비엔나 외곽에 있는 호텔이어서 한가롭고 조용한 분위기가 참 좋았다. 아침식사를 마치고 8시에 헝가리 부다페스트로 출발했다.

부다페스트까지는 4시간쯤 걸린다고 한다. 버스로 이동하다 보면 중간 중간에 농촌마을들이 보인다. 농촌모습들이야 동서양이 거의 비슷하지만 한 가지 다른 점이 있다면 서양의 농촌은 모든 면에서 도회지와 거의 비슷한 수준인 중류 이상의 생활을 하고 있다는 것이다.

나도 과거에 잠깐이지만 직접 접해 본 경험이 있었다. 여러 가지 면에서 도시와는 또 다른 형태의 여유롭고 유복한 전원생활을 영위하고 있었다. 한국전쟁 때 태어나 어려서부터 빈한한 농촌의 모습을 몸소 체험하며 자라온 나로서는 참 부럽다는 생각이 들었다.

차창 밖으로 끝없이 펼쳐지는 유럽의 현대화된 전원마을들을 보면서 날이 갈수록 점점 더 피폐해져 공동화(空洞化) 현상을 보이고 있는 우리나라 농촌의 현실이 떠올라 마음을 무겁게 했다. 미래에 대한 희망이 없는 농촌을 버리고 도시로만 몰려드는 오늘의 현상을 더 이상 방치해서는 안 된다.

그렇다면 이 같은 상황을 개선할 수 있는 방안은 무엇일까 생각해 보았다. 결국 정치적, 정책적 해법이 선행되어야 할 것이다. 농촌이 정체상태에서 벗어나려면 끊임없이 새로운 가치를 창조하는 공간으로 재탄생되어야 할 것이다. 단순히 농산물을 생산해내는 공간에서 벗어나야 한다. 농촌에 대한 장기적 투자로 실질적으로 농민의 소득이 향상될 수 있도록 해야 한다.

그 외에도 교육과 문화시설의 확충, 여가지원을 통한 정서함양, 농촌경관을 유지하고 토양을 개선하는 방안 등 다양한 부가가치가 확보되어야 할 것이다. 선거 때나 잠깐 내놓는 일회성 정책이나 농민들에게 선심성으로 남발하는 대출금 탕감 같은 것은 오히려 독이 될 뿐이다. 일시적 미봉책이 아니라 장기적이고 근본적인 대책이 나와야 한다.

농촌생활의 질이 실질적으로 개선되고 도시와 별 차이가 없는 수준이 되어야만 젊은이들의 농촌 귀환을 기대하게 될 것이다. 우리나라 농촌에서도 어린 아이의 웃음소리가 들리게 해야 한다. 젊은이들이 떠나고 없으니 학교마저 폐교되는 실정이다. 이를 어찌할 것인가. 시대가 아무리 바뀌었다 해도 '농자천하지대본(農者天下之大本)'이라는 의미를 다시 한 번 심각하게 되새겨 보았으면 좋겠다.

이곳 유럽의 농촌들은 이 같은 문제점을 해결하기 위한 방편으로 지역마다 공동체가 활성화되어 있다고 한다. 상호보완적 협력을 통해 이 같은 난제들을 작은 것부터 하나하나 해결해 나간다고 한다. 제도적 장치가 마련되어 있는 것이다. 우리도 의지만 있다면 얼마든지 가능할 것이다. 그리고 반드시 그리 되도록 해야 한다.

오스트리아와 헝가리 국경에 이르렀다. 세금환불과 간단한 입국절차를 위해서 약 20여 분 차가 멈췄다. 모두 내려서 화장실도 가고 가벼운 스트레칭도 하면서 휴식을 취했다. 사람들이 꽤나 많이 붐비고 있었다. 나도 가게에 잠깐 들러서 음료수와 간식거리를 사가지고 오다가 바닥에 안경 하나가 떨어져 있는 것을 발견했다. 자세히 보니 이번 연수에서 나의 룸메이트인 김영 사무국장의 안경이었다.

왜 거기에 떨어져 있었는지는 모르지만 그 많은 사람들 중에 내가 발견한 것이 천만다행이었다. 김 국장은 안경이 없으면 생활하기에 엄청난 지장이 있다는 것을 잘 알기 때문이다. 아니나 다를까, 안경을 찾아 헤매다 찾지 못하고 늦게 차에 오른 그는 걱정스런 표정이었다. 나에게서 안경을 받아 들고 너무나 좋아했다.

오후 2시경 부다페스트 시내 진입로에 현지 교민인 이진민 씨가 우리를 안내하려고 나와 기다리고 있었다. 그런데 한 가지 다른 도시와는 다른 점이 눈에 띄었다.

이상하게도 시내 외곽에 대형쇼핑센터와 슈퍼마켓들이 늘어서 있었다. 보통 시내 중심에 있어야 할 필요시설이 외곽에 자리 잡고 있는 것이 의아했다. 알아보니 도시 미관을 유지하기 위함이란다.

많이 불편할 것 같았지만 헝가리 사람들은 훈련이 되어 자연스럽게 받아들이고 있단다. 그리고 부다페스트는 시내보다 교외에 있는 집이 훨씬 더 비싸다고 한다. 대략 20만 달러 정도라고 한다. 부다페스트 시내 중심에 도착했다. 점심 식사를 하기 위해 식당으로 갔다. 시간이 많이 지난 늦은 점심이어서 모두들 맛있게 먹었다.

동유럽의 맹호 헝가리는 재도약을 꿈꾼다

헝가리 공화국은 유럽 중동부 내륙에 위치한 나라로서 면적은 93,031km²이다. 우리 한반도의 2/5정도 되는 나라다. 동서로는 528km이고, 남북으로는 320km이다. 국경은 2,242km로 동유럽 7개국과 접경을 이루고 있다. 수도인 부다페스트를 중심으로 오스트리아 250km, 슬로바키아 185km, 우크라이나(키예프) 1,300km, 루마니아 830km, 유고(베오그라드) 400km, 크로아티아(자그레브) 350km, 슬로베니아 485km 떨어져 있다.

헝가리의 인구는 대략 1,000만 정도이고, 부다페스트에 약 200만 정도가 살고 있다. 민족 분포는 마자르인이 96.6%로 가장 많고 독일인 슬로바키아인, 남슬라브인 등이 거주하고 있다. 마자르인이 헝가리에 처음 진출한 때와 우리나라 궁예(弓裔)가 철원성에 진출한 시기가 일치한다고 알려주어 이해하기가 쉬웠다.

기후는 거친 대륙성 기후와 온화한 서유럽 기후가 교차되는 곳으로 연간 강수량은 600㎜정도이다. 언어는 마자르어(헝가리어)를 쓰고 종교는 로마 가톨릭이 67.5%로 가장 많고, 신교 20%, 그리스 정교 순이다. 정치체제는 대통령이 국가원수가 되고 국회에서 간접선거로 선출한다. 총리는 대통령이 지명하고 의회가 승인한다.

입법부는 단원제로 임기는 4년이다. 대법원장은 국회에서 선출되고 검찰총장도 역시 국회에서 선출한다. 내년에는 체코와 함께 EU(유럽연합)에 가입하기로 되어 있다. 경제는 1997년 이후 4% 이상의 높은 GDP 성장을 달성하고 있다. 2001년 기준으로 수출은 254억 달러, 수입은 275억 달러로 무역수지는 21억 달러 적자를 보이고 있는 것으로 알려졌다.

우리나라와의 관계는 1892년 조선왕국과 헝가리제국 사이에 우호 통상조약에 서명하고, 1893년에 비준서를 교환하였다. 헝가리는 공산권에 속한 나라 중 우리나라와 최초의 수교국이 되었다. 1989년에 대사급 외교관계를 수립한 후 민주주의 및 시장경제, 인권존중의 보편적 가치를 공유하며 정치, 경제, 문화 등 모든 분야에서 우호협력관계를 돈독히 하고 있다.

특히 2001년 12월 김대중 대통령의 국빈방문으로 양국관계가 한 단계 더 발전하는 계기가 되었다. 양국 사이의 교역규모는 1996년 이후 약 2억 달러가 상회하고 있으며, 2001년 6월에는 가야금의 명인 황병기(黃秉冀) 교수가 이끄는 국악연주단이 이곳에 와서 국악공연을 개최한 바도 있다.

북한과 헝가리의 관계는 1948년 11월 11일 공사급 외교관계를 수립하고, 1954년 1월에 대사급 외교관계로 승격되었다.

헝가리 수도 부다페스트는 동유럽의 파리

부다페스트는 헝가리의 수도이자 동유럽에서 가장 큰 도시다. 헝가리의 정치, 경제, 문화의 중심지이며 나라에서 일어나는 모든 일들이 시작되는 곳이자 끝나는 곳이다. 시내 중심에는 '다뉴브 강'이 곡선을 그리며 도도히 흐르고 있다. 독일에서 발원해 흑해로 빠지는 다뉴브 강은 8개 나라를 거쳐 흐르는데 헝가리 강이 그중 가장 폭이 넓고 부드럽게 흐른다.

부다페스트의 풍경은 낮과 밤이 완전히 다르다. 그것은 야경 때문이다. 부다페스트의 야경은 세계적으로 명성이 자자하다. 프랑스 파리, 체코의 프라하와 더불어 유럽 3대 야경으로 꼽히는 곳이다. 유람선을 타고 '다뉴브 강'을 따라 야경을 보는 것이 부다페스트 여행의 백미라고 한다.

'다뉴브 강'을 독일어로는 '도나우 강'이라고 부른다. 강을 경계로 해서 서쪽의 '부다' 지역과 동쪽의 '페스트' 지역으로 나누는데 '부다' 지역과 '페스트' 지역은 경치가 확연히 다른 느낌을 준다. 역사적 전통이 많이 남아 있는 '부다'는 이태리어로 '아름답다'는 말이라고 한다. 이곳의 지대는 기복이 심하고 녹음이 많이 우거져 있다. 도나우 강변 언덕에는 파란만장의 역사를 겪어온 왕궁이 장엄하게 자리 잡고 있다.

이와 반면에 '페스트'는 평탄하고 단조로운 평지에 자리하고 있다. 과거 벽돌공장이 있었던 지역으로 평범한 상업지역의 분위기가 느껴지는 곳이다. 그러나 건국 천년을 기념하여 지었다는 그 유명한 국회의사당과 둥근 지붕이 돋보이는 '센트 이슈트반 대성당'은 '페스트' 지역의 독보적인 존재감을 드러내고 있다.

부다페스트의 또 하나의 명물은 '세치니' 다리다. 부다지역과 페스트지역은 1894년에 완공된 '세치니' 다리로 연결되면서 합성어인 부다페스트가 되었다고 한다. '세치니' 다리의 이름에 얽힌 헝가리의 영웅 '세치니 백작'에 대한 일화가 전해져 온다.

세치니 다리와 국회의사당

　헝가리 민족주의 상징적 인물로 부각된 '이슈트반 세치니'가 자신의 영지를 방문했다가 아버지가 돌아가셨다는 소식을 듣고 장례식에 참석하려고 급히 서둘러 왔으나 다뉴브 강을 건널 수가 없게 되었다고 한다.

　그것은 기상이 심하게 악화되어 8일 동안 배를 띄울 수가 없었기 때문이었다. 세치니는 크게 실망한 나머지 내 반드시 이곳에 다리를 놓겠다고 결심하고 자신이 먼저 사재를 털어 공사를 시작하였다.

　여기에 국민들이 호응해 모금을 하게 되고 결국 국가적 사업으로 발전하였다. 외국의 유명한 다리 설계자와 건축가를 초빙해서 마침내 다리를 완공하게 되었는데 이 다리가 완공됨으로써 부다와 페스트가 이어지게 되었고, 이후부터 부다페스트라는 고유명사가 탄생하였다는 이야기다.

　이 다리는 많은 수난이 있었다. 2차 대전 중에는 독일군에 의해 파괴되었다가 복원하여 오늘에 이르고 있다. 저녁 7시가 되면 수천 개의 전등에 불이 들어오는데 그 전등들이 사슬처럼 연결되어 아름다움을 극대화한다. 그래서 다른 이름으로 '사슬교'라고도 부른다. 헝가리 사람들은 이 다리에 대한 자랑과 함께 대단한 애정을 가지고 있다.

　다리의 난간 입구에 혀 없는 사자상이 조각되어 있는데 여기에도 자살에 얽힌 전설이 있다. 사람들은 부다페스트를 '동유럽의 파리'라고 부른다. 그만큼 모든 면에서 독특하고 화려한 아름다움을 간직하고 있다는 뜻이다. 도시는 잘 정비되어 있고 복잡하지 않아 걷기에 아주 좋은 도시로 소문나 있다. 대중교통을 이용하려면 지하철을 한 번 타보는 것도 좋다. 그만큼 부다페스트의 지하철은 유명하다. 메트로 1호선은 1896년 개통하였다.

이해를 돕자면 우리나라 조선 말 고종(高宗) 31년이 되는 1894년 7월부터 1896년 2월까지 추진되었던 개혁운동 갑오경장(甲午更張)과 같은 때다. 이 시기에 벌써 헝가리는 지하 5m를 파고 1호선 지하철을 처음 건설하였다니 참으로 놀랍다.

런던 다음으로 유럽에서 가장 오래된 지하철이다. 그래서 부다페스트에 오는 관광객들은 지하철 1호선을 일부러 타 보는 여행객들도 많다고 한다. 우리는 사정상 타보지 못해 아쉬웠다.

1887년에 개설된 전신전화국 역시 세계 최초의 역사를 지니고 있다. 우리가 전화 통화할 때 쓰는 '헬로'라는 말의 어원이 '헐로'라는 헝가리 원어가 변형되어 세계 공통어가 되었다고 한다.

전화가 처음 발명되자 사람들은 보이지 않는 상대에게 무슨 말을 해야 좋을지 몰라 혼란스러웠는데 멀리 있는 사람을 부르는 '헐로'라는 마자르인들의 말이 차츰 변해서 '헬로'가 되었다고 하는데 자세한 것은 잘 모르겠다.

헝가리 혁명과 부다페스트에서의 소녀의 죽음

헝가리 하면 언뜻 우리에게 저항심이 강한 민족이라는 선입견이 있다. 아마도 오랜 세월 외세에 짓밟히고 유린당한 역사와 함께 헝가리 민주화

혁명 때문일 것이다.

바로 이 도시 부다페스트가 헝가리 혁명의 중심이었다. 1956년 10월 23일, 20만 명이 넘는 민중들이 공산당 일당독재에 맞서 궐기했던 사실을 '헝가리 의거'라 해서 학창시절에 배운 바가 있다.

이들은 소련군 철수, 정치활동 자유, 민주주의를 요구하며 스탈린 동상을 끌어내리고 소련군을 국경 밖으로 밀어내고 혁명에 성공한다. 그리고 혁명정부가 들어섰다. 혁명정부는 '바르샤바조약기구'(1955년 동구권 공산주의 8개국이 바르샤바에서 체결한 군사동맹조약기구)를 탈퇴하고 중립국(中立國)을 선언했다. 그리고 복수정당(複數政黨)을 허용하는 등, 야심차게 개혁정책을 추진했다.

그러나 오래가지 못했다. 불과 일주일 만에 또 다시 소련군에 의해 진압되고 말았다. 이 일련의 과정에서 수많은 국민들이 소련군의 총탄에 무참히 희생되었다.

나는 부다페스트에 도착했을 때부터 가장 먼저 김춘수(金春洙, 1922~2004) 시인의 '부다페스트에서의 소녀의 죽음'이라는 시를 떠올렸다. 당시 수천 명이 희생되었다는 헝가리 혁명을 배경으로 쓴 것이라고 알려져 있는데 너무나 많이 알려진 명시여서 부다페스트에 도착하자마자 몇 줄을 암송하여 보았다.

이 시가 발표된 지 3년 후에 한국에서는 공교롭게도 4.19 혁명이 일어났다.

헝가리의 근대화운동과 우리나라 구한말의 갑오개혁운동, 그 뒤 헝가리 혁명과 4.19 민주화 혁명이 비슷한 시기에 일어났다. 헝가리가 우리 민족 고구려인이 세운 나라라는 설도 있고, 외세에 의한 수난사(受難史)와 독립을 위한 저항운동도 비슷한 점이 많은데 이 같은 사건들 모두가 우연의 일치일까? 하는 생각도 해 보았다.

부다페스트에서의 소녀(少女)의 죽음 _ 김춘수

다뉴브강에 살얼음이 지는 동구(東歐)의 첫겨울
가로수 잎이 하나 둘 떨어져 뒹구는 황혼 무렵
느닷없이 날아온 수 발의 소련제 탄환(彈丸)은
땅바닥에
쥐새끼보다도 초라한 모양으로 너를 쓰러뜨렸다.
바쉬진 네 두부(頭部)는 소스라쳐 삼십 보 상공으로 뛰었다.
두부를 잃은 목통에서는 피가
네 낯익은 거리의 포도를 적시며 흘렀다.
— 너는 열세 살이라고 그랬다.
네 죽음에서는 한 송이 꽃도
흰 깃의 한 마리 비둘기도 날지 않았다.
네 죽음을 보듬고 부다페스트의 밤은 목 놓아 울 수도 없었다.
죽어서 한결 가비여운 네 영혼은
감시의 일만의 눈초리도 미칠 수 없는
다뉴브강 푸른 물결 위에 와서
오히려 죽지 못한 사람들을 위하여 소리 높이 울었다.
다뉴브강은 맑고 잔잔한 흐름일까,
요한 시트라우스의 그대로의 선율일까,
음악에도 없고 세계 지도에도 이름이 없는
한강의 모래사장의 말없는 모래알을 움켜쥐고
왜 열세 살 난 한국의 소녀는 영문도 모르고 죽어 갔을까?
죽어 갔을까, 악마는 등 뒤에서 웃고 있는데
한국의 열세 살은 잡히는 것 한 낱 없는

두 손을 허공(虛空)에 저으며 죽어 갔을까,
부다페스트의 소녀여, 네가 한 행동은 네 혼자 한 것 같지가 않다.
한강에서의 소녀의 죽음도
동포의 가슴에는 짙은 빛깔의 아픔으로 젖어든다.
기억의 분(憤)한 강물은 오늘도 내일도
동포의 눈시울에 흐를 것인가,
흐를 것인가, 영웅들은 쓰러지고 두 주일의 항쟁 끝에 너를 겨눈
같은 총부리 앞에
네 아저씨와 네 오빠가 무릎을 꾼 지금
인류(人類)의 양심(良心)에서 흐를 것인가,
마음 약한 베드로가 닭 울기 전 세 번이나 부인한 지금,
다뉴브강에 살얼음이 지는 동구(東歐)의 첫겨울
가로수 잎이 하나 둘 떨어져 뒹구는 황혼 무렵
느닷없이 날아온 수 발의 소련제 탄환(彈丸)은
땅바닥에
쥐새끼보다도 초라한 모양으로 너를 쓰러뜨렸다.
부다페스트의 소녀여
내던진 네 죽음은
죽음에 떠는 동포의 치욕에서 역(逆)으로 싹튼 것일까.
싹은 비정(非情)의 수목들에서보다
치욕(恥辱)의 푸른 멍으로부터
자유를 찾는 네 뜨거운 핏속에서 움튼다.
싹은 또한 인간의 비굴 속에 생생한 이마아지로 움트며 위협하고
한밤에 불면의 염염(炎炎)한 꽃을 피운다,
부다페스트의 소녀여.

페스트의 국회의사당, 세치니 다리, 부다의 왕궁

식사를 마친 우리는 먼저 헝가리 다뉴브 강변에 화려하게 서 있는 국회의사당을 둘러보기로 했다. 헝가리 국회의사당은 외관에서부터 그 웅장함이 이곳을 찾는 사람들의 시선을 끈다. 건물 규모로 보면 헝가리에서 가장 큰 건축물이라고 한다. 1884년부터 공사를 시작하여 1902년에 완성이 되었으며, 길이는 268m이고, 넓이는 118m이다. 높이는 돔을 포함하여 96미터인데 이것은 헝가리가 건국된 해인 896년과 건국 1000년을 기념하는 해인 1896년을 상징하는 것이라고 한다.

또 외관을 보면 국회의사당은 365개의 첨탑으로 장식되어 있고, 외벽에는 섬세한 조각들이 촘촘하게 부착되어 화려함을 더한다. 국회의사당 밖에는 역대 헝가리의 통치자 88명의 동상으로 치장되어 있다. 국회의사당 내부도 물론 아름답게 장식되어 있다.

벽과 기둥들을 장식하는 조형 및 비조형 미술품들은 화려하기 그지없다. 691개의 집무실로 구성되어 있는데 곳곳에 금으로 된 장식이 많다. 또 3층까지 끝없이 이어진 붉은 카펫이 눈에 띄는데 이 붉은 융단의 길이를

부다지역과 페스트지역 세치니 다리와 다뉴브 강

일직선으로 펴서 모두 합하면 장장 16km에 이른다고 하니 참으로 대단하다.

건축양식도 영국 국회의사당처럼 신고딕양식이다. 그리고 국회의사당으로는 세계에서 영국 국회의사당에 이어 두 번째로 크다고 한다. 페스트 지역의 국회의사당은 이곳 헝가리 수도의 3대 명물의 하나로 부다페스트에 오면 누구나 한 번은 보게 되는 곳이다. 국회의사당, 세치니 다리, 부다왕궁의 멋스러움은 낮보다 밤에 더욱 빛난다. 이 세 건축물의 야경만 보아도 부다페스트에 온 보람은 충분하다고 할 만큼 화려하고 아름답다.

우리는 세치니 다리를 건너 부다지역에 있는 '부다왕궁'으로 갔다. 부다지역 남쪽에 있으며, 13세기 후반 '벨러 4세'에 의해 맨 처음 건설되었는데 몽골 등으로부터 침략이 빈번해 방어가 우선적으로 고려되었다고 한다. 19세기 후반 대규모 공사가 이루어져 1905년에 바로크와 네오바로크 양식으로 완성되었다.

나폴레옹과 나치 등의 계속적인 공격으로 수난을 받다가 제2차 세계대전 때 대부분 파괴되었으나 완전히 복원되었다. 지금은 역사박물관과 헝가리 예술을 대표하는 많은 소장품을 지니고 있는 국립미술관, 국립도서

헝가리 부다페스트 국회의사당의 야경

관 등으로 쓰이고 있다. 고전미 넘치는 화려한 왕궁과 세련된 정원이 오늘도 그 자태를 간직하고 있다.

부다페스트 시내를 조망하기에도 아주 좋은 곳이다. 성 곳곳에서는 아직도 전쟁의 흔적들이 남아 있다. '투룰(Turul)'이라는 대형 새의 조각상이 눈길을 끌었는데 헝가리 건국신화에 나오는 새라고 한다. 성안 공연장에서는 상시(常時) 공연이 이루어지고 있다. 우리 일행 중 몇 명이 쇼핑센터에 가자고 해서 함께 갔다. 너무 일정이 짧아 다 돌아볼 수 없어 궁여지책(窮餘之策)으로 왕궁을 비롯한 부다페스트 명소들 모두가 천연색 사진으로 나와 있는 책자를 구입하는 것으로 만족해야 했다. 우리는 시민공원을 거쳐 영웅광장으로 이동했다.

영웅광장은 헝가리 건국 1,000년을 기념해 1896년에서 1926년까지 30여 년에 걸쳐 완공되었다고 하는데 헝가리 1천년 역사의 위대한 인물들을 기리기 위한 것이라 한다.
건국영웅인 '아르파드'를 비롯한 일곱 개 부족장의 기마상이 있다. 또 광장 중앙에는 36m 높이의 밀레니엄 기념탑이 서 있고 기둥 꼭대기엔 날개 달린 천사 '가브리엘'의 상이 있다. 마자르인의 보국(保國)에 대한 염원을 나타낸 것이라 한다.

그 외에도 위대한 인물 14명의 동상과 무명용사의 무덤이 나온다. 아마도 그래서 영웅광장이란 이름이 붙여진

부다왕궁 정문 칼을 든 독수리상

헝가리 건국 마자르족 7개 부족장상

것으로 보인다. 얼핏 서울 동작동에 있는 국립 현충원이 스쳐 지나갔다. 광장의 왼쪽에는 예술사 박물관, 오른쪽에는 미술사 박물관이 서로 마주 보며 자리하고 있다.

점심식사를 마친 우리는 구시가지로 향했다. 구시가지는 고전미가 흘러넘치는 곳이다. 거리마다 아름다운 교회와 동상들이 많다. '슈테판 동상'도 그중의 하나다. 특히 '마차시 성당'은 신고딕양식의 뾰족탑이 너무 아름답다. 역대 헝가리 국왕의 대관식이 열렸던 곳으로 매주 토요일 저녁에는 관광객을 위한 콘서트가 개최된다고 한다.

우리는 바로 옆에 있는 부다페스트의 상징적 건물로 유명한 '어부의 요새'로 갔다. 마치 중세의 성을 보는 느낌이다. 원래 전망대로 지어졌기 때문에 시내 전경을 감상하기에도 안성맞춤이다. 유럽의 건축물들이 거의 비슷비슷하지만 자세히 보면 나라마다 조금씩 다른 면모를 보이고 있다. 부다페스트의 건물들은 좀 견고하다는 느낌이 들었다.

오늘따라 날씨가 무척 무덥다. 유럽은 여름이 일찍 오는가 싶다. 물을

많이 먹게 된다. 마지막 코스로 이동하기
전에 가이드의 안내로 위장특효약이라
는 자연항생제 '프로폴리스'를 판매하
는 곳을 들렀다. 그런데 여기서 시간을
너무 많이 허비했다. 날이 벌써 저물기
시작했다.

우리는 세계적으로 유명한 부다페스트
야경을 보기로 했다. 그래서 야경의 아름
다움을 만끽할 수 있다는 '겔레르트 언
덕'으로 갔다. 해발 235m의 아름다운 지
형이다. 부다페스트의 야경은 소문대로
매우 아름다웠다. 여기서 부다페스트 전
경사진을 많이 찍었다.

36m 높이의 밀레니엄 기념탑

도나우강 유람선 만찬 대신 간담회를 열기로

사실 원래 계획은 '겔레르트 언덕' 오르는 것을 생략하고 저녁에 '도나
우강' 유람선을 타고 야경을 보면서 저녁식사를 하면 어떻겠냐는 제안이
있었다. 1인당 70달러라고 한다. 부다페스트 유람선 야경을 못 보면 평생
후회할 것이라고 부추기는 사람들도 있었다.

그런데 의견이 엇갈려 찬반의견을 묻기로 했다. 유람선을 타자고 하는
사람이 상당수 있었지만 결국 포기하기로 했다. 그것은 따로 행동하지 말
고 통일하자는 것이 첫째 이유였고, 내일 하루가 남아 있다고는 하나 내
일은 하루 종일 비행기를 타고 모스크바를 경유해 귀국해야 하기 때문에
오늘이 연수 마지막 날이니 '겔레르트 언덕'에 올라 야경을 간단히 보고

호텔에서 간담회를 통해 이번 연수에 대한 결산을 하기로 의견일치를 보았던 것이다.

부다페스트까지 와서 유람선을 타지 못하게 된 것이 많이 서운했지만 겔레르트 언덕에서 화려한 시내 야경을 감상한 것만으로도 부다페스트의 진가는 충분히 엿볼 수 있었다. 우리는 이곳을 마지막으로 시내로 들어와 저녁식사를 했다. 와인을 곁들인 만찬을 마치고 부다페스트 호텔로 와서 약 두 시간 동안 통일교육원장을 좌장으로 전 위원들이 참석한 가운데 이번 유럽사회주의권 연수에 대한 의견도 교환하고 토론과 함께 차례로 소감발표 등을 했다. 밤 11시쯤 간담회를 마쳤다

제7일, 2003년 5월 20일 (화요일)

이번 연수의 마지막 날이다. 오늘은 특별히 다른 일정은 없고 항공편으로 귀국하는 일만 남았다. 가방도 어젯밤에 다 정리해서 싸두었다. 아침 식사시간이 다른 날보다 한 시간이 늦은 8시로 되어 있어 여유가 있었다. 사우나를 하는 사람, 로비에서 담소를 즐기는 사람, 아직도 룸에서 쉬고 있는 사람, 나처럼 호텔 주변을 산책하는 사람 등 각양각색의 방법으로 모처럼의 여유를 활용하고 있었다. 매사 여유를 갖는 것은 참 좋은 일이다. 나는 무작정 시내로 나섰다. 싱그러운 아침 바람이 얼굴에 닿으니 기분이 상쾌하다.

막 해돋이가 시작되고 있었다. 어젯밤 도나우강 유람선을 못타고 야경을 오랜 시간 감상하지 못한 것이 못내 아쉽다. 언제 또 다시 부다페스트에 오게 되는지 모른다. 그래서 아침 풍경이라도 제대로 보고 싶어 나선 길이다. 멀리는 못가고 호텔 주변을 빠르게 한 바퀴 돌기로 했다.

돌이켜 생각해 보니 우리는 지난 일주일 동안 러시아는 물론 베를린에

서 드레스덴까지 포함하면 매일같이 국경을 넘는 강행군을 했다. 그래도 그 덕에 러시아를 비롯해 동구권 사회주의국가들에 대한 공부는 많이 했다. 한국에 돌아가게 되면 많은 사람들에게 이번 연수에서 실제 체험으로 얻은 동구권의 실상을 알려주고 앞으로 우리나라가 추구해 나아가야 할 방향에 대해 함께 토론하며 노력해야겠다는 생각을 했다.

이런 저런 생각을 하며 한참 걷다 보니 시간이 다 되어 호텔로 돌아왔다. 다른 분들은 거의 식사가 끝나가고 있었다. 나는 좀 늦게 아침식사를 마쳤다. 9시에 호텔을 나와 부다페스트 공항으로 출발했다.

공항으로 가는 동안에도 연신 부다페스트 시내를 살펴보았다. 다른 도시와는 다르게 입체감이 있고 신구조화가 이루어져 싫증나지 않는 미관을 갖춘 것이 부다페스트의 매력인 것 같았다.

보람을 안고 귀국길에 오르다

부다페스트 공항에 도착해 출국수속을 밟고 10시 40분에 모스크바행 비행기에 올랐다. 날씨도 화창하고 한낮 비행이라 구경하기에 딱 좋았다. 기내에서 창밖을 보니 하얀 뭉게구름이 지천으로 떠있다. 비행기 안에서 창밖으로 보이는 하얀 뭉게구름을 보면 이따금 엉뚱한 생각이 들기도 한다. 부드러운 이불처럼 포근하게 느껴지는 구름이 너무 좋아서 껑충 뛰어내리고 싶은 충동을 느낄 때가 있다. 아마도 나 말고도 많은 이들이 한 번쯤은 그런 느낌을 경험했으리라 생각된다.

기내식이 나왔는데 완전히 서구의 입맛에 맞춘 음식이라 우리 입맛에는 별로 신통치 않았다. 그래도 음식을 만들어 준 요리사의 정성을 생각해서 남기지 않고 다 먹었다. 평화롭고 편안한 비행 끝에 오후 3시 10분 모스크바 공항에 도착했다.

우리는 여기에서 인천공항까지 환승을 해야 하기 때문에 공항 밖으로 나갈 수는 없고 공항구역 내에서 기다렸다가 인천공항으로 가는 항공기를 갈아타야 한다. 밤 9시 55분 비행기라고 한다. 상당한 시간을 기다려야 해서 우선 면세점에 들르기로 했다. 몇 가지 살 것도 있고 구경도 하면서 시간을 좀 보내야 할 것 같았다.

귀국을 한다고 생각하니 마음은 벌써 집에 가 있었다. 그러나 아직도 12시간이 더 남았다. 탑승하게 되면 또 밤새도록 비행을 해야 한다. 그러나 밤 비행도 그리 나쁘지만은 않다. 전에 인도네시아 발리 덴파사르 공항과 스위스 취리히 공항에서도 한밤중에 비행기를 기다렸다가 탄 적이 있었는데 지나고 보니 그와 같은 밤비행도 잊지 못할 추억이 되었다.

칠흑같이 어두운 밤에 비행기 날개 끝에서 규칙적으로 깜박이는 불빛과 수천 미터 아래 어느 산간마을에서 가물거리는 약한 불빛들을 보며 저곳에도 사람이 살고 있겠지, 누가 살고 있을까, 저들은 무슨 고민이 있을까 하는 센티멘털한 생각을 하며 밤 비행을 한 적도 있었다.

오늘밤에도 모스크바에서 인천까지 한 번 더 좋은 추억을 만들어야겠다고 생각했다. 모스크바 현지 시간으로 밤 10시에 우리가 탑승한 비행기는 인천공항을 향해 힘차게 비상(飛翔)했다.

제8일, 2003년 5월 21일 (수요일)

밤새도록 비행한 끝에 인천공항에 도착한 것은 한국 시간으로 11시가 조금 넘어서였다. 모두 피곤한 기색들은 보이지 않았다. 무사히 연수를 마치고 돌아와서 기쁘고 또 많은 것을 배우고 체험했기에 보람을 느껴서인지 하나같이 밝은 모습이었다. 공항로비에서 간단한 해단식이 있었다. 우리는 일주일 후에 보고서를 작성해 교육원에서 다시 만나기로 하고 작별했다. 2003년 통일부 통일교육위원 유럽 사회주의권 연수단에 함께 한 위원들 명단이다.

강도원 통일교육원장, 정해동 교육과장, 김영 통일교육위원 중앙협의회 사무처장, 서울협의회 부회장 황유서 위원, 임상원 운영위원, 마상휴 운영위원, 황인한 운영위원, 부산협의회 황기숙 부회장, 박광박 운영위원, 대구협의회 김형진 위원, 인천협의회 황창진 부회장, 광주협의회 이재관 사무국장, 대전협의회 최이조 사무국장, 울산협의회 정해조 운영위원, 경기협의회 조광원 사무국장, 홍승원 위원, 강원협의회 권봉희 운영위원, 충북협의회 최현호 운영위원, 충남협의회 유성현 부회장, 전북협의회 윤갑철 회장, 전남협의회 마선희 운영위원, 경북협의회 최유수 위원, 경남협의회 황긍섭 사무국장, 제주협의회 이승택 운영위원, 그리고 서울협의회 운영위원인 저자 태종호, 이렇게 25명이다.

후기(後記)

이번 연수의 기회를 마련해 준 통일부와 통일교육원에 감사드린다. 또 7박 8일의 연수기간 중 안내를 맡아 열성적으로 수고해 준 유럽 여러 나라의 관계자 여러분과 교민들께도 진심으로 감사드린다. 무엇보다 동고동락(同苦同樂)을 함께 한 모든 위원님들께도 고마움을 전한다.

먼저 강도원 통일교육원장님, 정해동 교육과장님, 김영 사무처장님께서는 이번 연수단의 책임을 맡아 시종일관(始終一貫) 많은 수고를 아끼지 않았다. 또 서울협의회 황인한 운영위원님은 무거운 카메라를 어깨에 메고 다니면서 비디오 촬영까지 하느라 무진 애를 썼다. 그 외에도 많은 위원님들이 봉사정신으로 솔선수범함으로써 많은 칭찬을 받았다.

연수 중에 참 재미있고 오래 기억에 남을 에피소드와 사적으로 나눈 정담(情談)들도 많았다. 가는 곳마다 진지한 토론을 바탕으로 견문의 지평을 넓히게 된 것은 무엇보다 큰 소득이었다. 원래 나의 재주도 부족하고 지면관계상 다 기록하지 못해 아쉬움이 남는다.

이번 연수를 통해 느낀 소감을 간략하게 정리하면 첫째, 냉전 이데올로기에서 벗어난 사회주의 국가들의 역동적이고 눈부신 발전상이 매우 인상 깊었다. 무엇이 이처럼 빠른 시간에 큰 변화를 이루게 했을까. 모든 나라가 하나같이 생기 넘치고 활력이 샘솟는 모습으로 달라질 수 있었을까, 놀라움을 금할 수 없었다.

둘째, 아이러니하게도 그 동안 소련을 포함한 공산 위성국들이 철의장막에서 잠들어 있었기 때문에 무분별한 개발의 칼날을 피해 그나마 고대와 중세의 유적과 유물들이 원형대로 보존되고 남아 있었구나 하는 생각도 들었다.

마지막으로 앞으로 우리나라는 아직도 무궁한 잠재력을 지니고 있는 사회주의권 국가들과 활발한 외교관계를 구축함으로써 새로운 도약의 계기로 삼아야 한다고 생각했다. 정치적으로는 우리의 분단구조를 해결하는 데 지지와 협조를 이끌어내 도움이 되도록 하고 경제적 협력을 바탕으로 서로 상생할 수 있는 보완적 구조를 만들어 나가야 되겠다고 생각했다.

그 동안 폐쇄적 이데올로기에 갇힌 생활을 했던 동구권 국가들은 우리에겐 너무나 먼 나라였다. 그런데 그들이 이처럼 놀라운 성장을 하는 것을 보고 자유와 평등이라는 민주주의의 보편적 가치에 대해, 시장경제의 효율성에 대해 새삼 놀라움을 금할 수 없었다.

이제 우리가 속한 동북아시아도 변해야 한다. 유럽공동체처럼 새롭게 도약하기 위해서는 새로운 질서를 만들어야 한다. 그러기 위해서 가장 중요한 것이 무엇보다도 일본의 의식 변화다. 과거 잘못된 역사에 대한 진솔한 사죄와 함께 동북아화해협력에 기여해야 한다. 일본 군국주의 피해를 입은 나라들에 대한 일본의 사죄는 필수적이다.

　독일의 예를 보더라도 구원(舊怨)을 씻어버리는 것이 미래로 나아가는 새로운 출발점이 될 것이다. 그리고 동북아시아의 안정을 정착시키기 위해서 또 하나 선행조건은 한반도에서의 냉전 종식과 통일이다. 냉전의 마지막 장소로 남아 있는 한반도의 통일이 달성되는 날 비로소 동북아시아의 완전한 평화와 번영의 기틀이 마련될 것으로 확신한다.

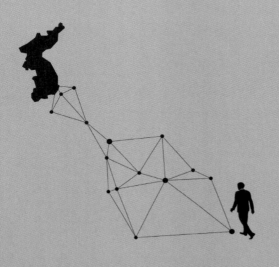

제 3 부

아시아 사회주의권 연수

중국(상하이)
베트남(호치민)

2007년 10월 15일~2007년 10월 20일

01

중국(상하이),
베트남(호치민) 연수기

10.4선언으로 남북교류와 협력이 활발하게 전개되고 있는 시점이다. 여기에 맞춰 통일교육위원들의 해외 연수를 실시하게 되었다. 사회주의권 국가의 변화 실상을 체험케 하고 국제정세에 대한 폭넓은 시야 형성 및 현장감 있는 교육역량을 배양시키기 위한 것이다.

기간은 2007년 10월 15일(월)부터 10월 20일(토)까지 4박 6일이고 연수 장소는 중국의 '상하이'와 베트남의 '호치민'이다. 참가 인원은 통일부 통일교육위원 25명과 통일교육원 지원인원 2명으로 총 27명이다.

제1일, 2007년 10월 15일 (월요일)

연수단은 2007년 10월 15일(월요일) 오전 11시 10분까지 인천공항 C카운터 앞에서 집결하기로 되어 있다. 비행기 출발시간은 오후 2시 10분이다. 그런데 이처럼 그다지 크게 중요하지도 않은 일정 시간표까지 세세하게 밝히게 된 것은 내가 사정상 그 시간에 일행들과 함께 출국할 수 없었기 때문이다. 통일기행 국내편의 북한방문기(3) 남포, 평양 편에서 기술했듯이 그 시간 나는 북한 남포항을 떠나 인천항으로 항해 중이었기 때문이다.

서해 해상 백령도 부근까지 왔을 때 벌써 정오(正午)가 지나고 있었다. 노무현 대통령이 10월 2일부터 10월 4일까지 제2차 남북정상회담을 마치고 귀국하고, 우리는 다음날인 10월 5일부터 15일까지 열흘 동안 북한에 수해물자를 지원하기 위해 갔다가 오는 중이었다. 원래는 14일이 인천항에 도착 예정이었으나 남포에서 철근하역문제로 하루가 늦어져서 불가피하게 그리 되고 말았다.

나는 연수단에게 사정을 말하고 집에 들렀다가 다음날 아침 비행기로 혼자 상하이로 가기로 했다. 함께 출국하지 못한 것은 미안하기도 하고 서운한 일이었지만 한 편 생각하면 오랜만에 집에 가서 가족들을 만나고 옷가지 등을 챙겨 떠나는 것도 나쁘진 않았다.

제2일, 2007년 10월 16일 (화요일)

중국경제의 핵심 상하이 사회과학원에서

아침 일찍 인천공항으로 갔다. 10시 비행기다. 상하이(상해; 上海)에 머물고 있는 연수단에 지금 출발한다고 전화를 했다. 상하이에 도착한 연수단은 어제 요즘 파죽지세로 발전하고 있는 상하이 '푸동지구'를 견학했다고 한다. 북한의 김정일 국방위원장이 2001년 1월 중국경제의 심장이라고 할 수 있는 상하이를 방문하고 돌아와 천지개벽(天地開闢)을 했다고 소감을 밝혔다는 바로 그곳이다.

그때 북한의 김정일 위원장이 중국 방문을 마치고 돌아와서 바로 실행한 것이 '7.1 경제관리 개선조치'이다. 이 7.1 경제관리 개선정책은 북한이 지금까지 내놓은 경제개혁 중 가장 세밀하고 강도 높게 추진한 야심찬 정책이다.

주요 내용이 바로 시장경제의 도입이었다(배급관리제도의 개편, 환율현실화와 관세인상, 공장과 기업소의 자율성 확대, 개인경작지 확대 및 개인영농제 실시, 사회복지혜택의 축소와 유료화 전환 등). 북한이 1990년대 중·후반 '고난의 행군'(1995년에서 1998년까지 북한에서 발생한 대기근을 이르는 말로 수십 만 명의 아사자가 발생) 시기를 거친 뒤 경제문제 해결을 고심하던 차에 김 위원장이 마침 중국을 방문해 중국의 경제특구인 상하이, 선전(심천; 深圳) 등의 눈부신 발전상을 보고 말할 수 없는 큰 충격을 받았을 것으로 짐작된다.

나는 하루가 늦는 바람에 상하이 경제의 심장부인 '푸동지구'를 못 보게 된 것이 참 아쉬웠다.

그래서 '푸동지구'에 대해 나름대로 알아보았다. 현재 푸동지구는 세계 경제물류의 중심으로 자리 잡았고 뉴욕과 더불어 세계 금융과 관광의 중심지가 되어 있다. 상하이 '푸동지구'의 개발이야말로 중국의 개혁개방전략을 압축해 놓은 상징이라 할 수 있다.

가장 먼저 푸동지구 개발을 통해 중국 최대 개방도시인 상하이를 크게 도약시키고 그 힘을 내륙으로 뻗게 한 다음 세계로 뻗어간다는 전략이다. 상하이에서 흔히 접하는 16자 표어인 '개발푸동(開發浦東), 진흥상해(振興上海), 복무전국(服務全國), 면향세계(面向世界)'를 보면 알 수 있다. 푸동개발을 통해 연안 개방도시를 발전시키고 내륙으로 그 파급효과를 확산시킴으로써 국제화를 이룬다는 덩샤오핑(등소평)의 원대한 구상이 바로 이곳에서 시작된 것을 말하고 있다.

중국 개혁개방의 상징으로 떠오른 상하이 황포강과 푸동지구

　이 같은 상하이 푸동지구 개발에 대한 원대한 꿈은 1980년대 말 이미 시작되었다. 중국 정계에서 소위 상하이파로 불리는 전임 주석 장쩌민(강택민)이 상하이시당위원장으로 있을 때 이 원대한 구상을 발표한 바 있고, 주룽지(주용기; 朱鎔基, 1928~) 총리가 상하이시장으로 재임 중일 때 입안(立案) 계획했던 것이었다.

　상하이 시내를 관통하는 '황포강' 오른편에 위치한 푸동 신개발지구는 격자 모양으로 뚫린 도로와 마천루의 숲이 어우러져 미국의 뉴욕으로 온 것이 아닌가 하는 착각이 들게 한다. '중국이 여의주를 품은 지 10년이 됐다' 는 말이 공공연히 나돌고 있다. 중국 전문가들은 양쯔강(양자강; 揚子江)을 한 마리의 거대한 용으로 비유하기도 한다.

　양쯔강 하류 삼각주에 위치한 상하이를 용의 머리라 하고 충칭(중경; 重慶)이 용의 몸통이며, 쓰촨(사천; 四川)은 용의 꼬리가 된다. 바로 용의 머리인 상하이가 물고 있는 여의주가 푸동지구라 말한다. 여의주인 푸동지구 개발이 성숙단계에 들면서 중국은 바야흐로 승천(昇天)을 꿈꾸고 있다는 것이다.

나는 점심때쯤 상하이공항에 도착했다. 중국은 우리 시간보다 1시간이 느리다. 고맙게도 이번 연수단의 일정에 함께하며 도움을 주고 있는 다산여행사의 직원이 나를 기다리고 있었다. 곧바로 상하이 사회과학원 아·태연구소(亞太硏究所) 세미나실에서 진행되고 있는 행사장으로 갔다. 세미나가 한창 진행되고 있었다. 조금 늦긴 했지만 참석하게 된 것이 다행이었다.

세미나에 참석한 인원은 우리 측 통일교육원 연수단 27명, 상하이 사회과학원 측 원장과 관계자들이 다수 참석하였다. 통역은 주 상하이총영사관 소속 통역원이 맡았다. 상하이 사회과학원 아·태연구소는 1958년에 설립되었는데 설립목적은 국가 내 주요한 사회문제와 체제전환, 개혁·개방정책 등 종합적인 연구를 수행하며 외국과의 학술교류 촉진을 강화하기 위한 것이다. 책임자는 '리우 밍' 씨이며 연구원은 5명으로 구성되어 있다.

◢ 세미나의 주요 내용은 다음과 같다

* 중국 개혁·개방정책의 전반적 평가
* 중국 개혁·개방정책의 추진 과정상 문제점 및 해결방안
* 중국 개혁·개방정책이 북한에 주는 영향
* 북한과 중국 간 교역규모와 향후 양국 간 경제교류 전망
* 한국 정부의 대북정책에 대한 평가와 조언 등이다

세미나를 마치고 나서야 나는 연수단과 반갑게 인사를 나누고 사회과학원 관계자들과 점심식사를 함께 했다. 모두가 오랜 친구처럼 밝고 다정한 모습으로 담소를 나누며 즐거운 시간을 보냈다.

6000년의 역사를 자랑하는 상하이는 1842년 난징조약(南京條約; 1842년

아편전쟁의 결과로 영국과 중국 청나라가 맺은 조약)으로 개항했다. 고전미 넘치는 베이징과는 달리 중국 경제의 핵심이자 금융의 중심가이다. 면적은 6,184km²이며, 인구는 1,200만 명이 넘는다. '푸동지구' 강변을 따라 유럽 고전미가 물씬 풍기는 유럽풍의 건축물이 많은 곳이다. 일제강점기를 거치면서 외탄에 서구 여러 나라의 조계(租界)가 들어서면서 그 영향을 크게 받았다.

조계(租界)는 '국가 속의 국가'로 변모했으며 영국, 미국, 프랑스, 독일, 일본 등 제국주의 침략의 거점이 되었다. 우리 임시정부는 1866년 개시된 프랑스 조계지(租界地)에 들어있어 일제의 칼날을 피할 수 있었다. 근대에 들어서는 덩샤오핑의 개혁 개방정책의 중심으로서 중국내에서 가장 역동적이고 현대화 된 도시가 되었다.

상하이의 진주라고 불리는 동방명주(東邦明珠)는 덩샤오핑의 개혁정치의 상징으로 1991년에 착공하여 1994년 10월에 완공되었다. 상하이의 월스트리트라 할 수 있는 푸동금융구에 위치하고 있는 방송 수신탑이다. 첨단 기술력을 자랑하듯 468m 높이의 아시아 최대 건축물 중 하나로 꼽힌다. 상하이뿐만 아니라 중국의 자랑이기도 하다. 세계에서 세 번째로 높다고 한다.

1초에 9m를 올라간다는 엘리베이터를 타고 전망대에 올라가면 상하이 시가지를 동서남북 모두 조망할 수 있

468m 방송 수신탑인 상하이 동방명주(東邦明珠) 타워

고 황포강을 바쁘게 오가는 선박들을 볼 수 있다. 나는 민주평화통일자문회의 위원들과 전에 한 번 올라가 본 적이 있다. 그러나 타워에 오르려면 오래 기다려야 하고 단체로 가기엔 불편한 점이 많아 멀리서 야경을 보는 것이 더 매력적일 수도 있다.

상하이는 우리나라와는 특히 인연이 많은 도시다. 임시정부뿐 아니라 매헌 윤봉길 의사의 통쾌한 의거로 잘 알려진 홍커우공원(현재 루쉰공원)도 상하이에 있다. 최근에는 상하이에 있는 칭화(청화; 淸華)대학교가 명문으로 이름을 날리고 있다. 아마도 현재(2007년 10월) 중국 국가주석인 후진타오(호금도; 胡錦濤, 1942~)를 비롯하여 우방궈(오방국; 吳邦國, 1941 ~), 시진핑(습근평; 習近平, 1953~) 등 유명 정치인들을 칭화대학교가 많이 배출한 때문일 것이다.

상하이임시정부 청사를 다시 찾다

오후엔 상하이임시정부(上海臨時政府) 방문과 상하이 시내에 산재해 있는 명소를 둘러보는 중국문화 탐방에 나섰다. 맨 먼저 마당로(馬當路)에 있는 상하이임시정부 청사에 갔다. 이곳은 전에도 몇 차례 방문한 적이 있는데 매번 올 때마다 마음이 숙연해진다. 우리 연수단은 먼저 머리 숙여 묵념을 했다. 3층 벽돌집으로 되어 있는 청사는 조금씩 개선되어 가는 것을 느낄 수 있었다.

내부는 변한 것이 없지만 외관은 좀 깨끗하게 정리가 되어 있어 그나마 위안이 되었다. 상하이임시정부에 대해서는 이 책 앞부분에 수록된 '1994년 중국연수기(中國硏修記)'에서 소상하게 다루었으므로 여기서는 생략하기로 한다.

그러나 한 마디 덧붙이자면 우리 민족의 혼(魂)이 담겨 있는 역사의 현장을 너무 소홀히 한다는 것이다. 어떠한 역사 유적이라도 우리 후손들이 잘 보존해 지켜야 함은 당연한 일이다.

한 번 사라지고 나면 다시 돌이킬 수 없고 우리에겐 결코 잊어서는 안 될 선조들의 얼이 담긴 흔적이기 때문이다. 우선 급한 것은 이곳 중국에 있는 임시정부의 청사와 독립운동의 유적지를 잘 보존하는 방법을 강구해야 한다. 정부는 중국과의 적극적인 외교력을 발휘해 상하이임시정부에 대한 실질적이고 영구적인 보존방안을 마련해야 할 것이다.

어디 국외뿐이겠는가. 국내에 있는 유적들도 마찬가지다. 대표적으로 서울 용산구 소재 효창원(孝昌園)에는 백범을 포함한 임시정부 요인들과 삼의사(三義士) 및 안중근(가묘)의 유해가 안치된 묘역이 조성되어 있다. 또한 애국지사 7인(김구, 이동녕, 조성환, 차리석, 윤봉길, 이봉창, 백정기)의 사당인 의열사(義烈祠)가 있다. 그런데 이처럼 중요한 효창원이 국민들에게서 멀어져 관심밖에 있다.

광복이 된 지 70년이 넘도록 국민들이 쉽게 가까이 다가가지 못하고 있

상하이임시정부 주석 집무실 겸 침실

는 것이 문제로 지적되고 있다. 그것은 다른 요인들도 있겠으나 첫째, 친근감(親近感)이 느껴지지 않기 때문이다. 전면에 효창운동장이 가로막고 있어 잘 보이지도 않고 도로도 폭이 좁아 접근성마저 떨어진다. 한 번 방문하려면 많은 불편을 감수해야 하기 때문이기도 하다.

그래서 효창원은 반드시 재설계되어야 한다. 백범기념관 아래 효창운동장을 철거하고 독립운동의 상징적인 성역(聖域)으로 조성해서 실질적으로 애국의 산 교육장이 되도록 해야 할 것이다.

효창원은 원래 조선시대 효창묘가 있던 자리다. 정조 10년에 문효세자(文孝世子)가 죽자 정조는 이곳에 묘지를 조성했다. 그 후 문효세자의 생모인 의빈성씨와 순조의 후궁 숙의박씨, 그의 소생인 영온옹주 묘까지 총 4기가 자리하고 있었다.

그런데 일제가 1924년에 이곳에 공원을 조성하면서 훼손해 버렸고 패망직전인 1945년 3월에는 이곳에 있던 묘소들마저 고양에 있는 서삼릉(西三陵)으로 강제로 이장(移葬)시켜 버렸다.

광복이 되자 곧바로 이듬해부터 김구 선생의 주선으로 일본에 있던 이봉창, 윤봉길, 백정기 의사의 유해를 봉환해 안중근 의사의 가묘와 함께

임시정부 주석 백범 김구

이곳에 삼의사 묘역을 만들었다. 1948년에는 임시정부 의장을 지낸 이동녕 선생, 독립신문 기자로 활동했던 차리석 선생을 중국에서 봉환해 부인 강리성 여사와 함께 모셨다. 광복군으로 맹활약한 조성환 선생도 사후 이곳에 안장됨으로써 명실공히 독립지사들의 묘역으로 자리하게 되었다.

1949년에 김구 선생이 서거하자

본인의 유언에 따라 이곳에 부인 최준례 여사와 함께 안장되었다. 그러나 그 후에도 효창원의 수난은 계속되었다. 일제의 간교한 숨은 의도 못지않게 우리 정부가 들어선 뒤에도 친일간신배들의 농간으로 이장시도(移葬試圖)와 묘역훼손(墓域毀損)은 계속되었다. 그 대표적인 것이 독립지사 묘역을 이전하고 그곳에 운동장으로 만들려는 시도가 그것이다. 독립운동단체들이 나서서 극렬히 반대하였지만 결국 1960년 10월, 이곳에 효창운동장이 만들어지게 된다.

이는 대단히 잘못된 처사였다. 지금이라도 서둘러 개선할 필요가 있다. 아니 반드시 개선되어야 한다. 비단 효창원뿐만 아니다. 전국에 흩어져 있는 독립지사들의 생가(生家)나 유적(遺跡)들도 결코 소홀히 해서는 안 된다. 정부나 지자체의 무관심 속에 방치되거나 사라진 곳이 너무나 많다. 이 같은 환경조성은 물론이고 선열들을 기리는 마음 또한 교육을 통해 선양시켜야 할 것이다.

효창원 의열사 정문인 의열문(義烈門) 한쪽에 두 평 남짓한 조그만 컨테이너가 하나 놓여 있다. 의열사의 관리사무소이자 '7위선열기념사업회' 사무실이다. 겉보기에는 초라하기 이를 데 없으나 그곳에 깃든 정성만은 참으로 고귀(高貴)하다.

매일같이 이곳에 출근해 기념사업회 회무를 챙기면서 참배객을 맞이하고 있는 기념사업회 이종래(李鍾來) 회장은 말한다.

"까마귀는 바람에 목욕하고 닭은 흙으로 목욕하고 사람은 사람 속에서 목욕한다고 하는데 나는 매일같이 이곳 효창원에서 김구, 이동녕, 조성환, 차리석, 윤봉길, 이봉창, 백정기 의사의 애국정신을 기리며 심신을 닦아내고 있으니 너무나 행복하다."

우리 국민들 모두 단 한 번만이라도 효창원과 의열사에 들러 선열들의 묘역과 영정, 그리고 위패에 참배함으로써 애국지사들의 숭고한 정신을 기리는 후손(後孫)이 되기를 권한다.

상하이 최고의 정원 위위안(예원)에서 옛 향기를

우리 일행이 임시정부청사(臨時政府廳舍)를 나와 찾은 곳은 동양 최고의 정원이라는 위위안(예원; 豫園)이었다. 위위안은 중국 명나라 시대에 지어진 건축물로 중국 정원의 진수를 경험할 수 있다고 해서 많은 사람들이 찾는 곳이다. 상하이 같은 첨단도시에 위위안 같은 고전미 넘치는 훌륭한 정원이 있다는 것은 더욱 값지고 어쩌면 독특한 향기를 풍기는 청량제 역할을 하는 곳이기도 하다. 위위안에는 언제나 관광객들로 붐빈다. 들어가고 나오는 사람들이 뒤섞여 북적거리기 때문에 정원의 정취를 여유롭게 구경하기에는 사실 많은 애로점이 있다.

대부분 관광객들이 그냥 규모나 형태만 살피고 눈요기나 하는 것으로 만족한다. 위위안은 중국 명나라 시절인 1559년 반윤단(潘允端)이라는 사람이 늙은 아버지를 편안하게 모시겠다고 18년에 걸쳐 조성한 것이라고 한다. 그러나 시간이 너무 걸리는 바람에 정작 그의 아버지는 위위안이 완공되는 것을 보지 못하고 세상을 떠났고, 그 자신도 공사가 완공되었을 때는 늙은 나이가 되어 위위안에서 그리 오래 거주하지 못했다고 전한다.

그러함에도 불구하고 위위안은 그런대로 보존이 잘 되어오다가 근대에 들어서면서 급격하게 부서지고 소실되어 원형을 잃어버리고 말았다. 아편전쟁(阿片戰爭) 때는 영국군이, 그 뒤에는 혁명군(革命軍)과 프랑스군 등이 주둔하면서 무차별로 훼손했기 때문이다.

그 후 중국 정부에서 심혈을 기울여 복원했다고는 하나 본래의 모습보다 훨씬 축소되고 변질되었다고 한다. 그래서 처음 지어졌을 때의 원형 형태와 규모가 어떠했는지는 미루어 짐작할 뿐이다.

그러나 지금도 넓은 편이다. 드넓은 정원을 짧은 시간에 수많은 사람들 틈바구니에서 세세히 들여다 볼 수는 없고 대략 몇 군데 사람들이 관심을

위위안(예원) 안내 표지석

갖는 곳을 소개하면 다음과 같다.

　우선 위위안에 들어서면 삼수당(三穗堂)이 있다. 객실 정면에 삼수당이라는 편액이 걸려 있는데 힘 있는 글씨가 눈길을 끈다. '삼수(三穗)'는 고사에서 유래된 말로 '풍년과 행운'을 의미한다고 한다.

　또 귀신이 침범하지 못하게 하려고 설계했다는 구불구불하게 놓인 다리인 구곡교(九曲橋)가 있다. 아홉 번씩이나 꺾어서 연결된 다리인데 다리 위에는 항상 사람들이 꽉 차있다.

　나도 그 다리 위를 걸어보았다. 다리 중간에는 아름다운 정자 호심정(湖心亭)이 있는데 사진을 찍으려는 인파로 늘 북적인다. 그리고 점입가경(漸入佳境)이라고 하는 복도로 된 길을 걸어보는 것도 좋다.

　글자 그대로 갈수록 경치가 더 좋아진다는 뜻인데 우리가 흔히 쓰는 점입가경이 여기에서 유래되었다고 한다. 대충 보아도 그 아름다움은 그대로 간직하고 있다. 그러나 천천히 걸으며 조용히 음미하면서 보아야 점입가경을 제대로 감상할 수 있는데 그럴 수가 없다. 사진 찍기에 몰두하고

위위안(예원)의 용벽(龍壁)

시간에 쫓기어 전체의 미(美)를 감상하기엔 항상 역부족이다.

또 사람들이 꼭 한 번은 보고 싶어 하는 것은 소문이 자자한 용벽(龍壁)이다. 담장 위로 용의 형상이 뚜렷하게 머리에서 꼬리까지 보인다. 여기에 많은 사람들이 관심을 갖는 것은 그럴듯한 전설이 전해지고 있기 때문이다. 중국에서는 용의 형상은 황제만이 사용할 수 있고, 황제 외에는 그누구라도 사용할 수 없는데 반윤단(潘允端)이 위위안 담장 위에 용의 형상을 만들었으니 당연히 불경죄로 붙잡혀 가서 치도곤(治盜棍)을 당하게되었다.

황제가 반윤단에게 용벽 조성의 의도를 묻자, "폐하, 용의 발톱은 다섯개인데 신이 만든 동물은 발톱이 세 개뿐이옵니다. 그러니 결코 용이 아니고 이무기입니다" 하고 기지를 발휘해서 위기를 모면했다는 이야기다. 관광객들 대부분이 용벽 위 용의 발톱이 몇 개인지 헤아려 보기도 한다. 그 외에도 시간이 허락한다면 중국에서 가장 오래된 인공산(人工山)인 대가산(大假山))이나 내원(內園)을 한 번 들어가 보는 것도 좋을 것이다.

우리 연수단은 위위안 관람을 마치고 시내에서 저녁식사를 했다. 호텔로 돌아와서는 공식행사의 일환으로 간담회가 있었다. 오전에 있었던 사회과학원 세미나에 대한 내용을 되짚어 보는 시간이었다. 그리고 중국과 상하이의 비약적 성장에 대한 이야기, 한·중 관계, 북·중 관계 등에 대한 광범위한 이야기들이 많이 논의되었다. 일부는 저녁 늦게까지 남아서 토론을 이어갔으나 대부분 11시쯤 간담회를 마쳤다. 내일은 일찍 항저우(항주; 杭州)로 이동해야 되는 일정 때문에 곧바로 잠자리에 들었다.

제3일, 2007년 10월 17일 (수요일)

오늘은 무척 바쁜 일정이 될 것 같다. 항저우를 들렀다가 다시 상하이로 귀환해서 공항으로 이동해 베트남 사이공까지 가야 한다. 이른 아침을 먹고 곧바로 항저우로 향했다. 상하이에서 항저우까지는 두 시간 반 정도 소요된다. 이 길은 교통편이 원활하다. 여러 차례 오간 경험이 있는데 고속도로도 비교적 훌륭하다. 가다 보면 자싱(가흥; 嘉興)이란 곳이 나온다.

이곳을 특별히 기억하는 것은 백범(白凡) 김구 선생께서 일본 밀정을 피해 피난했던 곳이기 때문이다. 윤봉길 의사의 쾌거 이후 일제의 마수가 상하이임시정부까지 뻗치고 김구 선생을 암살하려는 대규모 밀정들이 파견되었다는 첩보를 접한 선생께서 급하게 피신한 곳이 바로 자싱이란 곳이다.

나의 집안 어른이기도 한 광복군 출신 인권변호사 태윤기(太倫基)는 '회상의 황하' 라는 글에서 그 당시의 이야기를 이렇게 들려준다. 일제는 백범을 잡기 위해 무려 20만 대양(大洋, 약 200억 원)이라는 현상금을 내걸고 밀정 300명을 풀어 놓고 혈안이 되어 추적하고 있었다. 백범은 보안을 위해 임시정부 요인들에게도 위치를 알리지 않은 채 이곳 자싱에 피신했다. 광동사람 장진구, 왕사장, 장천 등 여러 가지 가명을 번갈아 사용하며 신분을 감추고 은신해 있었다.

　백범 선생이 중국어가 서투르고 키가 커서 빈번히 의심을 사 실제로 일본 경찰에 발각되어 위기를 맞은 적도 있었다. 결국 위험부담을 줄이기 위한 방편으로 안내 겸 경호를 맡았던 주아이바오(주애보; 周愛寶)라는 처녀뱃사공과 부부로 위장하게 된다. 정크(전통적인 중국의 배)를 타고 여러 수로를 옮겨 다니며 1년여 동안 피난생활을 했다.

　주아이바오는 이웃나라의 망명 독립투사를 위해 온 정성을 바쳐 헌신했다. 자싱을 떠나서도 백범의 실질적인 부인 역할을 하면서 고락을 함께 할 만큼 백범 선생을 존경했다. 나라 잃은 '망명 독립투사와 처녀뱃사공', 언뜻 들으면 서양의 명화 '카사블랑카'처럼 낭만적인 생각이 들 수도 있겠지만 이국땅에서 시시각각 집요하게 조여 오는 적의 눈을 피해 쫓기며 전전하는 그 심정이 어떠했을 것인지는 하늘만이 알 것이다.

　우리가 탄 고속버스는 한적한 농촌마을을 가로지르며 중국의 넓고 넓은 대지를 끝없이 달린다. '자싱(嘉興)'이라고 쓰여진 이정표(도로표지판)가 빈번하게 나타났다 사라진다.

　10시 40분쯤 항저우에 도착했다. 항저우는 저장성(절강성; 浙江省)의 성도(省都)다. 저장성은 중국 동쪽 해변에 있다. 인구는 4,350만 명이고 매우 풍요로운 곳으로 알려져 있다. 기후가 아열대에 속해 있어 날씨가 따뜻하고 산이 많으며 사계절이 분명하여 마치 우리나라에 온 것처럼 낯설지 않다. 중앙에는 첸탕강(전당강; 錢塘江)이 흐르고 있어 고도(古都)로서뿐만 아니라 명승지로서도 천혜의 조건을 갖추고 있다.

　중국의 여러 성들 중에서도 가장 살기 좋은 곳으로 알려져 있다. 그 저장성의 성도인 항저우와 쑤저우(소주; 蘇州)는 외국 사람들뿐 아니라 중국 사람들도 유독 많이 찾는 명소로 알려져 있다. 그래서 사시사철 관광객이 그치지 않는다.

오죽하면 하늘에는 천당이 있고, 땅에는 쑤저우와 항저우가 있다는 '상유천당(上有天堂) 하유소항(下有蘇杭)'이라는 말이 생겨났을까. 또 이런 말도 있다. 쑤저우에서 태어나 항저우에서 살고 광저우(광주; 廣州)의 음식을 먹으며 황산(黃山)에서 일하다가 류저우(류주; 柳州)에서 죽으면 원이 없다.

이처럼 항저우는 긴 역사를 가진 중국 7대 고도(古都) 중 하나이다. 고도라 함은 최소 100년 이상 도읍을 지낸 곳을 말한다.

중국에는 베이징(북경; 北京), 시안(서안; 西安, 장안), 항저우(항주; 杭州), 난징(남경; 南京), 뤄양(낙양; 洛陽), 카이펑(개봉; 開封), 안양(안양; 安陽)을 7대 고도라 한다. 항저우는 오월(吳越)과 남송(南宋)의 237년 동안 14명의 황제가 수도로 정했을 만큼 중국 어디에 견주어도 손색이 없다.

특히 역사 유적은 물론 문물과 풍치가 빼어난 곳이다. 그만큼 전해 오는 옛이야기 또한 많은 곳으로 유명하다. 기후가 좋고 강수량이 풍부해서 세계적으로 유명한 '용정차'를 비롯하여 녹차재배가 전국 제일이고 뽕나무가 잘 자라 비단의 고장으로도 알려져 있다.

서호(西湖)를 중심으로 한 주변풍광은 시인 묵객들에게는 찬사의 대상이었다. 그 중에서도 '장한가(長恨歌)'로 유명한 백거이(白居易, 자는 樂天, 772~846)와 당송팔대가의 한 사람이자 '동파육(東坡肉)'의 주인공인 소식(蘇軾, 호는 東坡, 1037~1101)이 특히 유명하다. 두 사람 모두 당나라와 송나라 시절 항저우에서 지방관리로 재임하면서 항저우를 문학의 본거지로 만드는 데 공헌한 관료이자 문인들이다.

외국인 중에서도 '동방견문록(東方見聞錄)'으로 유명한 이태리의 여행가 '마르코 폴로'는 항저우를 돌아보고 세계에서 가장 아름다운 도시라고 칭송했다고 전한다. 중국 10대 풍경 명승지로 서호가 들어 있는 것만 보아도 서호가 차지하고 있는 위상을 알 수 있다.

참고로 중국의 10대 명승지를 살펴보면, 첫째가 우리가 너무나도 잘 아는 '만리장성(萬里長城)'이고, 둘째가 '계림산수(桂林山水)'로 중국영화 '와호장룡'의 촬영지, 셋째가 바로 '항주서호(杭州西湖)'다.

넷째는 북경고궁(北京古宮) '자금성'이고, 다섯째는 '소주원림(蘇州園林)'으로 동양의 베니스라 불리는 4대 정원, 여섯째인 '안휘황산(安徽黃山)'은 운해, 기송, 괴석, 온천, 동설 등의 5걸로 아름답고 신비스러운 수묵산수화절경을 말하고, 일곱째는 '장강삼협(長江三峽)'이며, 깊숙한 강과 세 개의 협곡이 신천지를 이루고 있다.

여덟째는 '대만일월담(臺灣日月潭)'인데 대만의 중부에 자리한 아름다운 대만의 대표적 호수로 물론 아름답기도 하지만 중국 본토의 정치적 고려가 반영되었다고도 한다. 아홉 번째 '승덕피서산장(承德避暑山莊)'은 청나라 강희제가 1703년에 만들기 시작하여 1790년 건륭제가 완성한 명승지다.

열 번째 '진시황릉병마용(秦始皇陵兵馬俑)'은 유명한 진시황의 사묘로 아직까지도 무덤의 비밀을 캐내지 못하고 있는 세계 8대 기적의 하나로 알려져 있다. 특별히 우리 한국 관광객이 가장 많이 찾는 '장가계(張家界)'는 열한 번째로 알려져 있다.

서호와 서시, 용정차의 항저우

항저우에서 최고의 볼거리는 역시 서호(西湖)라고 할 수 있다. 서호는 항저우의 서쪽에 자리한 인공호수다. 원래 바다와 맞닿아 있는 전당강의 하구였는데 동한시대 때 방파제를 만들면서 호수가 되었다고 한다.

이후에도 진흙과 모래 퇴적이 반복되면서 바다로부터 50km나 떨어진 온전한 내륙 호수로 변모되었다. 전체 면적 6.5km², 남북 길이 3.2km, 동서 너비 2.8km에 달하는 거대호수다.

평균 수심은 2.27m로 그렇게 깊지는 않다. 15km에 달하는 호수 둘레를 따라 도보로 걷거나 자전거 하이킹을 하기에도 좋다. 삼면이 야트막한 산으로 둘러싸여 바라만 보아도 가슴이 확 트이는 기분을 느낄 수가 있는 것이 서호가 지닌 장점이다.

항저우 사람들의 하루는 서호로부터 시작해서 서호로 끝난다 해도 과언이 아니다. 그들은 아침저녁으로 자전거를 타고 서호 주변을 돌아다니며 여가를 즐기는 것을 낙으로 삼는다. 서호는 이름이 많다. 그만큼 유명해서라 하겠다. 명성호(明聖湖), 전당호(錢塘湖), 상호(上湖), 서자호(西子湖) 등으로 불리고 있다.

서호의 대표적 명소로는 당나라 시인 백거이(白居易, 772~846)가 항저우에서 관리로 재직할 때 쌓은 제방 백제(白堤), 북송의 시인이자 항저우의 태수(太守)였던 동파(東坡) 소식(蘇軾, 1037~1101)이 쌓은 제방 소제(蘇堤)가 가장 시선을 끈다.

이 둘을 합해 이제(二堤)라 칭한다. 이곳에서 자세히 살펴보면 호수 삼면을 에워싼 야트막한 산들과 산 위에 세운 사찰과 탑이 어우러져 한 폭의 동양화(東洋畵)를 연출해 낸다.

중간 중간 호수를 바라보며 휴식할 수 있는 벤치들과 버드나무 휘날리는 노천카페, 숲 사이로 펼쳐지는 호젓한 오솔길 등이 서호를 더욱 운치(韻致) 있게 만들며 유혹하기 때문에 사시사철 세계 여러 나라의 관광객들이 끊임없이 몰려들고 있다.

'적벽부'의 시인 소동파(蘇東坡)는 서호에서 빼놓을 수 없는 인물이다. '서시(西施)'의 아름다운 자태와 서호를 아울러 '서자호(西子湖)'라 칭한 것도 바로 그였다. 호방하고 거침없는 필치로 2,400여 수의 명시(名詩)들을 남겼는데 그 중에서도 서호 풍치의 아름다움을 노래한 유명한 시가 있다. 바로 중국 4대 미녀의 으뜸이라는 이곳 출신 서시와 서호를 비교해 지은 '음호상일초청후우(飮湖上―初晴後雨)'라는 시다.

음호상일초청후우(飲湖上一初晴後雨)_소동파(蘇東坡)

수광염렴청방호(水光瀲艶晴方好)
산색공몽우역기(山色空濛雨亦奇)
욕파서호비서자(浴把西湖比西子)
담장농말총상의(淡粧濃抹總相宜)

호수 물빛 맑고 빛나니 보기에 참으로 좋고
이슬비와 어우러진 산색은 더욱 신기하도다.
서호(西湖)를 서시(西施)에게 비교한다면
옅은 화장 짙은 화장 모두 아름답다 말하리라.

항저우 사람들에게 사계절 중 어느 때가 가장 좋으냐고 물으니 계절보다는 얇은 안개가 약간 끼어 있을 때 바라보는 서호의 정경이 가장 아름답다고 말한다. 이들은 서호의 아름다움을 나타낸 말로 서호십경(西湖十景)을 자랑하고 있다. 서호에 군데군데 포진하고 있는 명소들을 일컫는 말인데, 소제춘효(蘇堤春曉), 화항관어(花港観魚), 삼담인월(三潭印月), 단교잔설(斷橋残雪), 평호추월(平湖秋月), 유랑문앵(柳浪聞鶯), 곡원풍하(曲苑風荷), 쌍봉차운(双峰挿云), 남병만종(南屛晩鐘), 뇌봉석조(雷峰夕照) 등을 말한다.

그 서호십경을 하나하나 모두 열거할 수는 없지만 그 중에서 내가 제일로 치는 한 가지만 소개하면 단연 '단교잔설'을 꼽는다. 단교잔설은 한겨울의 정취를 말한다. 아치형의 돌다리에 눈이 쌓이고 나서 높이 솟아오른 다리 가운데 부분부터 눈이 서서히 녹기 시작하는데, 그 모습이 마치 다리가 끊어진 것 같다고 해서 붙여진 이름이다.

단교잔설이라 상상만 해도 절묘한 표현이지 않은가. 그 정경이 너무

서호(西湖)의 단교(斷橋)

아름다워 중국 사람들이 좋아하는 경극이나 영화에서 남녀 두 주인공이 다리에서 만나는 장면으로 자주 나오곤 한다. 내 생각에는 항저우는 아열대지대어서 겨울에도 눈 구경하기가 힘들기 때문에 눈 오는 풍치가 더욱 귀하게 느껴지고 눈이 녹는 것 또한 안타까워서 그런 생각을 하지 않았나 싶다.

서호라는 이름이 붙은 유래도 전해진 바로는 아득한 옛날 춘추시대(春秋時代) 월나라 미인으로 유명한 '서시(西施)'의 아름다움과 같다고 해서 이 같은 이름이 생겼다고 한다. 그래서 서호하면 서시를 빼놓을 수 없다. 중국 사람들이 서호와 서시를 함께 묶어 한꺼번에 자랑하는 것이 아닌가 하는 생각도 들었다. 그래서 이곳에 오면 중국 고대 왕조의 4대 미녀의 이야기가 반드시 나오게 되어 있다.

다 아는 바이지만 잠시 소개하려고 한다.

4대 미녀를 시대별로 나열하면, 서시(西施; 춘추시대 말기 때 미인), 왕소군(王昭君; 한나라 원제(元帝) 때 미인), 초선(貂嬋; 한나라 말기 미인으로 그려진다), 양귀비(楊貴妃; 당나라 현종(玄宗) 때 미인) 등이 바로 그들이다. 그 중에서도 서시는 중국 최고의 미인 중의 미인으로 꼽힌다. 서시는 침어(沈魚)라는 칭호가 주어졌다. 아랫부분에 별도로 자세히 소개하려 한다.

왕소군(王昭君)은 중국 사람들이 가장 존경하고 흠모하는 미인이다. 그 이유는 그의 살신성인의 충성심 때문이다.

"왕소군은 흉노와의 화친을 위해 기꺼이 자신을 희생했다. 왕소군이 희생양이 되어 고국을 떠나는 말 위에서 거문고를 켜고 있는데 기러기들이 그 소리를 듣고 내려왔다가 왕소군의 얼굴을 보는 순간 그 아름다움에 반해 날갯짓을 잊고 땅으로 떨어져 버렸다 한다 하여 그에게 낙안(落雁)미인이란 칭호가 주어졌다. 우리가 많이 쓰는 봄은 왔으나 봄이 온 것 같지 않다는 '춘래불사춘(春來不似春)'이란 말도 왕소군에 의해 생겨났다고 전한다."

초선(貂嬋)은 실제 인물이 아닌 '삼국지연의' 소설 속 가공인물이라는 설이 유력하다.

"삼국지연의를 살펴보면 한나라 말기 재상 왕윤이 동탁의 폭정을 막기 위해 그의 수양딸인 초선으로 하여금 미인계를 써 동탁과 여포를 갈라서게 했다는 이야기가 나온다. 초선은 아버지의 뜻에 따라 우직한 여포를 유혹하게 된다. 초선이 밤에 산책을 하면 그 아름다운 미모 때문에 달도 부끄러워 얼굴을 감추고 숨어버린다 하여 폐월(蔽月)미인이란 칭호가 주어졌다."

양귀비(楊貴妃)는 각종 노래와 문헌을 통해 당나라 현종과 더불어 우리에게 가장 많이 알려진 미인이다.

"중국 서안(西安)에 가면 당(唐)나라 현종(玄宗)과 양귀비의 사랑의 무대인 화청지(華淸池)를 비롯해 양귀비의 흔적들이 아직도 많이 남아 있다. 또 서안 출신으로 붉은 수수밭으로 유명한 중국 최고의 영화감독 장예모(張藝模)가 만든 작품인 '장한가(長恨歌)'에는 그 시절의 이야기가 오롯이 담겨 있다. 누구나 서안을 방문하게 되면 옥외에서 펼쳐지는 장한가의 방대한 연극을 관람하게 된다. 양귀비는 약간 통통한 체형이지만 당시에는 그의 자태를 보면 꽃들조차 부끄러워 고개를 들지 못했다 하여 수화(羞花)미인이란 칭호가 주어졌다."

중국에서는 이들 네 미녀를 총칭하여 찬양하는 말로 '폐월수화지모(蔽月羞花之貌) 침어낙안지용(沈魚落雁之容)'이란 문자가 만들어져 오늘날까지 전해지고 있다.

이처럼 유명한 4대 미인 중에서도 중국인들에게 한 사람을 꼽으라면 단연 서시(西施)라 한다. 춘추시대 월(越)나라와 오(吳)나라의 서시와 범려(范蠡)에 대한 애절한 사랑이야기는 수많은 고사성어(故事成語)가 만들어질 만큼 유명하다. 오나라와 월나라를 빗댄 수많은 일화를 바탕으로 한 사자성어가 지금까지도 풍성하게 전해지고 있다.

그 첫 번째가 '경국지색(傾國之色)'이다. 임금이 여인의 미모에 혹하여 나라가 망할 지경에 이를 만큼 매혹적이고 아름답다란 말이다. 또 비록 맞서고 있는 적이면서 생각은 다르지만 형편상 일시적으로 연합하는 것을 오월동주(吳越同舟)라 하고 잠을 장작더미에서 자고 곰쓸개를 핥으면서 복수를 다짐하는 것을 와신상담(臥薪嘗膽)이라 하는 것은 너무나도 많이 알려진 유명한 말들이다.

서시의 미모에 대한 일화도 차고 넘친다. 첫째가 '침어(沈魚)'다. 서시가 강가에 나와 빨래를 할 때면 얼굴이 물속에 비치게 되는데 그 모습이 너무 아름다워 고기들이 헤엄치는 것도 잊은 채 넋을 놓고 바라보다가 물속으로 가라앉아 버렸다는 것이다. 또 '빈축(嚬蹙)'이라는 말도 그때 생겼다. 서시는 얼굴을 약간 찡그릴 때가 가장 매혹적이었는데 다른 여인들이 서시를 흉내 내려고 얼굴을 찡그리고 다니는 추한 모습을 가리켜 빈축(嚬蹙; 嚬=찡그릴 빈. 蹙=찡그릴 축)을 산다는 말이 되어 지금까지 내려오고 있다.

또 서시의 아름다움에 대한 한두 가지 더 소개하면 다음과 같다. 월나라 대부 범려가 미인계를 써 오나라를 무너뜨리기 위해 서시와 공모(共謀)했다. 서시가 스파이훈련을 마친 후 범려가 서시를 오나라 궁으로 데리고 오는데 그녀를 보려는 구경꾼이 인산인해를 이루어 길이 막혀 예정보다 사흘이나 늦어졌다고 한다. 수많은 인파를 뚫고 겨우 궁에 도착하자 이번에는 서시를 본 궁전의 경비병이 그 아름다움에 놀라 기절해 버리는 일이 벌어지기도 했다고 한다. 물론 중국인들의 허풍이 보태졌을 것이다.

그 후에도 서시를 구경하려는 사람들이 계속 몰려들자 범려는 그녀를 구경하는 데 돈을 내도록 하여 엄청난 돈을 모았다. 그 돈으로 무기를 만들고 병사들을 훈련시켜 오나라를 무너뜨리게 되었다는 그럴듯한 이야기들이 무수히 전해지고 있다. 하지만 2,000년이 넘는 춘추시대의 이야기를 어찌 다 알 수 있겠는가. 다만 춘추시대 그 기라성 같은 사상가들이 설파했던 풍성한 삶의 지혜와 전국시대를 주름잡던 인사들이 펼쳤던 외교와 전략들이 현재도 우리에게 고스란히 적용되고 있다는 사실만은 타산지석(他山之石)으로 삼아야 할 것이다.

나는 이런 점 때문에 항저우와 쑤저우를 여러 차례 방문한 바 있다. 어딘지 모르게 친근감이 들고 우리나라와 비슷한 풍치가 마음을 사로잡았는지도 모르겠다. 20여 년 전 해외여행을 한 번도 하지 못했던 부모님께서 결혼 50주년 금혼(金婚)과 함께 칠순을 맞이했을 때 두 분을 모시고 왔던 때가 가장 아련한 추억으로 떠오른다. 그 뒤에도 때로는 친구들과 더러는 동문들과 또 여러 단체들과 함께 수차례 왔었다.

그중에서 가장 기억에 남는 것은 2004년 여름에 있었던 일이다. 항저우에 와서 유람선을 타고 서호를 구경하다가 동승했던 조선족 동포의 권유로 배위에서 서호에 대한 시(詩) 한 수를 지어 낭독했는데 많은 사람들이 칭찬과 함께 맥주를 사서 권하며 즐거워했던 일이다.

여기에 그때를 회상하며 그때 지었던 시를 옮겨 본다.

서호를 기리며 _태종호

항저우(杭州)에 다시 와서
서호(西湖)를 바라보니
서시(西施)가 돌아온 듯
눈부시구나.

고산(孤山)과 이제(二堤) 삼도(三島)
예대로인데
동파(東坡) 거이(居易) 시인들은
보이지 않고

봉황산(鳳凰山) 옥황산(玉皇山)에
둘러싸인 채
호심정(湖心亭)은 입 다물고
말이 없구나.

나는 오늘 이국(異國)의
나그네 되어
한가로이 유람선에 몸을 맡기니
서호(西湖)의 맑은 물속에
중국고대(中國古代)가 비친다.

그 옛날 춘추시대(春秋時代)
구천 범려 부차 오자서

지략대결(智略對決)과
와신상담(臥薪嘗膽) 오월동주(吳越同舟)
부질없건만

영웅호걸(英雄豪傑) 웃음소리
절세가인(絶世佳人) 춤사위와
시인(詩人)들의 옛 노래에
취해 있다가

한반도 우리 님 찾는 소리에
옷매무새 가다듬고 떠나야 하니
안개 품은 고운 자태 너의 모습을
언제 다시 보게 될지 기약 없구나.

(2004년 여름 중국 항저우 서호에서)

뇌봉탑과 육화탑, 영은사와 비래봉

항저우에는 서호 외에도 둘러볼 곳이 많이 있지만 그중에서도 뇌봉탑 (雷峰塔)과 육화탑(六和塔), 영은사(靈隱寺)와 비래봉(飛來峰)을 빼놓을 수가 없다. 우리는 먼저 뇌봉탑에 올랐다.

뇌봉탑은 71.67m의 높게 솟은 탑으로 항저우의 명물이다. 항저우 8경, 서호 10경에 들 만큼 이곳 사람들에게 사랑받고 있다. 뇌봉탑 꼭대기까지 오르기는 좀 힘들지만 오르고 나면 그만한 가치가 있다. 항저우 시내와 서호를 한눈에 조망(眺望)할 수 있기 때문이다.

뇌봉탑은 일명 '왕비탑'이라고도 하며 '서전관탑'이라 부르기도 한다. 오월국 충의왕이 사랑하던 왕비가 왕자를 생산하자 이를 기념하기 위해 세웠기 때문에 '왕비탑(王妃塔)'이라 부르다가 요즘엔 서호 남쪽 석조산 의 뇌봉에 있다 해서 뇌봉탑이 일반화되었다. 이 탑에는 인간과 뱀과의 사랑에 대한 아름답고 애달픈 전설이 전해지고 있다.

서호에서 바라보는 뇌봉탑이나 뇌봉탑에서 바라보는 서호의 야경 모두 가 참으로 일품이다. 일찍이 원(元)나라의 시인 윤정고(尹廷高)는 뇌봉탑

서호에서 바라본 뇌봉탑

에서 본 석양의 풍광에 대해 다음과 같은 시를 남겼다.

煙光山色淡溟朦(연광산색담명몽)
千尺浮圖兀倚空(천척부원올기공)
湖上畵船歸欲盡(호상화선귀욕진)
孤峰獨帶夕陽紅(고붕독대석양홍)

안개 낀 산 빛 흐릿한데
천 길 불탑 우뚝 공중에 솟아있네

호수 위의 화려한 배는
서둘러 돌아가려 하는데

외로운 봉우리만이 홀로 남아
석양에 붉게 물들어 가네.

뇌봉탑의 현판(懸板)이 보인다

항저우에는 또 육화탑(六和塔)이 있다. 중국 북송(北宋) 시절 종교의 힘으로 전당강의 파도와 범람을 막으려 세운 탑으로 알려져 있다. 옛날 항저우의 전당강은 수시로 바닷물이 역류하여 자주 홍수가 났다고 하는데 사람들은 이 역류를 진정시키고자 지각선사라는 스님으로 하여금 이 탑을 세우게 했다고 한다. 또 하나의 전설에 의하면 이 전당강에는 사납고 심술궂은 용왕이 살고 있었는데 심심하면 바람과 파도를 일으켜 어선들을 전복시키고 강을 범람케 했다고 한다.

육화라는 소년의 아버지도 그 때문에 익사했고 어머니마저 파도에 휩쓸려 사라지자 육화소년은 그 강을 메워버리겠다고 날마다 언덕에 올라 돌을 던졌는데 용왕이 그 소리에 잠을 잘 수가 없게 되자 육화소년을 달래려고 어머니를 돌려보내고 강을 1년에 딱 한 번만 역류시키기로 약속했다고 한다.

후세 사람들이 이를 감사히 여겨 소년이 돌을 던졌던 언덕 위에 탑을 세우고 이름을 육화탑이라 불렀다는 이야기다. 이 육화탑은 970년에 벽돌과 나무로 건조한 중국 고대 건축예술의 걸작으로 중국 국보로 지정되어 있다.

또 누구나 항저우에 가면 반드시 들르게 되는 영은사(靈隱寺)가 있다. 나는 방문할 때마다 그 사찰의 규모가 기를 질리게 한다. 중국 항저우 영은사는 선종 10대 사찰 중의 하나이자

용왕(龍王)과 육화소년과의 전설이 담겨 있는 육화탑

1,700년의 역사를 자랑하는 항저우 제일의 고찰(古刹)이다. 항저우 서북쪽에 위치해 있으며 비래봉(飛來峰)이 옆에 있다.

지금부터 1600여 년 전인 동진(東晉)시대에 인도 승려 혜리(慧理)가 기묘한 기운에 이끌려 항저우에 왔다가 머물면서 절을 축조하게 되었다고 한다. 그는 이곳 산의 기세가 매우 아름답고 '신선(神仙)의 영(靈)이 이곳에 깃들어 있다'(仙靈所隱)고 말한 후 사찰을 짓고 이름을 '영이 숨어있는 절이다' 하여 영은사(靈隱寺)라 지었다고 한다. 세상에 이처럼 큰 사찰이 있나 싶을 정도로 규모가 엄청나다.

가는 곳마다 다른 모양의 부처가 가득 차 있다. 한때는 3,000여 명의 승려가 거주했을 정도로 거대했으나 문화대혁명 때 최대의 위기를 맞게 된다. 사찰 전체가 파괴직전까지 가는 시련을 겪었다고 한다. 이미 이성을 잃은 홍위병(紅衛兵; 중국 문화대혁명 당시 조직된 극좌대중운동의 청년 구성원)들이 절은 민중을 현혹시켜 바보로 만드는 아편과 같은 존재라고 하며 파괴하려 들었다.

그러나 당시 중국의 2인자였던 저우언라이(주은래; 周恩來, 1898~1976)가 제지해서 가까스로 화를 모면했다고 한다. 이렇게 1,700년의 고찰이 겨우 생명은 건졌으나 사찰은 이미 폐쇄됐고 승려들은 모두 집단농장으로 끌

항저우 대찰 영은사 현판

려가 강제로 결혼까지 시켰다고 한다. 중국 문화혁명의 폐해가 얼마나 비윤리적이고 홍위병의 횡포가 극렬했는지를 말해 주는 대목이기도 하다.

오랜 시간이 흘러 우여곡절 끝에 영은사가 다시 문을 열게 된 것은 문화대혁명이 실패로 끝난 1980년 이후이다. 여기서 우리가 주목할 것은 저우언라이라는 인물이다. 역대 중국 역사에서 근대의 재상으로 손색이 없는 저우언라이는 이 사실 하나만으로도 그 인품을 짐작할 수 있다.

그는 마오쩌둥의 문화대혁명의 후유증을 완화시키는 데 주력했을 뿐 아니라 가는 곳마다 인민들을 위한 선정을 베풀었으며 중국의 무분별한 역사왜곡 시도에도 자신의 소신을 가감 없이 피력했다. 역사란 결코 바꿀 수 없는 것이라며 단호히 반대했던 그였다. 현재도 중국인들에게 가장 존경받는 정치가로 남아 있다.

비래봉(飛來峰)에는 고대에 만들어진 석굴조각품 330여 개가 산을 따라 들어서 있는데 중국 강남지역에서는 구경할 수 없는 진귀한 것들이라고 한다. 마치 숨은 그림 찾기처럼 부처를 다 찾아보려면 시간이 많이 걸리기 때문에 대충 볼 수밖에 없었다. 그 밖에도 수많은 건물들이 있는데 천왕전(天王殿)에는 운림선사(云林禪寺)라고 쓰여진 편액이 걸려 있다. 이것은 청나라 중흥을 이끈 그 유명한 청나라 강희(康熙) 황제의 자필로 알려져 있다.

또 비교적 최근에 세워진 높이 33.6미터의 대웅보전(大雄寶殿)의 웅장한 모습을 빼놓을 수 없다. 전각 내부에는 24.8m의 특이한 불상이 있는데 1956년에 만들어진 작품이다. 저장미술대학 교수들과 조각가들이 함께 만든 작품으로 20세기에 만들어진 불상 중 가장 빼어난 작품이라 한다.

그 앞에는 늘 불공을 드리기 위해 몰려든 사람들로 가득하다. 중국인들은 향을 한 주먹씩 불을 붙여 들고서 연신 주문을 외우며 기원하는 것이 우리와는 다른 특이한 점이다. 우리 연수단은 시간이 촉박해 오래 머무를 수가 없어 그 방대한 사찰을 더 이상 자세히 볼 수가 없었다.

영은사의 불상들

송성가무로 본 송대의 명장 악비

영은사(靈隱寺)에서 나와 우리는 송성(宋城)을 찾아갔다. 송성가무(宋城歌舞)를 관람하러 간 것인데 이곳도 언제나 만원이다. 송성은 항저우에 있는 우리나라의 민속촌과 같다. 규모는 크지 않지만 송나라 시대에 풍습과 문물을 그 시대처럼 느껴지도록 옛날의 분위기를 곳곳에 재현해 놓고 있다. 이곳 공연장에서 하루에 두 번 송성가무가 펼쳐진다. 항저우에 올 때마다 재미가 있어 거의 빼놓지 않고 관람했는데 조금씩 현대문명의 이기를 최대한 활용해서 보다 더 입체적이고 화려하게 변해 가는 모습을 볼 수 있었다.

공연의 장르가 몇 가지 있지만 나는 송대(宋代)의 명장 악비(岳飛, 1103 ~1142) 장군에 대한 이야기가 언제나 감동적이고 좋았다. 물론 역사를 보는 관점에 따라 평가는 다를 수 있지만 주전파 악비와 주화파 진회(秦檜,

1090~1155)의 대조적인 판단과 그들의 운명이 사람들의 마음을 움직이기 때문이다. 우리나라 역사에도 이와 비슷한 시기가 있었다.

병자호란 당시 주화파와 척화파의 대립이나 구한말 개화파와 수구파의 대립 등이 그것이다. 모두가 강대국의 위력 앞에 약소국들이 대처하면서 겪어야 하는 내홍(內訌)들이다. 그래서 단견(短見)으로 옳고 그름을 함부로 말할 수가 없는 것이다. 아무튼 송성가무 덕에 항저우의 관광 코스에는 악비의 사당인 악왕묘(岳王廟)를 찾는 사람들이 점차 늘어나는 추세라고 한다.

악비는 남송(南宋, 1127~1279) 때 북쪽 여진족인 금(金, 1115~1234)의 침략에 맞서 싸운 용맹한 장군이었으나 간신들의 모함으로 희생되었다. 그는 주변의 만류에도 불구하고 죽을 줄 뻔히 알면서도 소환에 응했다고 한다. 궁중 암투는 동서고금(東西古今) 어디에서나 있었다. 그리고 악비와 같은 충신이 있는가 하면 진회 같은 간신도 있다.

충신은 언제나 우리를 감동시킨다. 간신은 자자손손 지탄의 대상이 된

항저우의 명소 송성(宋城)

남송시대 명장 악비 묘

다. 오죽하면 악비 장군묘 앞에 진회를 무릎 꿇리게 하고 침을 뱉었겠는가. 우리나라에도 악비 장군과 같은 청사에 빛나는 충무공 이순신 장군이 있고, 진회와 같은 간교한 인사들도 있었다. 또 근대에 와서도 독립을 위해 목숨을 바친 독립지사(獨立志士)와 일제에 기생해 민족의 고혈을 빨아 먹은 친일파(親日派)가 대비되고 있다.

그리고 이 같은 혼란기의 역사를 접하면서 또 하나 우리들에게 주는 교훈이 있다. 그것은 지도자의 중요성이다. 경륜이 부족해 인재를 알아보지 못하는 무능한 지도자는 결국에는 나라를 파탄내고야 만다는 사실을 수없이 증언하고 있다. 어느 시대 어느 나라를 막론하고 지도자가 시급히 깨닫고 실천해야 할 것은 제대로 된 인재등용이요, 소통과 단합이다.

그 어떤 첨단무기보다 더 무서운 것은 민족의 분열임을 명심해야 한다. 그 중심에 서서 솔선수범해야 하는 집단이 정치집단이다. 또한 언행일치(言行一致)로 모범을 보여야 하는 계층이 지도급 인사들이다. 그런데 과연 그러한가 생각해 보라. 소통보다는 단절을, 통합보다는 분열을 조장하고 정책대결보다는 정치생명이나 연장하려 하는 추태를 일삼으며 국민 위에 군림하려는 인사들이 너무나 많다. 역사의 심판을 받지 않으려면 통절(痛切)히 반성할 일이다.

송성가무(宋城歌舞) 관람을 끝으로 항저우의 주요 명소를 돌아보았다. 저녁 식사를 하고 다시 상하이로 돌아가야 한다. 시내 음식점에서 식사를 하면서 동파육(東坡肉)이라는 요리를 맛보았다. 기대가 컸던 탓인가. 소문처럼 그리 대단한 것이 아니었다. 돼지고기를 좀 크게 썰어서 삶아 익힌 것인데 제대로 된 요리가 아니어서 그런지 맛 또한 그리 특별한 것이 없었다.

소동파의 명성 덕분에 유명세를 타지 않았나 하는 생각마저 들었다. 저녁식사까지 하고 나니 항저우까지 와서 인근에 있는 쑤저우를 못 보고 가는 것이 무척 아쉽게 생각되었다. 버스를 타고 상하이로 가면서 오래 전에 부모님을 모시고 쑤저우에 갔던 기억을 차근차근 되살려 보았다.

운하의 도시 쑤저우와 한산사를 회상

춘추전국시대 오나라의 수도인 쑤저우 역시 매우 아름다운 도시다. 2,500여 년의 역사를 가진 쑤저우는 송나라 전성기에는 중국에서 제일가는 상업도시였다. 운하로 둘러싸여서인지 수많은 문인들이 모여들었으며 물산이 풍부하고 태호석(太湖石)으로 장식된 유명한 정원이 많다. 그래서 '정원의 도시' 또는 '동양의 베니스' 라 불린다.

쑤저우에는 궁궐처럼 규모가 거대한 정원들이 많다. 중국의 전통적인 정원의 모습을 오롯이 간직하고 있다. 그 중에서도 '졸정원', '유원', '사자림', '창랑정' 등의 4대 정원이 유명하다. 나는 그중에서 졸정원(拙政園)과 유원(留園)을 가보았는데 우선 그 규모에 놀랐었다.

쑤저우에는 호구산(虎丘山)이 있다. 쑤저우의 상징인 호구산은 호랑이가 웅크리고 앉아있는 모습과 닮았다고 해서 그렇게 이름이 지어졌다고 한다. 언덕 정상에는 수나라 때 지어진 명물 호구탑(虎丘塔)이 있다. 높이가 무려 47.5m의 8각형 7층탑인데 이탈리아 피사의 사탑처럼 약 15도가 기울어져 있어 눈길을 끈다. 그 규모와 정교함이 출중해서 관광객들이 쑤

저우에 오면 즐겨 찾는 곳이기도 하다.

또 그 밖에도 나의 시선을 멈추게 한 곳은 오왕(吳王) 합려(闔閭)가 천하의 명검을 시험해 보기 위해 바위를 칼로 잘랐다는 시검석(試劍石), 평평한 바위 위에 1,000명이 둘러앉아 승려의 설법을 들었다는 천인석(天人石), 오왕 합려의 묘로도 알려진 검지(劍池)가 있는데 벼랑 아래 새빨간 글씨의 호구검지(虎丘劍池)라는 한자가 눈에 띈다. 오왕 합려가 죽을 때 애검(愛劍) 3,000자루를 함께 묻었다는 이야기가 전해지고 있다.

쑤저우는 중국의 퇴임한 관리들이 마지막 여생을 보낼 장소로 맨 먼저 꼽는다고 한다. 그만큼 편안하고 아름답다는 증거다. 아마 관광객들 대부분도 그렇게 느꼈을 것이다. 성 밖에는 장계(張繼)의 유명한 명시(名詩)가 탄생한 한산사(寒山寺)라는 사찰이 있다.

한산사와 장계의 시 '풍교야박'

한산사는 처음에는 작은 암자였는데 당나라 때 고승 한산(寒山)이 주지로 있으면서 이름을 '한산사(寒山寺)' 라고 지었다. 사원이 지금처럼 대규모로 지어진 건 청나라 때 들어서다. 한산사를 유명하게 만든 것은 시 '풍교야박(楓橋夜泊)' 때문이다. 당나라 때 장계(張繼)라는 사람이 과거시험을 볼 때마다 번번이 낙방하였는데 세 번째 과거에서 또 낙방하고 말았다.

실력이 부족한 것이 아니라 부패로 얼룩진 조정 관료들의 농간 때문이었다. 조정을 원망하고 자신의 처지를 비탄하며 낙방거사(落榜居士)가 되어 고향으로 돌아가는 길에 쑤저우에 들르게 되었다. 우연히 배 위에서 하룻밤을 유숙하게 되었는데 새벽녘에 은은하게 들려오는 한산사의 종소리를 듣고 자기의 심정을 시로 남겼다고 한다. 그게 바로 유명한 시 '풍교야박(楓橋夜泊)' 이다.

나는 어렸을 때 서당에서 무슨 뜻인지도 모르고 어른들이 시키는 대로 수없이 암송

쑤저우 한산사 비석에 새겨진 풍교야박시

하여 지금도 기억하고 있다. 한산사에서 울렸던 그 종은 청나라 말에 일본이 약탈해 가고 지금의 종은 다시 만들었다고 한다. 청나라 강희제(康熙帝)는 이 시를 읽고 너무 좋아서 대신들과 비빈들을 거느리고 한산사를 직접 찾았다고 하는데 그 뒤로 장계의 풍교야박시와 한산사는 더욱 유명해져 쑤저우를 찾는 사람은 한산사를 한 번쯤 들러가게 되었다.

지금도 한산사를 들어서면 이 '풍교야박'을 새겨놓은 대형 시비(詩碑)가 있고 그 비석에 새겨진 시를 탁본으로 만들어 판매하고 있다. 나도 오래 전에 한 점을 구매하여 서재에 걸어두고 틈나는 대로 읽어보곤 한다.

풍교야박(楓橋夜泊) _ 장계(張繼)

月落烏啼霜滿天(월락오제상만천)
江楓漁火對愁眠(강풍어화대수면)
姑蘇城外寒山寺(고소성외한산사)
夜半鍾聲到客船(야반종성도객선)

달은 져 까마귀 울고 하늘에는 서리로 가득한데
풍교 아래 고깃배의 불빛 바라보며 잠 못 이루네.
저 멀리 고소성 밖 한산사에서 들려오는
새벽종소리 이 배에까지 들려와서 나를 울리네.

　당나라 낙방거사 장계가 이 시 '풍교야박' 하나로 세계적인 유명시인의 반열에 올라 교과서에까지 실려 오늘까지 전해지고 있다. 세월이 천삼백 년이나 흐른 지금 그때 부정으로 과거에 급제한 사람이 성공한 것인지 낙방거사였던 장계시인(張繼詩人)이 성공한 것인지 알 수가 없다. 이를 두고 선인들은 새옹지마(塞翁之馬)라고 했던가.
　이런 생각 저런 생각을 하다가 상하이에 도착했다. 어느덧 날은 저물어 깜깜한 밤이 되었다. 차창으로 보이는 상하이의 야경이 참으로 휘황찬란하다. 이젠 명실 공히 옛날의 중국이 아니다. 잠자던 사자가 드디어 용틀임을 시작한 것이다. 이 같은 중국의 발전을 보면서 현대문명의 또 다른 힘이 느껴지기도 한다. 우리는 상하이공항에서 밤 9시 35분에 출발하는 베트남 호치민행 밤비행기를 타야 한다.
　항공기를 기다리며 중국을 작별하는 커피 한잔을 마신다.

멀고 먼 월남 땅 호치민(사이공)에 도착하다

상하이공항을 이륙한 비행기는 칠흑처럼 깜깜한 밤하늘을 날고 날아서 0시 30분에 호치민 공항에 도착했다. 비행기에서 내리자 특유의 고온다습한 열대성 온기가 느껴지고 끈적거리는 냄새가 코끝으로 풍겨왔다. 입국수속을 마친 후 마중을 나온 가이드와 만났다. 온도부터 물었다. 30도 가까이 된다고 한다.

늦은 밤이라 머뭇거릴 시간이 없이 호텔로 직행해서 체크인을 마쳤다. 벌써 새벽 2시가 넘어 있었다. '옴니 사이공 호텔' 이었다. 하루 종일 강행군을 한 터라 모두들 방에 들어가자마자 취침에 들어갔다. 월남에서의 첫날밤은 꿈속에서 맞이하게 되었다.

아침 7시에 기상했다. 객실에서 커튼을 걷고 창밖을 보니 남국의 정취가 물씬 느껴지는 베트남 풍경이 시야에 들어왔다. 아침 산책은 생략하고 아래층에 마련된 식당에서 아침을 들었다.

오늘도 일정이 빡빡하다. 오전 10시에 호치민시 경제원으로 이동해 공식 일정으로 계획되어 있는 호치민시 경제원 관계자들과의 면담이 첫 일과였다.

호치민시 경제원에 도착해 2층 세미나실로 들어서니 관계자들이 반갑게 맞이해 주었다. 참석자는 우리 측 통일교육원 연수단 27명과 호치민시 경제원 쩐주릭(Tran Du Lich) 원장을 비롯한 관계자들이 함께 했다. 우리 연수단의 통역을 위해 주호치민총영사관의 간부가 통역원을 동행해서 나왔다. 아마도 통일부에서 미리 협조를 요청해 놓은 것 같았다.

◀

오늘 면담에서 다루어질 주요 관심사항은 다음과 같다

- 베트남의 대외 개방정책의 추진 배경과 내용
- 대외 개방정책 과정에서 야기된 문제점 및 해결방안
- 베트남 통일 이후 나타난 사회적 갈등해소를 위해 정부의 노력과
  사회통합교육의 주요 내용
- 베트남 개혁개방이 북한에 주는 교훈
- 한국정부의 대북정책에 대한 평가와 조언 등이다

호치민시 경제원에서 통일베트남의 현황을 듣다

면담에 들어가기에 앞서 먼저 쩐주릭(Tran Du Lich) 원장의 환영사와 호치민시 경제원 현황에 대한 설명이 있었다. 우선 명칭은 '호치민시 경제원'이라고 하며 소속은 호치민시 인민위원회에 직속되어 있는 연구기관으로 호치민시공산당, 호치민시의회에 호치민지역의 경제사회의 관리와 발전문제에 대해 정책건의 및 자문하는 기능을 담당하고 있다고 한다.

쩐주릭 원장은 베트남의 국회의원이기도 하다고 자신을 소개하며 오늘 담화가 베트남과 대한민국의 미래지향적 발전을 위한 유익한 시간이 되기를 희망한다며 인사말을 마쳤다.

이어서 연수단 단장인 통일교육위원 중앙협의회 장청수(張淸洙) 의장의 답사가 있었다.

다음엔 호치민시 경제원의 실무를 담당하고 있는 관계자가 나와서 구체적인 담당업무에 대해 설명을 해 주었다. 상당히 긴 시간에 걸쳐 이야기했지만 요약하면 다음과 같다.

- 호치민시 및 인근지역의 경제사회 발전계획의 연구
- 경제분야 중 국가 행정관리와 경제관리에 대한 연구수행
- 경제사회에 대한 각종 제안, 프로그램, 프로젝트의 심사 및 연구지도
- 호치민시의 경제사회 발전현황을 파악하고 분석해 매 6개월마다 호치민시 의회에 보고
- 국내외 경제관련 기관과 교육, 연구, 홍보, 자문 등에서 협력 추진
- 호치민시의 유관기관의 요청을 받아 연구수행 및 자문 실시
- 호치민시 및 인근지역의 사회경제에 관한 연구결과 및 자료보관 등을 다룬다고 한다

베트남측의 설명이 끝나고 우리 위원들의 질문이 이어졌다.

주로 통일 베트남에 대한 궁금한 것과 방문한 곳이 경제원이었기 때문에 '도이머이'(쇄신이라는 뜻을 가진 베트남의 경제정책으로 1986년 공산당 6차 대회에서 채택된 개혁정책을 말함) 경제정책에 대한 것, 그리고 호치민시와 베트남의 역사 등 다양한 질문들이 이어졌다. 그들은 진심을 다해 답을 주려고 애썼다.

하지만 직접 대화가 아닌 통역을 통해 전달되었기 때문에 우리가 알고자 하는 데 비해 더디고 한계가 있었다. 그러나 12시가 지나서까지 이어진 대화는 매우 진지하게 진행되었다. 통일 베트남과 호치민시에 대해서 여러모로 배우는 유익한 시간이 되었다.

통일 베트남과 호치민시, 그리고 베트남의 미래

베트남(Vietnam)은 동남아시아의 인도차이나반도 동쪽에 위치한 나라

로서 면적(330,991km²)은 우리 한반도의 1.5배 정도가 된다. 동서로는 가깝고 남북으로는 무척 길게 뻗어있는 나라이다. 남북의 길이가 1,750km이며, 중부는 폭이 50km에도 미치지 못한다. S자 형태의 해안은 길이가 3,260km에 달해 다양하고 풍부한 어종을 형성하고 있다.

북쪽으로는 중국과 국경을 마주하고, 서쪽으로는 장산산맥(長山山脈)을 경계로 라오스와 캄보디아와 접하고 있으며, 동쪽으로는 남서쪽에 이르기까지 동해와 태국만(灣)에 이어져 있다. 기후는 고온다습하며 북쪽은 아열대성이고, 남쪽은 열대성 기후를 보이고 있다. 베트남의 전체 인구는 8,000만 명이 넘으며 80%가 농촌에 거주하고 있다.

민족분포는 베트남인이 88%를 차지하고, 60여 개의 소수민족이 살고 있다. 언어는 베트남어를 사용하고 종교는 거의가 불교를 믿고 가톨릭이 약 9%를 차지한다. 베트남의 1인당 GDP는 500달러 정도이고 현재 통일 베트남의 정부형태는 공산체제이고 단원제로 되어 있다. 수도는 하노이(Hanoi)이고 국가원수는 '레둑안' 주석이다.

정치적으로는 공산체제를 유지하고 있지만 1986년 개혁정책인 '도이머이' 정책을 실시함으로써 토지정책부터 개혁하였다. 개인의 토지사용권을 인정하고 배분함으로써 식량증산이 급증하고 시장경제를 받아들여 눈부신 경제번영을 지속하고 있다. 우리가 주목해야 할 국가 중 하나이다.

호치민시는 예전에 우리에게 사이공(Saigon)으로 알려졌던 도시이다. 베트남전쟁에서 미국의 후원을 받은 남부베트남의 수도였던 곳이다. 오랜 세월 프랑스의 식민지로 통치를 받아 시내에는 곳곳에 '통일궁'을 비롯하여 '중앙우체국', '노틀담 성당' 등 멋있는 프랑스 전통의 서양식 건축물들이 아직도 많이 남아 있다. 한때는 '동양의 파리'라고 할 만큼 세계적으로 많이 알려진 도시다.

지금은 베트남전쟁을 승리로 이끈 북부베트남의 지도자 호치민의 이름을 따서 호치민시(Ho Chi Minh City)로 명명(命名)되고 통일 후에 새롭게 정비된 도시다. 면적(2,029km²)은 서울의 3배 쯤 되고, 인구 1,200만 명으로 베트남에서 가장 큰 도시이다. 또 가장 큰 경제의 중심지이자 가장 큰 항구도시이기도 하다. 지대가 형성된 지는 불과 300년 밖에 안 되었지만 삼각주 지역의 비옥한 퇴적층(堆積層)에 위치해 있어 농작물과 산업용 목재 수확은 타의 추종을 불허할 만큼 풍부하다.

과거 서양의 무역상들이 사이공의 선착장으로 몰려들어 내륙으로 이동하면서 베트남 교역활동의 중심지로 '동양의 진주' 라 불렸다고 한다. 호치민시의 또 하나 특이한 점은 시내에서 주변의 여러 지역으로 이동할 때 미로처럼 복잡하게 얽힌 수로를 따라 보트를 이용해서 이동하는 것도 다른 도시와 차별되는 호치민시가 제공하는 또 다른 즐거움이다.

또 수백 개의 강과 수로(水路)가 합수(合水)되는 지역으로 가장 큰 수로는 길이가 106km의 사이공 강이다. 호치민시는 현재 아시아 고속도로망과 고속철도망 연결을 추진하고 있다.

오늘의 베트남을 있게 한 도이머이 경제정책

'도이머이' 정책은 오늘의 베트남을 있게 한 성공한 경제정책이다. '도이머이' 는 한 마디로 쇄신(刷新)이다. 개혁개방정책으로 전환한다는 것이다. 더 간단하게 말하면 시장경제(市場經濟)의 도입이라고 할 수 있다. 즉 다양한 소유경제구조를 인정하여 경쟁을 바탕으로 사회주의 실현을 목표로 하는 정책이다. 도이머이 정책의 모델은 정치개혁에 앞서 먼저 경제개혁을 추진한 것이다. 그 가시적으로 나타난 경제적 성과를 바탕으로 점진적인 정치개혁을 모색하려는 전략적 경제우선정책이다.

이는 베트남 지도부가 국제정세의 변화와 과학기술의 발전, 세계경제의 국제화가 가속화 되고 있는 현실을 직시하고 미래를 예견(豫見)한 매우 현명한 정책이라고 볼 수 있다. 이는 과거 성급하게 정치개혁과 경제개혁을 동시에 추진하려다 총체적 난관에 봉착해 실패한 동구권의 전철을 밟지 않고 경제개혁(經濟改革)을 우선적으로 단행하여 성공을 거둔 중국식 모델을 받아들인 것이라 할 수 있다.

아무튼 '도이머이' 정책은 전쟁으로 침체(沈滯)된 베트남의 경제지표(經濟指標)를 바꾸어 놓은 성공적인 정책으로 평가할 수 있다.

우리 연수단은 호치민시 경제원에서 나와 점심식사를 했다. 호치민 시내에는 차보다 오토바이가 많다. 많아도 엄청나게 많다고 해야 한다. 속설에 의하면 베트남에 가면 오토바이를 보고, 캄보디아에 가선 돌을 눈여겨 보고, 라오스에 가면 사람을 보라는 말이 실감이 났다. 베트남을 처음 방문하면 가장 먼저 눈에 들어오는 것이 바로 끝없이 이어지는 오토바이 행렬이다.

특히 호치민이나 하노이 같은 대도시의 출퇴근 시간에 만나는 오토바

베트남 경제정책에 대한 발표와 토론회

베트남 시내의 오토바이 행렬

이 행렬은 거대한 파도와 같은 물결을 이룬다. 혼자서 타고 가는 사람보다 둘씩 셋씩 타고 간다. 심지어 농촌에도 가는 곳마다 오토바이를 타고 가는 사람이 많은데 헬멧의 착용은 기본이고 오토바이마다 자동차처럼 등록번호를 달고 있다. 한때는 1,400만대를 돌파했다고 한다.

그중 일본의 혼다가 대부분이었고, 도로 주변에 혼다의 판매점과 수리점들이 유독 많았다. 일본 기업의 발 빠른 세계화를 보는 것 같아 그들의 상술은 역시 대단하다는 생각이 들었다. 우리는 시내에서 한식으로 식사를 마치고 미토로 향했다. 메콩 델타지역을 보기 위해서다.

이동 중 차창으로 보이는 시골의 모습은 그야말로 한가로움의 극치였다. 나무에 요람처럼 생긴 그물망을 매달아 놓고 흔들흔들 낮잠을 즐기는 사람들이 많은데 대부분 남자들이어서 이상한 생각이 들었다. 남자들은 곳곳에 모여 수다를 떨고 대부분이 게으름을 피우고 있었다. 삿갓을 쓰고 열심히 일하는 사람들은 대부분 여자들이었다.

들에서 일하는 사람도, 배에서 노 젓는 사공도, 물건을 파는 이들도 여성들이었다. 심지어는 국회의원이나 관공서 직원들 중에도 여자들이 훨씬 많다고 한다. 쉽게 이해가 되지 않았으나 오랜 전쟁으로 남자들은 모두 전선에 나가고 여자들이 생활을 담당해 온 결과가 아닐까 하는 생각이 들었다.

광대하고 풍요로운 메콩 델타지역에 가다

또 농촌마을을 지나다 보면 논 한가운데를 차지하고 있는 조형물들이 많이 눈에 들어온다. 그래서 알아보니 모두가 묘지라고 알려주었다. 평생 고인이 생활하던 곳이 익숙하기 때문에 그곳에 모시는 것이라고 한다.

산이 적고 대부분이 평야지대라 그렇기도 하지만 그래도 물속에 안치하는 장묘문화가 산에다 모시는 우리하고 완전히 달라서 특이하게 생각되었다. 그러나 꼭 그것만을 고집하는 것은 아니고 지역에 따라서는 수장(水葬)이나 풍장(風葬)도 행한다고 한다.

델타지역 메콩강 포구 모습

고인을 보내는 의식도 지나친 슬픔보다는 노래를 부르며 평화롭게 치른다고 한다. 극락왕생(極樂往生)을 비는 불교의 영향을 많이 받아 죽음을 자연의 순리로 받아들이는 풍습이 아닌가 생각되었다.

한참을 달려 메콩 델타지역에 도착하였다. 메콩 델타지역은 메콩강의 하류에 위치한 광활한 베트남의 곡창지대를 말한다. 강물로 인한 퇴적작용으로 매우 자연스럽게 비옥한 땅이 형성된 것이다. 베트남 쌀의 대부분이 이곳에서 나온다. 메콩강은 베트남뿐 아니라 동남아의 여러 나라를 거쳐 흐르는 천혜(天惠)의 젖줄이다.

발원지는 티벳이다. 해발 4,900m가 넘는 티벳고원에서 눈이 녹아 흐르는 물이 최초의 시작이다. 여기서 발원한 물이 중국, 미얀마, 태국, 라오스, 캄보디아, 베트남을 돌고 돌아 남중국해에 이른다. 참으로 길고 긴 강이다. 메콩강의 총 길이는 미시시피강보다 250마일이 더 긴 2,600마일이나 된다고 한다. 메콩강은 베트남어로 츄롱(Cuu Long)이라 하는데 '아홉 마리의 용' 이란 뜻을 가지고 있다.

이는 메콩강이 강 하류에서 아홉 갈래로 갈라지기 때문에 생긴 이름이다. 델타는 프랑스가 통치하면서 관개시설을 정비해 놓아 수많은 수로가 꾸불꾸불 교차해 가며 들어서 있다. 델타지역 중에서도 중국인들이 세운 미토가 가장 유명하다. 강 유역에는 총면적이 약 5만km² 이르는 광대한 숲지대와 풍요를 가져다주는 비옥한 지대가 있다.

이곳이 세계에서 가장 많은 쌀이 생산되는 최대의 곡창지대다. 이곳 델타지역의 사람들은 수상가옥에서 지내는 사람이 많다. 기후는 우기와 건기가 있어 5월에서 12월에는 비가 집중적으로 내리고 그 외에는 거의 내리지 않는 특성이 있다.

우리는 유람선에 올랐다. 드넓은 메콩강이 시원하게 펼쳐져 기분마저 호쾌해졌다. 배가 움직이자 하얀 삿갓에 베트남 여인들의 전통복인 '아오자이' 를 입은 베트남 여인이 빨대를 꽂은 야자열매를 한 통씩 나누어

델타지역 민속마을

주었다. 날씨도 무덥고 목이 마르던 차에 아주 좋은 선물이다 싶어 내심 반겼는데 막상 마셔보니 시원하지도 않을 뿐더러 맛도 기대했던 것보다 별로여서 크게 실망하였다.

　우리는 30분쯤 배를 타고 '유니콘 섬'으로 이동해 이민족(異民族) 문화 탐방에 나섰다. 여러 종류의 열대과일도 맛보고 전통생활 체험도 했다. 용아농장을 방문해서는 정크선으로 정글수로를 탐험했는데 이색체험에 재미도 있었지만 이민족이 살아가는 지혜와 삶의 모습을 보며 색다른 정취에 흠뻑 젖어 보았다. 저녁 늦게 호치민으로 귀환하였다.

제5일, 2007년 10월 19일 (금요일)

　6시에 기상했다. 대충 씻고 호텔 인근에서 열대과일을 팔기 위해 나와 있는 노점상들을 만났다. 끝없이 줄지어 늘어서 있는데 물건들은 거의가 비슷했다. 베트남에는 노점상들이 유난히 많은데 대부분이 빵과 국수를 파는 곳이 많다. 그들은 그리 오랜 시간 장사하지 않아도 수입은 괜찮은 편이라고 한다. 불교를 신봉하는 민족이라 크게 욕심내지 않아서 그런지 모르겠다.

우리가 외국인이라서 그런지 만나는 사람마다 매우 친절하고 순박한 모습을 보여주었다. 아직 시간이 일러서인지 가게 문을 열지 않은 곳이 많았다.

별로 살 것도 없고 해서 한 바퀴 돌고 호텔로 돌아왔다. 오늘은 아침식사를 마치고 호치민 시내 명소를 돌아보기로 했다. 먼저 간 곳은 전쟁박물관(War Remnants Museum)이다.

1975년 9월에 처음 문을 열었다고 한다. 베트남전쟁과 프랑스 식민지 시대에 사용된 각종 무기들과 이와 관련된 사료들이 전시되어 있는 곳이

베트남 전쟁박물관에 전시된 당시 사용됐던 전차의 잔해

다. 강대국들의 침략으로 베트남 인민들에게 자행했던 잔인한 전쟁 범죄와 후유증을 수집하여 전시하고 있다.

입구에서부터 전쟁박물관답게 장갑차와 대포, 폭격기, 미사일 등이 전시되어 방문객들의 시선을 끈다.

1975년 문을 연 뒤 2006년까지 31년간 천만 명이 넘게 관람했고, 매년 50만 명의 해외 관광객들이 방문하고 있다고 한다.

우리가 눈여겨볼 만한 전시품으로는 베트남전(越南戰))에 참전한 한국군의 사진이다. 그리고 '퓰리처 상' 수상으로 전 세계에 베트남전의 참혹상을 알린 소녀가 알몸으로 울부짖으며 내달리는 사진, 할머니의 머리에 밀착시켜 총을 겨누고 있는 끔찍한 사진, 고엽제피해의 실상을 적나라하게 표현한 사진과 전시품들이다. 안에는 호치민(胡志明; 호지명, 1890~1969)의 사진과 흉상이 있다.

나는 베트남 구국의 영웅이자 통일의 기반을 마련한 호치민의 초상화를 한참동안 들여다보며 '호치민' 이라는 인물에 대해 한 번 연구해 보았으면 하는 생각이 들었다. 아마도 베트남이 우리나라와 너무나 많은 유사점을 지니고 있는 나라이기도 하고, 특히 전쟁과 분열로 불가능에 가까운 남북분단(南北分斷)을 극복하고 통일(統一)을 이룬 국가라는 점에서 무심할 수가 없기에 그렇다.

또 그 기적 같은 대업의 중심에 우뚝 서 있는 인물이 바로 호치민이기 때문이다. 호치민의 사진을 보면 작은 체구에 깡마른 얼굴, 그저 아무데서나 만날 수 있는 평범한 시골 노인처럼 생겼다.

그런데 어디에서 그처럼 무서운 힘과 지혜가 샘솟고 세계를 움직이는 경륜을 펼칠 수 있었으며, 막강한 두 강대국 프랑스와 미국을 꺾고 독립과 통일이라는 엄청난 대업을 이루었는지 궁금할 수밖에 없다. 아무리 생각해도 보잘것없는 제3세계인 베트남의 국력으로는 도저히 불가능한 일을 해낸 그 저력은 무엇인지 연구의 대상이 아닐 수 없다.

베트남전쟁과 미국

베트남전하면 우리는 월남전이란 말에 더 익숙해져 있다. 그러나 베트남을 비롯한 여러 나라들은 보통 '제2차 인도차이나 전쟁'이라 부른다. 이 전쟁은 1965년부터 1975년까지 10년간에 걸친 긴 전쟁으로 또 하나의 이념전쟁(理念戰爭)이다. 우리나라 6.25 한국전쟁과 비슷하다.

원래는 남베트남과 북베트남이 벌인 동족간의 전쟁이었는데 여기에 미국이 뛰어들면서 점차 국제전으로 변모한다. 결국에는 세계대전에 버금가는 대규모 전쟁이 되고 말았다.

베트남은 프랑스의 식민지였다. 독립을 쟁취하기 위한 오랜 투쟁 끝에 1954년 5월 7일 마침내 프랑스를 몰아내고 승리하게 된다. 이를 '제1차 인도차이나 전쟁'이라 부른다. 그런데 승전의 기쁨도 채 누리기 전에 이번엔 급변하는 국제정세의 파고에 휘말리게 된다. 바로 미국과 소련의 냉전시대의 도래로 말미암아 결국 제네바조약에 의해 북위 17도선을 경계로 북은 공산진영 남은 민주진영으로 분할되기에 이른다.

그 후 시간이 갈수록 남베트남 전역에 걸쳐 공산주의 반란군인 베트콩(남베트남 민족해방전선 산하 무장단체)이 뿌리를 내리고 암약(暗躍)하게 되면서 정국혼란을 가져 오게 된다. 이것 역시 해방 후 우리나라 정국과 쌍둥이처럼 닮아 있다.

당시 세계는 2차 대전이 끝나고 국제정치의 패권을 놓고 미국과 소련 양대 산맥이 한 치의 양보 없는 힘겨루기에 진입해 있었다. 또한 국제정치학계에는 소위 '도미노이론'이 팽배해 있었다. 즉 한 나라가 공산화 되면 옆에 있는 나라까지 영향을 미치게 된다는 이론을 말한다.

실제로 동유럽이 그랬고, 이제는 동남아시아까지 공산주의의 세가 무섭게 확산되고 있었다. 특히 아시아에 영향력이 큰 중국의 동태가 예사롭지 않음을 간파한 미국은 불안을 느끼고 긴장하게 된다.

그래서 이를 막기 위한 방법을 고민하다가 1964년 8월 7일 발생한 '통킹만사건'을 핑계로 베트남 전쟁에 참전하게 된 것이다. 더구나 설상가상으로 1964년 10월에는 중국이 미국, 소련, 영국에 이어 세계 4번째로 핵실험에 성공하게 된다. 그 동안 마오쩌둥이 경제보다는 군사력 증강에 절치부심(切齒腐心)한 결과였다. 이렇게 되자 미국은 더욱 초조해져 소련과 중국이 주도하는 공산세력 견제에 나서게 된다. 미국이 베트남전쟁의 수렁으로 깊숙이 빠져들 수밖에 없었던 이유다.

　　그런데 여기서 말하는 소위 '통킹만사건'이란 베트남의 남북전쟁이 한창이던 1964년 8월에 베트남 통킹만 해상에서 북베트남군이 두 차례에 걸쳐 미국 구축함을 공격하였고, 미군이 이를 곧바로 격퇴했다고 보도된 사건을 말한다. 그러나 나중에 밝혀진 바에 의하면 이것은 미국이 베트남전에 참전하기 위한 구실을 만들기 위해 일부러 저지른 것으로 일명 '통킹만 조작사건'이라 부른다.

베트남전을 고발한 사진, 알몸소녀의 울부짖음

미국이 얼마나 급했으며 사이공 지키기에 고심(苦心)이 컸는지를 알 수 있는 대목이다. 어쨌든 1965년 3월, 미국이 베트남전쟁에 본격 참전하게 된다. 동시에 전선은 갑자기 크게 확대되기에 이른다. 인근에 있는 라오스, 캄보디아는 물론 동남아 여러 나라까지 영향을 미치게 되고 마침내 중국까지도 이 전쟁에 발을 담그게 된다.

그러자 이에 맞서 미국의 영향력 아래 있던 한국을 비롯한 필리핀, 호주, 뉴질랜드, 태국까지 참전을 결정함으로써 베트남전쟁은 이제 걷잡을 수 없는 소용돌이에 휩싸이게 된다. 이후부터 이 전쟁은 장장 10년간이나 계속되며 미국은 베트남 정글의 수렁 속으로 빠지고 만다.

참전을 선언하고 베트남 밀림에 발을 디딘 미국은 동남아시아의 공산화를 막기 위해 총력을 기울인다. 베트남전쟁에 모든 군비와 전력을 투입하였다. 특히 존슨 미국대통령은 과거 트루먼과 애치슨이 중국의 공산화를 막지 못한 것에 대한 비판적 시각을 가진 터라 만약 사이공이 공산화된다면 이를 막지 못한 미국과 자신에 대한 세계적 비난에 직면할 것이라는 것을 이미 알고 있었기에 더욱더 발을 빼기가 어려웠다.

어쨌든 미국은 참전기간 중 상상을 초월한 가공할 최첨단 살상무기들을 대량 투입하였다. 베트남전이 막바지에 이르는 1972년 3월에는 월맹의 공세가 거세지자 미군도 마치 분풀이를 하듯 연일 더 거센 공격을 퍼붓게 된다. 전투기 1400대(미전투기의 40%), B52전폭기 153대(미B52전폭기의 45%), 미 7함대 소속 전함 14척을 투입하였으며, 12월에는 북베트남을 협상테이블로 끌어내기 위해 12일 동안 밤낮으로 12만 톤의 폭탄을 투하함으로써 베트남 전역을 초토화 시켰다. 그러나 이 같은 총력전도 효과가 없었다.

이처럼 아무리 전략물자를 쏟아 부어도 끝이 보이지 않는 소모적인 전쟁이 계속되자 미국은 지쳐갔고, 미국 국내에서는 국민들의 반전(反戰) 여론이 들끓기 시작했다. 아무 실속 없는 전쟁에 끼어들어 젊은 청년들의 목숨만 앗아가고 경제는 날로 피폐해지니 그럴 수밖에 없었다. 국내외적으로 명분 없는 침략전쟁(侵略戰爭)이라는 비난과 질타가 쏟아졌고 국가 신뢰도마저 추락하고 말았다.

뿐만 아니라 5만8천여 명의 미군이 베트남 정글에서 죽어 갔고, 30여만 명이 부상당했으며, 2,000억 달러의 전쟁비용으로 경제마저 쇠퇴의 길로 접어들게 되었다. 결국 국민들의 압력에 못 이겨 미국 정부는 1973년에 가서야 미군을 베트남에서 철군하게 된다. 사실상 패배를 인정한 것이다.

미국이 베트남전쟁에 참여한 것은 성급(性急)하고 무모(無謀)했다. 냉전체제의 특성상 불가피한 선택이었다 해도 적정파악에 실패했고 전략 역시 신중하지 못했다. 어쩌면 자만이었는지도 모른다. 미국은 베트남을 몰라도 너무 몰랐다. 특히 주적이 북베트남인지 베트콩인지 베트콩을 지원하고 있는 남베트남 사람인지 정확히 알지 못했다. 누구인지조차 불분명한 싸움을 하게 되었으니 희생만 크고 결국 패전하게 된 것이다.

사전에 이를 알았더라면 충분히 피할 수 있는 전쟁이었고, 또 참여했더라도 일찍 끝낼 수 있는 전쟁이었다. 그 기회를 놓친 것은 상대에 대한 무지(無知)와 오해(誤解)에서 비롯되었다는 것을 나중에야 알게 되었지만 후회만 남기게 되었다.

총력전도 무색하게 미국은 베트남전쟁에서 사상 최초로 쓰라린 패배를 맛보게 된다. 그것도 비교가 되지 않을 만큼 전력 차이가 나는 약소국(弱小國)과의 전쟁에서 패했다. 군사적(軍事的)으로나 정치적(政治的)으로나 도덕적(道德的)으로 변명의 여지가 없는 완전한 패배였던 것이다. 세계 최강의 미국은 자존심에 상처를 남겼고 치욕을 감내해야만 했다.

미군이 아무 성과도 거두지 못한 채 병력을 철수하게 되자 남베트남 정부는 맥없이 무너져 내린다. 그저 미국과 다국적군에 의지해 전쟁을 끌어온 결과였다. 그리고 마침내 북베트남군에 의해 사이공이 함락됨으로써 베트남전쟁은 북베트남이 승리하게 된다. 이로써 프랑스와의 전쟁까지 더하면 장장 17년에 걸친 베트남 전쟁은 막을 내렸다.

1975년 4월 30일, 북베트남군이 남베트남의 수도였던 사이공의 대통령궁(현 통일궁)에서 정식으로 항복문서에 서명을 받음으로써 남북통일(南北統一)을 이루게 된다. 그리고 이듬해인 1976년 7월 2일, '베트남사회주의공화국'을 수립하면서 베트남은 하나의 통합국가가 되고 오늘날의 통일베트남이 된 것이다. 우리는 베트남전을 소재로 만든 '플래툰'이나 '디어헌터', '지옥의 묵시록' 같은 영화를 통해 베트남전의 참상을 조금은 엿볼 수 있다.

나는 당시 군복무를 마치고 제대한 지 얼마 되지 않았을 때였는데 사이공이 함락(陷落)되자 국민들을 버려둔 채 허겁지겁 비행기를 타고 국외로 탈출하는 월남 관료들의 무책임하고 비굴한 모습을 보고 월남 정부의 부패와 타락상을 확인할 수 있었다.

1975년 4월 21일 남베트남 마지막 대통령인 '구엔 반 티우'는 철수하는 미군을 향해 맹렬한 비난을 퍼부으며 미군이 마련한 군용기에 허겁지겁

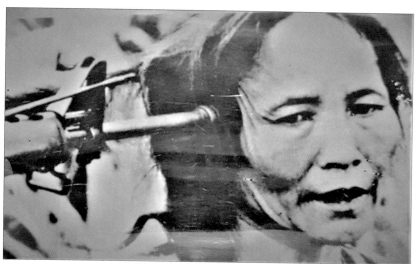

노인의 머리에 총을 겨눈 모습

몸을 싣는다. 금괴 2톤을 챙겨 첫 망명지인 대만으로 향했다. 미군의 막대한 지원에도 그의 무능과 관료들의 부패로 인해 치욕의 패배를 당했고 결국 망명정객이 된 것이다.

그뿐 아니라 이미 공산당이 장악해 버린 사이공을 탈출하기 위해 가랑잎처럼 생긴 보트를 타고 망망대해(茫茫大海)를 떠도는 수많은 '보트피플'의 살려달라고 아우성치는 애절한 호소가 지금도 눈앞에 생생하게 떠오른다. 베트남전쟁의 폐해가 어디 그것뿐이겠는가. 이외에도 베트남전쟁에서 사망한 사람은 남북 베트남을 합해 500만 명이 넘고, 수백만 명의 부상자가 발생했으며, 죄 없는 어린이와 부녀자와 노약자들이 무참히 살해되었다.

전국의 주택은 물론이고 학교, 병원, 공장까지 수십 만 발의 포탄을 퍼부어 모조리 파괴되어 버렸으며, 나무와 풀들을 고사시키는 고엽제(枯葉製)라는 고약한 화학약품을 살포해 그 아름답던 산림과 귀중한 농작물들

월남을 탈출하기 위해 바다로 뛰어든 사람들(보트 피플)

을 처참하게 황폐화 시켰다. 이 같은 참담한 전쟁은 지구촌 어디서든 다시는 있어서는 안 된다. 아직도 분단국으로 살아가는 우리가 다시 한 번 되새겨 어렵더라도 반드시 평화통일의 문을 열어야 할 것이다.

베트남전쟁과 대한민국

대한민국은 베트남전쟁과는 인연이 깊다. 미국 다음으로 많은 병력을 파견한 나라다. 그뿐 아니라 우리 한국 역사에서 외국 전쟁에 처음으로 군 병력뿐 아니라 일반 기업인까지 가장 많은 인원이 참여한 기록도 남겼다. 일설에는 동맹국인 미국이 참여를 요구해서 참전한 것이 아니라 한국 스스로 자진 요청해서 참전하게 되었다는 것이다. 다분히 정치적으로나 경제적인 고려가 있었을 것이라는 생각이 든다.

어쨌건 많은 병력이 참전했고 많은 병사가 이역만리 외국 땅에서 희생되었다. 한국군의 베트남전 첫 참전은 1964년 9월 11일이다. 전투요원이 아닌 의료진과 태권도 교관 일행을 먼저 파견하였다. 그리고 뒤이어서 1965년 3월, 건설지원단인 비둘기부대를 파견했다. 계속해서 본격적인 전투요원으로 맹호부대(猛虎部隊), 청룡부대(靑龍部隊), 백마부대(白馬部隊) 등을 파병해 대한의 전사로서 용맹을 떨쳤다.

당시 월남에 파병되는 군인들을 격려 응원하는 노래가 만들어져 학교마다 널리 보급되기도 했고, '월남에서 돌아온 김 상사'라는 가요가 인기를 끌었다. 주월 한국군 사령관 채명신(蔡命新) 장군의 활약상이 연일 방송 전파를 타기도 했다. 또 연예인들로 구성된 월남장병 위문단이 꾸려져 월남 현지까지 날아가 장병들을 위한 공연을 펼치기도 했다.

그러나 전쟁은 영광보다는 상처가 크고 깊은 법이다. 월남전에서 우리 병사들의 희생도 컸다. 연인원 총 32만 5,000명의 전투요원이 참전하여

1973년 3월 23일 완전히 철수할 때까지 만 8년 6개월 동안 4,600여 명이 전사하고 수많은 부상자를 냈다. 그밖에도 고엽제 피해자가 되어 아직도 그 후유증과 함께 전쟁 트라우마에 시달리고 있다.

베트남전 당시 많은 나라들이 명분 없음을 내세워 참전을 거부했다. 심지어 미국의 맹방이라는 영국이나 프랑스 같은 나라들도 미국의 요청이 있었음에도 불구하고 참전하지 않았다. 그런 점에 비추어 볼 때 우리나라의 베트남전 참전이 반드시 떳떳하거나 자랑스러운 것만은 아니다. 그 명암(明暗)이 뚜렷하게 나타났다.

참전병사들의 희생의 대가로 베트남전쟁의 특수를 누려 한국 경제발전의 초석을 다진 것 또한 부정할 수 없다. 참고로 그 당시 우리나라 참전병사들의 수당을 살펴보면 대략 소위 152달러, 병장 54달러, 상병 45달러, 일병은 41달러였다. 그것을 합하면 약 50억 달러가 된다. 거기에 간접적 부수효과까지 더하면 막대한 외화를 벌어들인 것이다.

실제로 1963년 당시 한국의 1인당 국민소득이 103달러(북한 153달러)였다. 그러던 것이 철수를 하던 1973년에는 무려 396달러(북한 348달러)로 늘어난 것만 보아도 한국군의 베트남 파병으로 인한 경제적 효과가 컸던 것은 부인할 수 없는 사실이다. 그러나 우리의 입장에서 보면 그렇지만 베트남 국민들의 시각에서 보면 한국군을 비롯한 외국군의 파병자체가 그리 환영할 만한 일은 아닐 것이다.

또 긍정보다는 부정적인 면이 훨씬 더 많았을 것이다. 그럼에도 불구하고 베트남인들은 과거보다는 미래를 택했다. 종전 10년이 지난 1986년부터 과감하게 구원(舊怨)을 씻고 개혁개방 정책을 단행해 나갔다. 그처럼 사력을 다해 싸웠던 미국과 화해(和解)한 것은 물론이고 우리 대한민국과도 1992년 정식으로 외교관계를 수립했다. 이는 베트남 국민들의 '과거는 잊고 미래를 지향한다' 는 유연한 종교적 생활철학이 작용한 것이 아닐까 생각해 본다.

통일궁과 시청사, 중앙우체국, 노트르담 성당

전쟁박물관에서 통일궁(統一宮)으로 갔다. 남베트남(越南) 정권시대에는 '독립궁전'으로 불렸다는 대통령궁이다. 현재는 박물관으로 쓰이고 있다. 1866년 프랑스 식민지 시절 총독관저로 건축되었는데 제네바 협정으로 인해 월남의 '고 딘 디엠' 대통령에게 인계됨으로써 대통령궁이 되었다. 그 당시에는 독립을 기념하여 '독립궁전'으로 불렸다가 월남 정부가 월맹에게 항복함으로써 통일궁(統一宮)으로 개명되었다.

1975년 4월 30일 월남 공화국 정부가 항복하였던 역사적인 장소로 멀리서 봐도 무척 넓고 호화로운 건축물이다. 직접 들어가서 자세히 살펴보니 크고 작은 방이 100여 개나 되고 회의장과 침실, 국서를 주고받았다는 방 등이 볼거리이다. 1층은 각료 회의실과 식당, 2층에는 대통령 접견실과 국가 주요서류 보관실, 3층은 대통령 전용식당과 극장, 4층은 전용 연회장이 있다. 건물 지하에는 베트남전쟁 당시 종합상황실이 원형 그대로 보존되어 있고 비상통로로 마련된 미로와 같은 구조로 되어 있어 그 당시의 긴박함을 느낄 수가 있다.

나는 이 건물을 보면서 문득 지금은 헐리고 없는 일제의 조선침탈의 본거지로 광화문에 있었던 조선총독부 건물이었던 중앙청이 연상되었다. 또 강대국들이 약소국을 침탈해 몇 백 년 지배할 것처럼 생각하고 요란을 떨지만 결국은 제자리로 돌아오게 되어 있다는 진리를 확인시켜 주는 시간이었다.

중앙우체국 건물은 마치 기차역처럼 생겼는데 프랑스 통치시대에 지은 건물이다. 우체국 정문 입구 상부에는 큼지막한 시계가 시간을 알리고 있다. 아치형으로 되어 있는 천정에는 사이공 근교의 지도가 그려져 있어 시선을 끈다. 우편 업무뿐 아니라 국제전화, 팩스, 전보, 텔렉스가 가능하고 공중전화 카드나 시내 지도 같은 것들도 판매하고 있다.

월남의 대통령궁 전경(현재 명칭은 통일궁)

　중앙우체국 옆에 두 개의 첨탑이 나란히 서 있는 19세기 고풍스런 유럽
풍 건축물인 노트르담 성당(사이공 성당)이 자리하고 있다. 정교하게 쌓아
올린 붉은 벽돌의 외관이 인상적인데 모두 프랑스에서 가져다 지은 것이
라고 한다.

　두 첨탑의 길이는 약 40m나 되는데 1900년에 증축한 것이라고 한다. 호
치민시에서 가장 빼어난 건축물로 사진 찍기에 가장 좋은 명소로 여행자
들에게 인기가 많다. 우리도 그 앞에서 단체 기념촬영을 했다.

　또 하나 빼놓을 수 없는 건축물은 호치민시 시청 건물이다. 원래는 프
랑스인을 위한 건물이었으나 현재는 정부기관으로 이용하고 있다. 관광
객이 내부로 들어갈 수 없지만 밤에 조명이 켜지면 아름답기로 유명하다
고 한다.

　지금은 시간이 없어 자세히 볼 수 없지만 오늘밤에 이 명소들을 꼭 다
시 한 번 돌아보며 야경을 보아야겠다고 생각했다. 그 외에도 시민극장과
국영백화점 등 볼거리는 많지만 점심때가 지나 시장하기도 하고 시간도
허락지 않아 다음 기회로 넘겼다.

　오후에는 철의 삼각지대라고 불렸던 난공불락의 도시, 월맹군 지하사
령부 구찌를 다녀오기로 했다. 버스를 타고 이동하면서 현지인에게 자세

한 설명을 들을 수 있었다. 호치민에서 서북쪽으로 약 75km 떨어져 있는 구찌시에서 20km를 더 들어가야 한다. 월남전의 전설이 될 만큼 유명한 땅굴이다.

부근에는 베트남 독립유공자들이 많이 살고 있다. 베트남전쟁 당시 베트콩들이 캄보디아 국경 근처에 본부를 두고 사이공을 공격하기 전 오랜 시간에 걸쳐 땅굴을 파서 만든 지하 요새로 원래는 프랑스인에 대항하기 위해 만들어진 땅굴이다. 프랑스와의 독립전쟁인 '제1차 인도차이나 전쟁'(1948~1954) 때 48km의 땅굴이 먼저 만들어졌다.

그 뒤 베트남전쟁 때인 1967년까지 200km를 더 파서 현재의 모습을 갖추게 되었다. 터널의 총길이는 250km에 이르고 한 번도 함락된 적이 없는 요새로 유명하다. 지하터널의 깊이는 30m, 지하 3층 규모이며 미로처럼 연결되어 있어 미군의 거센 공격에도 무너지지 않았다고 한다.

현재는 구찌시 교외에 있는 벤즈억과 벤딘 두 곳에서 관광객들에게 공개하고 있다. 관광객들이 직접 들어가 체험해 볼 수도 있다. 하지만 폭이

구찌땅굴에서 시범을 보이는 베트남 병사

너무 좁아서 야윈 사람이 아니면 들어가기가 까다롭다. 나도 군복무중일 때 베트남전이 한창이었던 것을 생각하며 호기심이 일어 직접 들어가 보았는데 긴장도 되고 으스스하고 서늘한 느낌마저 들었다.

평화로운 시기에 보아도 그러한데 촌각을 다투는 전쟁 중에 얼마나 많은 사람들이 목숨 걸고 투쟁했을까 생각하니 숙연해지고 일제강점기 때 만주에서 독립운동을 하던 우리 선열들도 이와 다르지 않았을 것이란 생각이 들었다.

제6일, 2007년 10월 20일 (토요일)

구찌에서 5시쯤에 호치민에 귀환했다. 좀 이르기는 하나 오전에 지나쳤던 명소들을 포함해 약 2시간 동안 시내관광을 하고 저녁 무렵 사이공강에서 선상 디너 크루즈 여객선에 탑승했다.

천천히 움직이는 여객선에서 저녁식사를 하면서 호치민시의 야경을 구경하였다. 강 위에서 바라보는 도시의 야경은 어디나 아름다울 수밖에 없다. 호치민시의 야경도 참 아름다운 데다가 공연까지 마련되어 있어 매우 즐거운 시간이 되었다.

특히 인상에 남는 이가 있었는데 가지가지 신묘한 마술을 선보인 마술사였다. 그 사람은 참으로 인생을 마술처럼 살아가는 것 같았다. 우리는 테이블에 가까이 불러 술을 한잔 대접했다. 맥주 한잔에도 콧노래가 나오고 얼굴에는 시종 웃음과 함께 유쾌한 빛이 감돌았다. 주위의 모든 사람들에게 행복 바이러스를 전파하는 행복전도사와도 같았다. 잠깐 만났지만 오래 기억될 것 같다.

우리 일행은 오늘이 이번 연수의 마지막 날이다. 자정 넘어 1시에 인천공항으로 가는 비행기를 타야 하기 때문에 선상에서 곧바로 호치민시 외곽에 있는 국제공항으로 이동했다. 호치민 국제공항에 도착하고 보니 시간여유가 많았다. 나는 출국장 대기실 의자에 앉아 지난 5일간의 일정을 되돌아보았다. 그 동안 메모장에 기록해 놓은 것을 정리해 가며 회상해보니 감회가 남달랐다.

나의 머릿속 생각은 자연스럽게 이번 연수의 출발일이었던 10월 15일이 아닌 10월 5일로 거슬러 올라가게 되었다. 10월 5일 인천 여객터미널에서 북한에 수해물자를 전달하기 위해 대형화물선에 올라 출발한 날부터 시작해 오늘 이 시간까지 보름동안 참으로 바쁜 일정을 소화했구나 하는 생각이 들었다.

그 중에서도 북한의 남포에서 임무를 마치고 남으로 오는 뱃길이 철근 하역문제로 차질이 생겨 애를 태우던 일이며, 그 연유로 이번 연수단 일행과 함께 오지 못하고 다음날 나 혼자 상하이로 왔던 일이 제일 기억에 남았다. 그래도 이렇게 무사히 연수단에 합류해 모든 일정을 마치게 된 것을 감사하고 다행스럽게 생각했다.

새벽 일찍 호치민 국제공항을 출발한 비행기는 다음날 아침 8시에 인천공항에 도착했다. 우리 교육위원들은 공항에서 간단한 해단의식(解團儀式)을 마치고 이번 연수를 마무리했다.

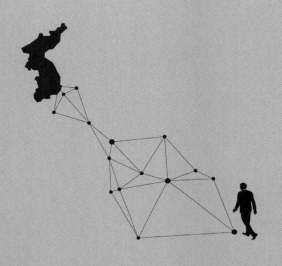

제 4 부

사회주의권 방문 합동통일캠프

베트남 (호치민, 하노이)

2012년(11월 18일~11월 24일)

'통일캠프'
베트남(호치민, 하노이) 연수기

2007년 중국 상하이와 베트남 호치민 연수를 다녀온 지 5년이 지나 2012년이 되었다. 통일부 통일교육원이 주관하는 베트남 통일캠프(사회주의권 연수)를 현대아산에서 함께 진행하게 되어 나도 '통일교육위원' 대표로 참가하게 되었다.

현대아산은 금강산관광을 위해 설립된 회사였다. 1998년부터 금강산관광사업을 시작해 여러 가지 우여곡절은 있었으나 북한과의 민간교류에 크게 기여한 바 있고 국내외적으로도 큰 주목을 받고 있었다.

그러다가 2008년 소위 박왕자 피살사건으로 인해 잠정 중단되었다. 더구나 2010년 3월 백령도 앞바다에서 있었던 천안함 사건이 발생해 5.24 대북제재조치가 내려져 금강산·개성공단 등, 남북의 모든 교류가 중단됨으로써 큰 어려움을 겪게 되었다. 여기서 말하는 박왕자 사건이란 2008년 7월 11일, 민간인으로 관광차 금강산을 방문했던 박왕자 씨가 그날 아침 5시 무렵에 해안가를 산책하다가 북한 인민군 해안초소 초병이 등 뒤에서 쏜 총탄에 맞아 숨진 사건을 말한다.

그 이후로 남북관계는 화해무드에서 냉전상황으로 급선회하였으며 금강산관광 또한 중단되고 말았다. 현대아산은 어쩔 수 없이 금강산사업이 재개될 때까지 국내관광과 해외관광 등을 통해 재기를 모색하고 있었는데 이번에 2012년 통일캠프를 담당하게 된 것이다.

우리는 환영했다. 국내 일반 관광회사와는 달리 현대아산은 그 동안 대규모 관광을 주관하며 이끌어온 회사로 통일관련 행사경험이 풍부한 데다 인적 네트워크 또한 잘 구비된 실력 있는 회사여서 우리는 그만큼 기대가 컸다.

이번 행사의 개요를 간단히 요약하면 통일캠프 기간은 2012년 11월 18일(일)~2012년 11월 24일(토)까지 6박 7일이며 캠프 장소는 남베트남 호치민에서 3일, 북베트남 하노이에서 3일 동안 진행된다.

참가 대상은 통일부 통일교육위원, 통일교육 시범학교 교사, 학교통일교육 우수사례 경진대회 및 대학생과 대학원생 통일논문 공모전 입상자, IPTV 콘텐츠 평가단 등 총 92명이다. 다른 때와는 달리 해외연수로는 규모가 방대하고 다양하게 구성된 것이 특징이라 할 수 있다.

제1일, 2012년 11월 18일 (일요일)

2012년 11월 18일 참가자 전원이 서울 영등포에 자리한 '하이서울 유스호스텔'에 오후 5시 집결하였다. 6시에 저녁식사를 마치고 7시까지 한 시간 동안 오리엔테이션과 조별 모임을 가졌다. 이번 캠프에 참가한 소감 발표와 함께 조별 책임자를 선출하고 단장의 인사말, 그리고 주의해야 할 사안 등을 숙지하도록 했다.

모임을 마치고 서둘러 각 조별로 현대아산에서 제공한 차를 타고 인천공항으로 향했다. 공항에서 출국수속을 마치고 10시 15분에 베트남항공 409편으로 출발했다. 이륙한 지 약 5시간 30분이 지나서 호치민 국제공항에 도착하였다. 입국수속을 마치고 나니 베트남시간으로 오후 2시가 넘어 있었다.

독자들에게 한 가지 첨언할 것은 이번 2012 통일캠프연수단의 주요일정표를 보니 호치민에서 보낼 3일 동안의 일정이 5년 전과 대동소이(大同小異)하다. 해서 되도록 반복되는 부분은 피하고 하노이 일정부터 자세히 기록하기로 한다.

제2일, 2012년 11월 19일 (월요일)

5년 만에 다시 본 베트남은 활기에 넘쳐 있었다

5년 만에 다시 본 베트남은 모든 분야에서 활기가 넘쳐흐르고 있었다. 이곳이 언제 그처럼 끔찍한 전쟁을 치른 나라였나 싶을 정도로 변해 있었다. 시내를 꽉 메운 오토바이 행렬은 여전하였다. 대략 800만 대라고 한다. 시내 곳곳의 건물들이나 가게 점포들의 분위기가 과거보다 훨씬 기름지고 부유해 보였다.

그 같은 현상은 베트남 국민들의 얼굴 모습에서도 역력히 나타나 거침없이 도약하고 있는 모습을 실감할 수 있었다. 한국전쟁 때 태어난 나는 우리나라가 한국전쟁 후 빈한하고 어려웠던 고난을 극복하고, 오늘의 발전과 번영을 이룬 것처럼 베트남도 전쟁의 후유증을 잘 이겨나가게 되어 참 다행이라는 생각이 들었다.

우리는 점심식사를 마치고 첫 일정으로 베트남전쟁의 비극과 상흔이

호치민 시내의 오토바이 행렬은 예나 지금이나 여전하였다

기록되어 있는 전쟁기념관을 방문하였다. 5년 전에 방문했던 바로 그곳이다. 특별하게 변한 것은 없다. 그러나 전보다 좀 더 크고 세련되게 보강되었다는 느낌을 받았다. 기념관 마당에 전시되어 있는 당시 사용했던 각종 무기들과 실내에 진열되어 있는 참상으로 얼룩진 사료들을 보니 또 다시 마음이 착잡해졌다.

고대에서 현대까지 인류가 생긴 이래 전쟁은 끝도 없이 이어져 왔다. 크고 작은 전쟁의 명칭만도 수천수만 개가 넘을 것이다. 수백 만 명이 희생된 두 차례의 세계대전은 물론이고, 지금 이 시간에도 세계 도처에서 벌어지고 있는 크고 작은 분쟁들과 우리나라의 한국전쟁을 다시 떠올리게 된다.

약 두 시간동안 전쟁기념관을 돌아보면서 인류의 최대의 적인 전쟁의 참화에 대해서 다시 생각해 보는 시간을 가졌다. 인류사회에서 가능하다면 전쟁만은 반드시 막아야 된다는 생각을 했다. 그러나 그것은 매우 어려운 일일지도 모른다. 왜냐하면 지금 이 시간에도 강대국은 물론이고 여타 다른 나라들도 이 유혹에서 벗어나지 못하고 있다. 날이 갈수록 핵과 미사일을 비롯한 첨단무기들이 경쟁하듯 개발되고 무더기로 쏟아져 나오고 있기 때문이다.

전쟁기념관 견학을 마치고 오후 7시에 비엔동호텔 내에 있는 벤탄레스토랑에서 저녁식사를 했다. 8시부터는 9시 30분까지 약 90분에 걸쳐 '통일준비의 필요성'에 대한 통일부 관계자의 특강이 있었다. 국내에서도 요즘 부쩍 통일준비에 대한 관심이 고조되고 있다. 정부에서는 통일준비위원회를 만든다고 하고 학계와 시민단체 등에서도 각종 세미나와 포럼 등을 통해 논의가 확산되고 있는 추세다.

우리가 통일을 원하고 있는 만큼 통일을 준비하는 것은 어쩌면 당연한 일이다. 아무 준비 없이 맞이한 통일은 자칫 혼란을 불러 올 수 있고 경우에 따라서는 또 다른 분열을 초래할 수 있기 때문이다. 특강을 마치고 오후 10시가 되어서야 방배정이 있었는데 나의 룸메이트는 통일부에서만 오래 몸담아 국장으로 재직하고 정년을 한 고위공직자 출신 정동문 씨였다. 이번 연수기간이 끝날 때까지 함께 생활하기로 했다. 매우 섬세하고 통일부에서도 정책방면에 경험이 많은 분이라고 들었기에 반가웠다. 내가 미처 알지 못하는 공개되지 않은 숨은 이야기들도 듣고 통일정책에 대한 배울 점도 많이 있을 것 같아서 다행스럽게 생각했다.

제3일, 2012년 11월 20일 (화요일)

베트남의 개혁정책은 신선하고 치밀했다

오늘은 아침부터 미토로 출발하였다. 창밖으로 호치민시를 관통하는 길이 225km의 사이공강이 유유히 흐르고 있었다. 이 강이 호치민 시민들의 식수원이라고 한다. 오늘 일정이 메콩강을 탐색하기 위한 것이다. 선착장에 도착해 유람선을 탑승해 출발하였다. 지난 번 갔던 곳과는 다른

뿌연 흙탕물이 유유히 흐르고 있는 미토지역 메콩강

지역으로 갔다.

메콩강은 총길이가 4,300km에 이른다는 동남아 최대의 강이다. 베트남을 비롯한 동남아 사람들의 귀한 젖줄이다. 도착해 보니 메콩강은 여전히 유유히 흐르고 있었다. 마치 시간을 잊은 듯 세월을 초월한 듯 그 자리에 그대로 있었다. 우리가 가끔 홍수가 났을 때 보았던 뿌연 흙탕물이 여전히 넘실대고 있었다. 나는 메콩강을 처음 보았을 때 오염된 물이라 생각했었다.

그런데 그게 아니었다. 메콩강의 수질은 의외로 일급수로 평가되는 데다 각종 영양분이 포함되어 있어 물고기와 수초들이 서식하기에 최적이라고 한다. 뿐만 아니라 이 흙탕물은 남중국해로 흘러들어서 메콩삼각주의 비옥한 곡창지대를 만드는 일등공신이라고 한다.

자연은 다 그렇게 나름대로의 역할이 정해져 있는 것이다. 미토지역은 크게 오염되지 않은 원시를 간직하고 있었을 뿐만 아니라 모든 주변 환경이 자유롭고 한가로워서 좋았다.

이곳은 특히 코코넛의 주산지라 한다. 코코넛엿 공장에서는 엿을 만드는 시범을 보여주었다. 만든 엿을 시식하라고 내놓으며 사기를 권하기도 했다. 한쪽에서는 큰 뱀을 목에 걸고 뱀쇼를 하고 있었다. 엄청나게 큰 뱀이 많았는데 아마도 밀림지대가 많아서 그런 뱀들이 서식하는 것이란 생각이 들었다. 각종 열대과일과 이곳에서만 볼 수 있는 화초들이 활짝 피어 있었다.

미토 민속촌의 베트남 꽃   메콩강 지류의 해상 야자수 정글 탐험

　우리는 점심식사를 하기 위해 유람선을 이용해 꽤 크게 조성된 정원에 도착했다. 각종 열대과일도 맛보고 동심으로 돌아가 코코넛 사탕 만들기도 했다. 식당에서 베트남 고유음식으로 마련된 점심식사와 함께 전통공연까지 관람했다.

　식사를 마치고 오후엔 카누처럼 생긴 정크선을 이용해 좁은 수로를 통해 마을에서 마을로 이동하기도 하고 또 색다른 루트를 통해 열대밀림에 직접 들어가 보는 체험도 했다. 아열대지역만이 연출할 수 있고 느낄 수 있는 모든 것들을 하나하나 느리게 실천해 보았다. 오래 기억에 남을 것 같다. 모처럼 한가롭게 메콩강의 낭만을 즐기고 오후 늦게 호치민으로 돌아왔다.

　저녁식사를 마친 후 8시부터는 '호치민대학교' 교수를 초청해서 '베트남 개혁개방정책과 베트남의 미래'라는 주제의 특강을 들었다. 사회주의 국가인 베트남의 각종 정책방향을 이해하는 데 참으로 유익한 시간이 되었다.

베트남인들이 조국의 통일을 이룩하기까지는 너무 많은 대가가 따랐다. 1, 2차 인도차이나전쟁 20년이 남겨준 전쟁의 상흔은 입에 담기조차 어려울 정도로 처참했다. 전 국토가 포화로 휩싸였고 인명피해 또한 말해 무엇 하겠는가. 북베트남은 정부군과 베트콩을 포함해서 110만 명이 사망하고, 60만 명이 부상했다.

남베트남도 정부군 11만 명이 사망하고 50여 만 명이 부상을 당했다. 민간인 또한 52만 명이 사망했다. 공공건물과 회사는 물론 산업시설, 가옥, 농경지 등 할 것 없이 베트남 전역이 처참하게 초토화 되었다. 전쟁은 끝나고 통일은 되었지만 이념적 대립과 남북의 문화적 이질감 등은 베트남 사회주의 건설을 요원하게 만들었다.

그래서 혁명정부의 급선무는 바로 이를 극복하고 통합하는 일이었다. 치열한 전쟁의 후유증을 최소화하면서 상처로 얼룩진 마음을 치유하기란 결코 쉬운 일이 아니었다. 그러나 그들은 해냈다. 지도자의 혜안과 불굴의 집념으로 모든 간난(艱難)을 무릅쓰고 기적을 창출해냈다.

우여곡절 끝에 드디어 1976년 4월 25일, 총선거가 실시되었다. 이는 1946년 1월 6일, 베트남 전국 총선거 이후 사상 두 번째 선거였다. 마침내 6대 국회가 탄생되었다. 492명의 국회의원을 선출했다. 국회가 가동되고 수도를 하노이로 정했다. 사이공을 '호치민'으로 개칭하고 '통일국가 설립과 사회주의 건설'을 만천하에 표명했다.

경제는 오랜 숙고를 거쳐 '도이머이' 정책을 단행했다. '도이머이' 정책은 시장경제 도입이었다. 다양한 개혁과 개방으로 소유경제구조를 인정하고 경쟁을 바탕으로 사회주의 실현을 이끌어 낸다는 것이다. 여기서 한 가지 주목할 것은 베트남은 정치개혁에 앞서 경제개혁을 먼저 추진했다는 사실이다.

경제개혁의 가시적 성과를 바탕으로 정치개혁을 이룬다는 파격적 발상이었다. 이는 정치개혁과 경제개혁을 동시에 추진하다가 몰락한 러시아와 동구권의 전철을 밟지 않겠다는 것이었다. 중국식 개혁 개방정책을 따른 것이라 볼 수 있다. 베트남의 외교정책 역시 지체 없이 독립과 평화를 내세웠다.

오랜 전쟁으로 시달려 온 과거를 잊고 새로운 미래를 설계하겠다는 의지의 선언이라 할 수 있다. 캄보디아, 라오스 등 인접국은 물론이고 세계 각국과의 우호증진으로 유엔에도 가입했다. 특정국가에 기대지 않는 외교정책과 이념을 초월한 경제제일주의 정책을 추진하여 국력신장과 안보를 튼튼히 다지겠다는 정책이 우리나라와 대비되며 시선을 끌었다.

제4일, 2012년 11월 21일 (수요일)

베트남의 허허실실 강한 면모를 엿보다

아침식사 후 베트남전쟁 당시 '철의삼각지대'라고 불렸던 난공불락(難攻不落)의 도시 구찌로 출발하였다. 도착하자마자 우리는 현지 안내인을 초청해 베트남전쟁 당시의 생생한 증언을 통해 전쟁의 참상과 베트남인들의 눈물겨운 투쟁사를 들을 수 있었다. 설명이 끝나고 주의사항을 들은 뒤 우선 터널을 돌아보기로 했다.

실제로 터널 안으로 들어가 보는 체험도 했다. 구찌터널은 지하터널로 입구는 매우 비좁게 되어 있어 베트남인들처럼 마르고 날렵한 사람들이 드나들 수 있도록 조성되어 있다. 안으로 들어가면 마치 개미집처럼 연결된 미로가 끝없이 연결되어 있다. 폭 8m, 총길이가 250km에 이르는 요새 중의 요새다.

처음에는 마을과 마을을 연결하기 위해 만들었는데 프랑스와 장기간의 전쟁을 거치면서 점차 피난처와 저항의 장소로 변모하게 된 것이다. 이 터널은 거미줄처럼 촘촘하게 이어져 있으며 심지어 캄보디아 국경에까지 연결되었다고 한다. 미군이 터널의 존재를 알고 고엽제를 비롯한 수없는 융단폭격을 퍼부었지만 단 한 번도 함락된 적이 없었다고 한다.

베트남전쟁의 전설(傳說)이 된 구조물이다. 베트남인들은 이를 긍지로 여기고 있다고 한다. 전체 규모는 알 수 없지만 매우 방대하다는 것은 미루어 짐작할 수 있다. 베트남 당국은 구찌시 교외에 있는 '벤즈억'과 '벤딘' 두 곳에서만 일부 터널을 상품화하여 관광객들에게 공개하고 있다.

베트남인들은 겉으로 보기엔 그저 왜소하고 순박한 민족으로 보이기도 한다. 하지만 현지 전문가의 설명을 들으면서 이와는 정반대라는 사실을

구찌땅굴에 관심을 집중하고 있는 통일교육위원들

알게 되었다. 평소엔 한없이 온순하지만 자신들이 공격을 당했을 때는 벌 떼처럼 일어나는 근성을 지녔다는 것이다. 총력으로 공격하고 방어하는 결코 만만하게 볼 수 없는 당찬 민족이란 것이다.

그러기에 거대한 공룡(恐龍) 같은 미국이나 프랑스를 물리친 것은 물론이고 인접국가인 중국도 예외가 아니었다. 중국은 오랜 세월 동안 베트남을 공략하려고 무수히 침공했지만 한 번도 성공하지 못하고 번번이 패퇴하였다는 사실을 알게 되었다.

멀게는 송나라와 원나라도 베트남을 치러다 봉변만 당하고 철수했고 청나라 건륭제도 베트남의 왕이 황제를 칭하자 20만의 병력을 보내 버릇을 고쳐주겠다고 토벌하려 했으나 궤멸당하고 말았다. 가까이는 1979년 덩샤오핑 역시 중국 동맹국 캄보디아를 침공한 베트남을 응징하려 했다. 그러나 급파한 20만 명중 2만여 명의 사상자만 내고 결국 철수하고 말았다.

참으로 끈질기고 오뚝이 같은 생명력을 지닌 민족이다. 특히 이곳 구찌터널을 이용해 남베트남 해방민족전선(베트콩)들이 신출귀몰(神出鬼沒)한 작전으로 미군과 남베트남 군인들을 농락했다는 이야기를 들으며 베트남민족이 새삼 달리 생각되었다. 구찌터널 견학과 체험을 마치고 오후엔 다시 호치민 시티로 귀환하였다.

호치민 시내에 들어선 직후 다른 단원들은 시내관광에 나서고 '통일교육위원'들만 따로 '호치민 사회과학대학교'를 방문하여 대학 관계자들과 함께 '베트남의 통일을 통해 본 한반도의 통일전망'에 관한 세미나를 가졌다. 오후 시간을 거의 활용하여 심도 있는 강연과 토론이 이어졌는데 대학관계자들의 세미나에 임하는 태도에 감명을 받았다. 열정적이고 높은 식견에 아주 유익한 시간이 되었다.

세미나가 끝난 후 교정을 잠시 둘러보았다. 베트남 대학생들이 서책(書冊)을 끼고 분주히 오고가는 모습을 보았다. 아담한 체격에 패기(覇氣) 넘치는 밝은 표정들을 보면서 참 다행이란 생각이 들었다. 암울했던 전쟁의 상흔(傷痕)은 말끔히 사라지고 완전한 통일국가 베트남의 밝은 미래를 점칠 수 있었기 때문이다.

　호치민대학교 세미나를 마치고 호텔로 돌아와 저녁식사를 했다. 곧이어 캠프단원 전체가 참여한 '남북관계 현황 및 대북정책'에 관한 특강과 함께 동영상 교육이 있었다. 내일은 베트남의 수도 하노이로 간다. 하노이는 구월맹지역이고 나 역시 한 번도 가보지 않은 곳이라 과연 어떤 곳인지 밤늦게까지 자료집을 살펴보며 궁금증을 다소나마 해소하고 잠자리에 들었다.

호치민대학의 정책토론회

제5일, 2012년 11월 22일 (목요일)

북베트남(월맹)의 본거지였던 하노이에 입성

　호텔에서 아침식사를 조금 일찍 마치고 6시 30분에 호치민국제공항으로 이동했다. 하노이로 가기 위해서다. 7시에 공항에 도착해 수속을 끝내고 8시 50분에 베트남항공 1132편으로 하노이로 향했다. 약 2시간 후에 하노이공항에 도착했다. 하노이는 베트남의 역대 왕조들이 도읍으로 정했던 천년고도(千年古都)이다. 현재도 베트남에서 제일 큰 도시다.

남쪽의 호치민이 경제의 중심지라면 하노이는 정치와 행정의 중심지로 자리매김한 도시다. 호치민에서는 북쪽으로 약 1,760km 떨어져 있다. 베트남 지형이 동서로는 짧고 남북으로는 길게 늘어져 있기에 그렇다. 하노이 인구는 현재 약 650만 명이다. 1954년 북베트남 민주공화국의 수도였다가 1967년 베트남이 공산 통일된 후 현재 베트남 사회공화국의 수도가 되었다.

볼 만한 유적들이 많이 있었으나 오랜 전쟁으로 대부분 소멸되었다. 전쟁이 남긴 폐해는 열거할 수 없을 정도로 많지만 또 다른 폐해 중 하나가 인류의 유산인 소중한 유적들이 파괴되어 사라지는 것이다.

우리 연수단은 하노이 시내로 진입해 점심식사를 했다. 역시 하노이에도 호치민처럼 도로마다 오토바이 물결은 여전하였다. 처음 대하는 하노이의 첫인상은 북쪽 지방이라 그런지 아니면 과거 공산치하였다는 나의 선입견 때문인지는 모르겠으나 시민들의 언어나 행동이 남쪽 지방인 호

하노이 문묘(文廟)의 공자상 앞에서 단체사진

치민보다 훨씬 활발하고 강인하다는 느낌을 받았다. 도시는 비교적 잘 정비되어 있었다.

오후엔 하노이 시내에 있는 명소를 찾아 탐방에 나서기로 했다.

맨 처음 찾은 곳은 베트남 최초의 대학이라는 문묘(文廟)였다. 문묘의 출입구만 보아도 첫눈에 무척 오래 된 건축물임을 알 수 있다. 문묘는 1070년에 공자의 위패를 모시기 위해 건립된 곳으로 공자묘(孔子廟)라고도 부른다. 초기에는 왕자와 귀족 자제들의 학업을 연마하던 곳이었으나 점차 유학자들을 양성하는 학문의 전당으로 발전하여 1076년에 베트남 최초의 대학이 되었다.

문묘는 담을 경계로 하여 크게 다섯 개의 마당으로 구분되어진다. 규문각(奎文閣)과 연지, 대성전, 공자사당, 종루 등이다. 문묘 중앙문과 통로로는 황제만이 출입하였다. 규문각에는 1484~1780년 300년에 걸쳐 실시한 과거시험의 합격자 이름이 거북형상 위 비문에 새겨져 있다.

불교국가로만 알았던 베트남이 유학을 받아들이고 이처럼 숭상하였다는 사실이 처음엔 쉽게 이해하기 힘들었다. 그러나 베트남의 역사를 알고 보면 우리나라와 비슷한 경로였음이 이해가 간다. 1805년에 건축된 천년의 역사를 자랑하는 규문각은 우리 조선의 유학자들처럼 시문을 짓고 담론을 즐기던 곳으로 하노이의 상징적인 건물로 알려져 있다.

그 외에도 수백 년이 넘은 오래 된 나무와 연못, 넓은 마당과 여유로움을 느낄 수 있는 공간이 많다. 나는 문득 2004년에 가보았던 개성의 고려박물관이 떠올랐다. 이곳과 유사하게 닮은 '고려 성균관' 역시 천년의 역사를 간직하고 있기 때문이다.

문묘 곳곳에 만세사표(萬世師表), 전경정학(傳經正學) 등의 노란색(금색) 한자로 된 현판이 여기저기 건물마다 한두 개씩 걸려 있었다. 또 이곳 문묘에는 여러 개의 문이 있는데 이 문들을 거쳐 나오면 뜻한 바를 이룬다는 속설이 전해지고 있다고 한다. 그래서인지 문묘에는 많은 하노이 시

민들과 학생들이 몰려들어 학업성취와 시험합격을 빌고 있었다.

또 이곳은 베트남 학생들의 졸업사진 찍는 장소로도 유명하다고 한다. 실제로 우리가 갔을 때에도 하노이대학 학생들의 졸업사진 촬영이 한창이었다. 학생들의 얼굴 모습에서 전쟁의 그늘이나 상처는 전혀 찾아볼 수 없었다. 젊고 싱그러운 그들의 모습을 지켜보면서 생기발랄(生起潑剌)하고 순수한 저들이 앞으로 베트남을 이끌어갈 동량지재(棟梁之材)들이라고 생각했다.

문묘관광을 거의 마칠 무렵 나는 이곳에서 뜻밖에도 너무나 반가운 지

하노이 대학생들의 졸업사진 촬영 모습

인을 만났다. 날씨가 너무 무더워 학생들과 함께 아이스크림을 사서 먹고
있는데 누가 뒤에서 인기척을 냈다. 돌아보니 고려대 대학원 동문이자 국
내는 물론 해외에서까지 기업을 일으켜 성공한 '혜광요업' 대표 오순기
(吳順基) 회장이 빙그레 웃으며 내 손을 잡았다.

우리는 호치민에서 하노이로 왔는데 그분은 하노이에서 이제 호치민으

하노이 문묘에서 우연히 조우한 오순기 회장과 함께

로 간다고 했다. 각기 동행한 일행들이 있고 방향도 서로 엇갈려 대화를 오래 나눌 수가 없어 아쉬움이 컸다. 예기치 않은 짧은 조우(遭遇)였지만 해외에서 우연히 만나니 참 반가웠다. 더구나 수많은 관광객들로 유난히 도 붐비는 관광지 문묘에서 만나지다니 인연이 참 깊다는 생각이 들었다. 우리는 기념사진을 한 장 찍고 헤어졌다.

문묘에서 나와 하노이 중심부에 있는 관광 명소 '호안키엠호수' 로 갔다. 이곳은 나무로 둘러싸인 호수의 풍광도 아름답거니와 곳곳에 벤치가 놓여있어 휴식하기에 좋다. 하노이 시민들은 물론 외국 관광객들이 많이 찾는 곳이다.

거북이 섬과 사당 그리고 붉은 색의 구름다리도 눈길을 끈다. '호안키엠호수' 라는 이름은 베트남어로 칼을 되돌려 준다는 뜻이다. 한자어로 일명 환검호(還劍湖)인데 여기에 얽힌 전설이 있다고 한다.

이웃나라인 중국 명나라가 쳐들어 왔을 당시 소국이었던 안남국의 '레로

이왕'은 명나라 강적을 어찌 무찌를지 이 호수에 와서 고심하고 있었는데 물속에서 커다란 거북이가 올라와 칼을 하나 주면서 "이 칼은 하늘에서 내려주신 신령스런 칼이니 이 칼로 외적을 물리치고 나라를 지키라"고 하고 사라졌다고 한다. '레로이왕'은 10여 년에 걸친 전쟁에서 그 칼로 외적을 물리치고 왕이 다시 호수를 찾았는데 물속에서 그 거북이가 다시 나타나 이제 외적을 물리쳤으니 그 칼을 다시 돌려줘야 한다고 하자, 왕이 허리에 차고 있던 칼을 풀어 되돌려 주자 거북은 물속으로 사라져 다시는 나타나지 않았다는 이야기가 회자되고 있다." 거북이에게 칼을 되돌려 주었다 하여 이름이 '환검호'인 것이다.

우리 전래동화에 나오는 '금도끼와 은도끼' 이야기가 생각나게 하는 전설이다. 호수를 배경으로 웨딩사진을 찍는 한 쌍의 남녀가 우리 일행을 비롯한 많은 사람들의 축하의 박수를 받았다.

'호안키엠호수'에서 웨딩사진을 찍는 청춘남녀

베트남의 국부 호치민은 영걸이었다

우리는 '호치민박물관'으로 이동했다. 1990년 호치민 탄생 100주년을

통일베트남 지도자 호치민

기념하기 위해 만들어진 연꽃 모양의 3층 건물인데 디자인이 좀 특이한 건축물이다. 나는 학창시절에 월맹의 '호지명(胡志明)' 이라고 배우고 들었다. 물론 그때는 매우 부정적인 인물로 받아들였다. 냉전시대의 교육이 영향을 미친 탓이다.

박물관 입구에 들어서면 호치민 동상이 손을 들어 관광객을 맞는다. 이곳에는 호치민에 관한 모든 것이 총망라되어 있어 그를 이해하는 데 도움이 된다. 그가 입었던 옷과 신발, 모자와 지팡이 등 자잘한 것부터 옥중일기와 신문 칼럼, 그리고 공산당 입당원서 같은 사료들도 전시되어 있다.

호치민이 태어난 생가의 가재도구를 비롯하여 집무실에 앉아 타자기를 두드리고 있는 호치민의 모형도 인상적이다. 베트남에는 곳곳에 호치민을 기리는 전시관이 있지만 이곳이 제일 규모가 크다고 한다.

그러나 호치민이 베트남인이나 세계 많은 사람들로부터 호평을 받는 것은 이 같은 물품이나 동상보다는 그가 가졌던 애국애민(愛國愛民)정신 때문이라고 생각한다. 그는 분명 걸출한 인물이었다. 20세기 격동(激動)의 세월을 헤쳐 온 베트남의 위대한 민족지도자이다. 우리 연수단은 박물관에서 나와 바딘광장을 지나 호치민이 잠들어 있는 묘소로 이동했다.

바딘광장은 넓고 시원하게 잘 단장되어 있는데 1945년 일제가 패망해 무조건 항복한 직후 그해 9월에 호치민이 베트남 민주공화국 독립을 선언한 장소로 알려져 있다. 지금도 배트남의 큰 행사가 이곳에서 자주 열린다고 한다. 베트남어로 쓰여 있어 무슨 내용인지 알 수 없는 현수막들이 많이 걸려 있었다. 바딘광장 건너편에 '호치민 묘소' 건물이 우뚝 솟

호치민이 잠들어 있는 묘역이다. 호치민(HO-CHI-MINH) 글씨가 보인다

아있는 것이 보인다.

바딘광장을 돌아 호치민묘 앞에 도착했다. 베트남의 국민적 영웅이 잠들어 있는 곳이다. 베트남 건국의 아버지 호치민(호지명; 胡志明), 1890년 5월 19일 태어나 1969년 9월 2일 심장마비로 사망하기까지 파란만장한 일생을 살았다. 160여 개의 가명과 필명으로 위장했으며 평생을 독신(獨身)으로 살면서 베트남의 독립과 통일을 위해 투쟁했다.

호치민묘는 1975년 건국기념일에 맞춰 지은 거대한 화강암 대리석 석조건물이다. 독립된 건물이 위용을 자랑하듯 서 있고 호치민(HO-CHI-MINH)이란 글씨가 전면 상부에 붉은 글씨로 새겨져 있다. 묘소건물의 높이는 22m이고, 건물 안에는 3층으로 되어 있는데 2층에 호치민의 시신이 유리관 속에 원형 그대로 잘 보존되어 있다고 한다.

주로 공산권 지도자들(레닌, 스탈린, 마오쩌둥, 김일성 등)이 그처럼 시신을 방부처리해 보존하고 있다. 보존비용(保存費用)이 연간 수십억 원이 소요되는데 그게 과연 바람직스런 일인지는 모르겠다. 호치민도 생전에 사후 화장(火葬)되기를 원했다고 한다.

그랬음에도 불구하고 시신을 방부 처리해 안치한 것은 아마도 국민의 단결을 이끌어 내기 위한 정치수단(政治手段)이 아닐까 생각해 본다. 정면 입구에는 제복차림의 군인 두 명이 서 있고 내부에도 군인들이 24시간 경비를 서고 있다. 외부는 누구나 언제든지 볼 수 있지만 내부관람은 오전에만 가능하고 매년 9월에서 11월까지는 보수와 시신 방부처리작업 때문에 관람할 수 없다. 우리가 간 시간이 오후이고, 11월이라 내부에는 들어갈 수 없었다. 밖에서 사진을 몇 장 찍고 주석궁과 호치민이 거주하던 집으로 이동하였다.

주석궁은 호치민 묘소 뒤편에 유럽풍의 노란 금색으로 된 건물이다. 프랑스 건축가가 설계했으며, 프랑스의 식민지배 시절에는 총독부 건물로 쓰였다고 한다. 호치민은 1954년 프랑스를 물리치고 국가주석이 되었지만 주석궁에 기거하지 않았다고 한다. 내세운 이유는 너무 호화롭다는 것이었지만 침략자인 프랑스 총독이 쓰던 곳이었기에 그러한 것이 아닐까 하는 생각도 들었다. 그래서 주석궁은 외국사절들의 접견 등의 용도로만

프랑스 식민지시대 건축물인 베트남 주석궁

사용되었다고 한다.

주석궁 주변에는 연리지 나무가 길을 사이에 두고 가지가 서로 얽혀져 있다. 호치민은 연리지나무를 보고도 반드시 통일이 이루어질 것이라고 의미부여를 했다고 한다. 그러나 안타깝게도 호치민은 생전에 베트남 통일을 보지 못했다. 그러나 그의 지도력으로 통일의 기반을 마련하였으니 베트남 통일의 일등공로자임에는 틀림이 없다.

나는 이곳 주석궁을 보면서 좀 엉뚱한 생각일지 모르지만 우리나라 대통령 관저인 서울의 청와대도 외국 사절들의 영빈관(迎賓館)으로 쓰고 대통령의 집무실과 거처를 다른 곳으로 옮겨봤으면 어떨까 하는 생각을 했다.

우리나라가 일제로부터 해방 후 정부수립이 되고 그 동안 10여 명이 넘는 국가원수를 배출해 화려하게 청와대에 입성했으나 대통령 임기를 제대로 채우지 못한 대통령이 있는가 하면 그곳에 머물렀던 중에 불행을 맞이하기도 했고, 퇴임 후에도 하나같이 역대 대통령들의 마무리가 썩 좋지 못한 것을 지켜봤기 때문이다.

조금 떨어진 곳에 호치민이 생존 당시 살던 거처가 있다. 야자수 나무를 비롯한 많은 수목들이 있고 작은 호수가 있는 조용하고 아담한 집이다. 이곳은 목조건물로 지어져 있는데 이 집에서 호치민이 생을 마칠 때까지 살았다고 한다. 누구나 이곳에 오면 일국의 지도자 거처로서 너무나 소박한 규모에 놀라고 허름한 장식품들에 생각이 깊어지게 된다.

그의 청렴함에 누구라도 머리가 절로 숙여진다. 일설에 의하면 평생 독신으로 지낸 것도 가족이 있게 되면 국민들을 사랑하는 마음이 덜해질까 우려해서 그랬다고 한다. 베트남 국민들이 왜 그를 아버지처럼 받들며 존경하는지 알 수 있는 대목이다. 그는 다산 정약용 선생을 존경하여 사표로 삼았는데 침상 가까이에 '목민심서(牧民心書)'를 두고 읽었으며, 선생의 기일까지 챙겼다고 전해지고 있다.

호치민의 사저가 있는 주변 풍경이 수려하면서도 소박하다

하지만 소문일 뿐 그에 대한 확실한 근거는 없다. 나는 혹여 목민심서를 발견할 수 있을까 하여 눈여겨보기도 했지만 찾을 수 없었다. 우리 역사에도 영의정을 여섯 차례나 지냈음에도 비가 새는 초가누옥(草家陋屋)에서 생활했던 오리(梧里) 이원익(李元翼, 1547~1634) 정승 같은 청백리(淸白吏)가 많이 있었다. 근래에 와서는 이처럼 추앙받는 목민관(牧民官)을 찾아보기가 힘들게 되었으니 참으로 안타까운 일이다.

베트남 대우호텔에서 특강과 토론회 개최

연수단은 오후 5시에 대우호텔로 갔다. 오늘 우리가 묵을 곳이다. 아마 대우그룹에서 하노이에 지은 호텔이 아닌가 싶다. 겉모습만 보아도 잘 조성된 특급호텔이다. 우리는 호텔 체크인을 하기 전에 먼저 호텔 세미나장에 마련된 행사장으로 갔다. 하노이 현지 관료를 초빙해 '베트남 경제상황 및 미래 발전 가능성'이란 주제의 특강이 예정되어 있었기 때문이다.

베트남대학 한국어과에 재학 중인 베트남 여학생이 통역을 맡았다. 약 1시간 30분 동안 진행된 특강은 강의내용도 훌륭했지만 통역을 맡은 베트남 학생도 한국말을 유창하게 구사해 박수를 받았다. 베트남의 경제는 성장을 조절해야 할 정도로 급속히 신장되고 있으며, 정치적으로도 이젠 안정기에 접어들었기 때문에 베트남의 미래는 매우 밝다고 했다.

강의가 끝나고 일부에서는 통역을 한국인 유학생을 쓰지 않았다고 불평하는 사람도 있었지만 과민반응으로 느껴졌다. 특강이 끝나고 저녁식사를 하면서 특강에 대한 토론이 이어졌다. 일부는 밤늦게까지 여러 현안에 대해 오래도록 이야기를 나누고 있었다. 오늘도 무척 바쁜 하루를 보냈다.

제6일, 2012년 11월 23일 (금요일)

아침 7시에 호텔에서 식사를 마치고 베트남에서 가장 아름다운 국립공원(國立公園)이라는 하롱베이로 향했다. 버스로 약 4시간이 넘게 걸린다고 한다. 거리는 200km에도 못 미치지만 2차선으로 된 도로 사정이 그리 좋은 편이 아니어서 시간이 더 걸릴 수도 있다고 한다.

말로만 듣던 세계적 관광지 하롱베이에 대한 기대가 있어왔는지라 그런 것은 수용할 수 있지만 문제는 시간이다. 우리는 오늘 저녁 비행기로 한국에 가야 하기 때문에 당일치기로 다녀와야 한다는 점이 마음을 급하게 한다. 베트남 북부의 시골길을 달리며 차창 밖으로 보이는 마을과 순박한 사람들을 보면서 이 나라는 왜 그렇게 오랜 시련을 겪어야 했을까 생각해 보았다.

물론 남의 나라를 침략해 평화를 깨고 약소국을 수탈하는 강대국들의 탐욕이 문제인 것은 말할 것도 없다. 그러나 지구상에는 작은 나라이면서도 국가를 잘 보존하고 국민들을 안전하게 보호하며 선진국 반열에 오른 나라들도 의외로 많이 있다. 베트남의 지리적 조건 때문이었을까, 아니면 민족의 분열 때문이었을까. 과거 베트남의 시련이 우리나라와 비슷해 동병상련(同病相憐)처럼 느껴졌기 때문이다.

중간에 화장실을 이용하기 위해 휴게소에서 잠깐 멈추었는데 그곳에도 관광버스와 사람들이 넘쳐나고 있었다. 이 사람들 모두가 천혜의 비경을 구경하기 위해 하롱베이로 가는 관광객들이다.

매일같이 이렇게 관광객이 넘쳐난다는 이야기를 듣고 베트남의 관광수입이 만만치 않겠다고 생각하며 우리나라의 관광실태를 떠올렸다. 해마다 국내로 들어오는 관광객보다 해외로 나가는 관광객이 훨씬 더 많아 수지 불균형이 심각한 것이 오늘날 우리나라 관광의 현주소이기 때문이다.

앞으로 세계는 관광객 유치경쟁이 더욱 치열해질 것이다. 우리도 조속히 대비해야 한다. 세계 관광대국들의 정책들을 면밀히 들여다보고 분석해서 시대흐름에 맞는 관광정책을 펴나가야 할 것이다.

우리 금강산의 빼어난 풍광은 가히 세계 제일이라 할 만하다

우리나라의 관광자원도 어느 나라 못지않게 훌륭하다고 생각한다. 애국가에도 나오듯이 예로부터 화려한 금수강산(錦繡江山)이라 일컬어지는 한반도. 지리적 조건도 문화적 깊이도 그 어떤 나라에 비해 결코 뒤지지 않는다. 통일이 된다면 그 경쟁력은 훨씬 더 배가될 것이다.

분단의 상징이었던 DMZ를 비롯해 남쪽의 한라산과 설악산, 북쪽의 금강산과 백두산까지 화려하고 빼어난 관광자원이 많다. 오천년 역사의 문화자산까지 더해져 조화를 이룬다면 능히 세계적인 관광대국으로 발돋움할 수 있을 것이다.

바다 위에 펼쳐진 화려한 수묵화 하롱베이

약 두 시간 정도를 더 가서 할롱만 선착장에 도착했다. 수많은 배들과 사람들이 뒤엉켜 매우 혼잡스러웠다. 배에 오르기 전에 갖가지 주의사항

하롱베이 선착장 풍경

이 많았다. 배에 오르면서 바다 위를 바라보니 벌써부터 풍광이 예사롭지 않다. 우리 연수단은 제법 큰 유람선에 승선하여 출발하였다.

바다를 향해 조금 나아가자 1,553km²나 된다는 드넓은 할롱만이 서서히 그 자태를 드러내기 시작했다. 물 위에 펼쳐지는 바위섬과 기암괴석들이 연이어 나타나는데 그야말로 장관이었다.

감탄사가 절로 나오고 과연 '세계자연유산'으로 지정할 만한 자격을 충분히 갖추었다고 생각되었다. 유네스코는 이곳을 1994년에 '세계자연유산'으로 지정했다고 한다.

오래 전 부모님을 모시고 중국의 계림(桂林)을 방문했을 때가 생각났다. 그 때도 너무나 신비로운 자연의 조화에 감탄한 적이 있었다. 그곳 사람들도 '계림산수갑천하(桂林山水甲天下)'라 하여 자부심이 대단했었다. 그때 느꼈던 육지에서의 충격이 지금은 육지가 아닌 베트남의 바다 위에서 또 다시 재현되고 있었다. 참으로 절경이고 섬들 속으로 들어가면 갈수록 점입가경(漸入佳境)이었다.

하롱베이 절경

이처럼 아름다운 절경이어서인가, 창조주는 덤으로 선물까지 안겨주었다. 이곳은 바다임에도 파도가 없고 갈매기가 없으며 비린내가 나지 않는 3무(三無)의 섬이라고 한다. 안내인의 설명에 의하면 과학적 근거가 전혀 없는 것이 아니었다.

첫째, 갈매기가 없는 것은 갈매기는 평균 28도에서 부화가 되는데 이곳은 평균온도가 30도를 웃돌기 때문에 갈매기 자체가 생산될 수 없고, 둘째, 파도가 일지 않는 것은 수많은 섬들이 모여 있어 방파제 역할을 하기 때문이며, 셋째, 바다 특유의 짠내와 비린내가 없는 것은 지질이 석회암으로 되어 있어 염분을 흡수해 버리기 때문이라 한다.

어쨌거나 배가 점점 더 들어갈수록 독특하게 생긴 섬들과 바위의 모습들이 제각각 자태를 뽐내고 있었다. 그 모양에 따라 거기에 걸맞는 이름들을 붙여 놓았다. '키스바위', '고릴라바위', '물개바위' 등 이름도 다양하다.

그 중에서도 두 개의 바위가 마주하고 있는 '키스바위' 에서의 사진촬

하롱베이 해상 만물상의 인기 촬영지인 키스바위

영이 가장 관광객들의 인기를 끌었다. 섬 사이사이를 보트를 타거나 카약을 타고 두 사람이 노를 저어가는 모습도 많이 보였다. 대부분 연인이나 친구 가족들로 보였는데 그들의 여유와 평화로움 역시 자연과 어우러져 한 폭의 그림처럼 느껴졌다.

그렇다면 이곳에 어찌하여 이처럼 아름다운 수묵화(水墨畵)를 빚어내게 되었을까. 먼저 용(龍)이 하강했다는 하롱(下龍)이라는 이름에서 유래된 전설(傳說)을 이야기한다. 아주 먼 옛날 이곳에 바다 건너 외적들이 빈번하게 쳐들어 왔다고 한다.

그런데 어느 날 하늘에서 갑자기 용이 내려와 그 침략자들을 물리쳤다고 한다. 그 때 용의 입에서 내뿜은 보석구슬이 바다에 떨어져 이처럼 아름다운 기암괴석으로 변했고, 또 내려올 때의 거센 용틀임과 분방한 꼬리질로 인해 수많은 계곡과 동굴이 만들어졌다는 것이다.

세계 명승지 어디를 가도 마찬가지지만 이곳에서도 이처럼 꿈과 같은 감상적 설화(說話)가 만들어져 전해지고 있다. 그러나 이성적이고 과학적으로 살펴본 지질학적 견해로는 이 지대가 모두 석회암지역이었는데 오랜 세월 풍화작용(風化作用)에 의해서 작은 바위섬들로 조성되었을 것이라는 것이다.

이곳 할롱만에는 말로는 3000여 개의 무인도가 있다고 하지만 실제로는 1900여 개의 섬만 확인되었다고 한다. 수많은 대부분의 작은 섬들은 대부분 무인도이기 때문에 천연 생태계를 간직하고 있는 해상보고(海上寶庫)로서의 가치를 지녔다.

이곳 하롱베이는 베트남인들에게 풍광의 아름다움만 제공하는 것이 아니라 국가안보에도 지대한 공헌을 했다고 한다. 과거로 거슬러 올라가 역사적으로 살펴보면 중국 원나라 때 대규모의 몽고 수군이 쳐들어 와서 대적하게 되었다고 하는데 그 때도 수(數)적으로 열세인 베트남인들이 이 섬들을 이용해 지혜롭게 항전했다고 한다.

하롱베이에서

　복잡미묘(複雜微妙)한 하롱베이의 지형지물(地形地物)을 최대한 활용하여 화공전(火攻戰)으로 적을 물리쳤다는 것이다. 또 현대에 와서도 베트남전 당시 공산군(베트콩)들이 하롱베이를 은신처로 삼아 게릴라전을 펼치며 미군을 몹시 괴롭혔다고 한다.

　견디다 못한 미군 상부에서 이곳에 대한 폭격명령이 떨어졌으나 미군 조종사들이 이처럼 아름다운 섬을 폭격했다는 오명(汚名)을 남기지 않으려고 폭격을 멈추고 되돌아갔다는 이야기도 전해지고 있다.

　이처럼 하롱베이는 실체가 확실치 않은 이야기들을 많이 간직하고 있는 곳이기도 하다.

　사실 이러한 말들이 회자되는 것은 진위여부를 떠나 결국 하롱베이에 대한 찬사로 귀결되는 것이다. 누구나 이곳에 한 번 와보면 자연의 오묘함과 위대함을 느끼게 되고 여기에 얽힌 여러 이야기들이 그럴 듯하게 느껴지면서 동화되어 버리는 것이다. 여하 간에 베트남의 하롱베이는 독특한 풍치를 자랑하는 해상의 명소임에는 틀림이 없다.

우리가 탄 유람선은 티톱섬에서 정박하였다. 배에서 내리니 꽤 넓은 공간이 있었다. 유난히 눈에 띄는 하얀색 동상이 하나 서 있는데 이 동상의 주인이 바로 섬 이름과 같은 '티톱'이라고 한다. 티톱은 러시아 사람으로 호치민의 친구였는데 이 섬을 본 티톱이 호치민에게 말하길 이 섬이 너무 좋아 내가 가지고 싶다고 하자 호치민이 우리는 사회주의국가이기 때문에 모든 토지가 국가 소유라 안 된다. 대신 이 섬 이름을 티톱이라고 하겠다고 해서 티톱섬이 되었다는 것이다.

모두들 배를 오래 탔기 때문에 내리자마자 기지개도 켜고 스트레칭도 하면서 몸을 풀고 있는데 우리 연수단의 젊은 대학생들은 그 사이 벌써 친해져 남녀 학생들이 공중 뜀뛰기를 하며 사진을 찍는 모습이 너무 보기 좋았다. 티톱섬은 해발 300m 높이의 섬인데 30m 높이에 전망대가 설치되어 있다.

계단을 타고 가는데 왕복 30분 정도가 소요된다. 그러나 올라가면 하롱베이의 전경을 한눈에 볼 수 있어서 충분히 보상받을 수 있다. 그래서 힘들어도 올라오는 사람들이 의외로 많다. 나도 사람들을 따라서 올라가 보았다. 과연 탁 트인 전망이 장관이었다. 올라오길 잘했다는 생각이 들었다.

티톱섬에서 소형배로 갈아타고 좁은 바위문을 지나 원숭이들이 모여 살고 있는 원숭이 섬과 종유석과 석회로 된 기둥들이 늘어선 천연미술관이나 다름없는 동굴탐방을 했다. 생태계가 그대로 보존된 동굴에서 원시의 고요를 만끽할 수 있는 성찰의 시간이 되었다.

이제 돌아가야 할 시간이 초읽기에 들어갔다. 다시 유람선에 올라 되돌아 나오며 섬들을 좀 더 주의 깊게 살펴보았다. 크고 작은 동굴들이 많았다. 그런데 그렇게도 청명하던 날씨가 갑자기 흐려지기 시작했다. 흐린

통일캠프 한국의 남녀 대학생들

날씨의 섬 풍경도 그런대로 또 다른 운치가 있었다. 시간이 있었으면 이런 곳에서 좀 더 여유를 가지고 휴식도 취하며 자세히 살펴보고 싶은 생각도 들었다.

하지만 우리 연수단에게는 일정상 허락된 시간이 없었다. 우리는 곧바로 하롱베이를 벗어나 하노이공항으로 이동했다. 저녁 7시 30분에 공항 내 식당에서 저녁식사를 마치고 8시 30분에 출국수속을 시작했다. 모두들 이번 통일캠프에 대한 보람과 아쉬움이 교차되는 얼굴들이었다. 밤 11시 20분발 베트남항공 416편으로 하노이 국제공항을 출발했다.

밤새 야간비행으로 11월 24일 토요일 아침 5시 30분에 인천공항에 도착했다. 이번 연수단은 각계각층이 망라된 결코 적지 않은 인원인데 연수단원 92명 전원이 무사히 연수를 마치고 귀국하게 되어 무엇보다도 감사하게 생각했다. 공항에서 약식으로 해단식(解團式)을 가짐으로써 2012년 합동 통일캠프는 종료되었다.

후기(後記)

나는 2007년, 2012년 두 차례 베트남 연수를 다녀왔다. 베트남 연수를 통해 느꼈던 생각을 몇 자 적어보려고 한다. 먼저 베트남은 우리나라와 유사한 점이 많은 동병상련의 나라다.

첫째, 베트남은 한반도처럼 지리적으로 대륙과 해양을 잇는 반도국이다. 둘째, 그로 인해 예로부터 다양한 문화와 문물을 접촉할 수가 있었다. 셋째, 반면에 외적의 침략과 수탈이 빈번하게 자행되었고 결국에는 식민통치(植民統治)를 받게 되었다. 넷째, 식민통치로 혹독한 인권유린과 경제적 착취에 시달리면서도 끝까지 독립운동(獨立運動)으로 저항하였다. 다섯째, 이념으로 인한 남북분단국(南北分斷國)이 되어 처참한 동족전쟁을 치르게 되었다.

그러나 마지막 하나는 다르다. 베트남은 남북통일을 이루었지만 우리는 아직도 조국통일을 이루지 못했다. 그렇다. 우리도 하루빨리 남북통일(南北統一)을 이루어야 한다. 그러나 생각이나 말로만 통일을 이룰 수는 없다.

60년 이상 고착화 된 통일을 이룩하기 위해서는 남다른 각오(覺悟)와 과감한 실천(實踐)을 필요로 한다. 단점을 보완하고 역량을 집결시켜야 한다. 그러려면 우리보다 먼저 분단과 갈등을 극복하고 통일을 이룬 나라들을 반면교사로 삼아야 할 것이다.

우리 연수단이 방문했던 베트남도 과거의 역사를 살펴보면 수난의 연속이었음을 알 수 있다. 중국, 프랑스, 일본 등의 오랜 식민통치를 받았고 복잡다난(複雜多難)한 내분에 시달렸으며, 특히 '제1차 인도차이나 전쟁'이라 칭하는 프랑스와의 항전은 거세고 처절했다. 그러나 힘겨운 악전고투(惡戰苦鬪) 끝에 프랑스를 몰아내고 식민통치에서 벗어났다.

그런데 기쁨을 채 나누기도 전에 이번엔 이념의 광풍에 휩쓸려 남북이 분단되었다. 광복 후 우리나라와 똑같은 처지였던 것이다. 일제의 사슬에서는 벗어났으나 또 다시 미국과 소련의 영향력 아래 들어갔고, 남북이 한국전쟁을 치렀으며 국제전으로 변모했다.

베트남도 그랬다. 그 냉전시대의 여파는 두 차례 세계대전에 버금가는 잔혹한 베트남전쟁을 몰고 왔다. 미국을 비롯한 다국적군이 베트남전쟁에 참여했다. 우리나라도 대규모의 군대를 월남전에 파병했다. 자유세계를 지킨다는 것이 주요 명분이었지만 그보다는 경제문제를 비롯하여 복잡한 정책적 판단이 작용했다.

베트남인들에게 피로 얼룩진 오랜 전쟁은 형언할 수 없는 상처를 남겼다. 베트남 전지역에서 살육(殺戮)이 난무했고 포탄과 화염이 불을 뿜었다. 미군은 정글을 제거하기 위해 고엽제까지 무차별 살포했다. 전 국토는 파괴되고 피폐해졌다.

베트남 국민들은 그처럼 길고 긴 시련을 감내해야만 했다. 그리고 마침내 독립을 쟁취했다. 미국을 비롯한 다국적군을 물리치고 민족의 숙원인 통일을 이루었다. 그 중심에는 호치민이라는 걸출한 지도자가 있었다. 그의 청렴함과 솔선수범이 국민을 움직이는 강력한 무기였다. 그것은 핵보다도 무서운 힘의 원천이었다.

어느 나라나 역사의 전환기에는 위대한 지도자가 반드시 출현하게 된다. 충무공 이순신이 그랬고 윈스턴 처칠이 그러했다. 호치민 역시 그랬다. 선구자적인 혜안(慧眼)과 국민을 결집시키는 지도력(指導力)이 있었다. 통일을 이룬 힘은 호치민의 지도력과 국민들의 단결이었다.

독일 등 다른 나라들도 예외가 아니었다. 방법은 달랐지만 모두 그렇게 통일을 이루었다. 우리가 본받아야 할 교훈은 명확하다. 분열(分裂)을 경계(警戒)하고 통합(統合)에 길이 있음을 잊지 말아야 한다. 베트남인들이 보여준 또 하나의 교훈은 미래를 내다보는 안목이다.

통일베트남은 과거의 쓰라린 상처를 가슴에 묻고 미래를 택하는 결단을 내렸다. 10여 년을 치열하게 싸웠던 미국과도 종전 20년만인 1995년 국교수립을 단행했다. 그 단초는 신뢰 쌓기였다. 베트남은 1985년부터 미군 유해 송환에 협력하고 미국은 베트남의 무역 금수조처를 해제했다.

두 나라는 서로 원하는 것을 주고받으며 구원(舊怨)을 씻었다. 또한 우리나라와도 1992년 정식 외교관계(外交關係)를 수립하면서 지금은 함께 미래로 나아가고자 노력하고 있다. 그러나 그들이 과거를 송두리째 잊었다고 생각해서는 안 된다.

우리는 베트남에 빚이 있다. 아무리 그 시대의 피치 못할 사정이 있었다고 하더라도 베트남 국민들에게 상처를 남긴 것은 사실이기 때문이다. 모든 어려움을 딛고 통일(統一)을 이루어낸 베트남 국민들에게 무한한 축복과 박수를 보낸다.

제 5 부

2013 동북아 문화제
(만주에서 역사와 평화를 만나다)

동북 3성(요녕성, 길림성, 흑룡강성)

2013년(8월 9일~8월 15일)

만주 동북3성
(요녕성, 길림성, 흑룡강성) 방문기

한반도는 지난 100년 동안 세계 강대국들의 각축장이 되었다. 청일전쟁, 러일전쟁, 태평양전쟁, 한국전쟁 등, 한치 앞도 내다볼 수 없는 대립과 갈등의 역사가 한반도를 중심으로 펼쳐졌다. 지금도 한반도는 마지막 냉전지역으로 남아 강대국들의 패권다툼의 최전선에서 치열한 영토분쟁, 국경분쟁을 지켜보고 있다.

이젠 우리도 강대국들의 그늘에서 탈피해 미래로 나아가야 할 때가 되었다. 흥사단 창립 100주년을 맞이하여 흥사단 민족통일운동본부가 동북아문화제를 만주에서 개최하게 되었다. 이번 문화제의 주제는 '만주에서 역사와 평화를 만나다' 로 정했다.

나도 회원의 한 사람으로 한민족의 얼과 혼이 숨 쉬고 있는 동북3성 역사기행에 참가하게 되었다. 쉽게 말하면 간도(間道)라 일컫는 중국 동북쪽의 조선인 거주지역을 총망라해서 돌아보는 것이라 할 수 있다. 간도지역은 고구려의 북방영토를 수복한 발해(渤海)의 옛 땅이다.

발해는 고구려와 부여의 전통을 이어받아 강력한 왕권을 바탕으로 '바다 동쪽의 융성한 나라' 라는 뜻을 의미하는 해동성국(海東盛國)으로 불리기도 했다. 이번 연수의 일정은 2013년 8월 9일부터 8월 15일까지 6박 7일이다. 대련－단둥－집안－백두산－용정－연길－목단강－하얼빈－731부대 등, 우리 역사가 살아 숨 쉬는 주요지역 전체를 돌아보는 아주 뜻깊은 일정으로 되어 있다.

흥사단은 도산(島山) 안창호(安昌浩, 1878~1938) 선생이 일제치하인 1913년 5월 13일 미국 샌프란시스코에서 창립한 민족운동단체이다. 엄혹한 일제치하에서도 평생을 나라사랑, 겨레사랑으로 일관하신 민족의 스승 도산은 "합지 아니하면 독립운동도 일종의 공상(空想)이 될 것이다" 라며 민족의 분열을 극도로 경계하였다.

국권이 있고 병력이 충분하더라도 국민이 분열하면 패하거늘 하물며 국권도 없고 병력도 없는 우리인지라, 오직 살 수 있는 길은 "대한인(大韓人)아! 단결(團結)하라" 그리고 "통일(統一)하라"고 역설했다. 내가 웅변인(雄辯人)이 된 동기도 6.25 한국전쟁 직후 시골의 초등학교에 다니던 시절 헌책방에서 앞 뒤쪽이 떨어져 나간 도산 선생의 전기를 읽고 감동을 받아 국민계몽에 나서기 위함이었다.

그리고 살아오면서 그때의 마음을 한 번도 잊은 적이 없다. 강대국들의 틈바구니에서 분단의 아픔과 이념논쟁의 갈등 속에서 참으로 고달프고 힘든 여정이었지만 도산 선생의 뜻을 이어받아 국민계몽(國民啓蒙)과 통일운동(統一運動)에 나선 것을 후회하지 않는 것도 그 때문이다.

도산 안창호는 1878년 평안남도 강서에서 출생했다. 어려서 한학을 배우다가 서당 선배의 영향으로 신학문에 눈을 뜨게 되었다. 1897년 독립협회에 가입하고 약관의 나이에 만민공동회 연설장에 나가 청중들에게 감동을 안겨준 연설을 했다고 한다. 종교가이며 교육자로 유명한 민족지도자 이승훈도 이때 도산의 연설을 듣고 독립운동을 하기로 결심했다고 전한다. 도산 안창호는 1902년 신학문을 공부하기 위해 미국으로 건너가 '한인공동협회'를 만들고 '공립신보'를 발간하는 등 활발한 활동을 전개하였다. 그러나 국내에서 들려온 '을사늑약(乙巳勒約) 체결 소식을 전해 듣고 1906년 귀국하여 항일비밀결사단체인 '신민회(新民會)를 조직하고 본격적인 독립운동을 시작하였다.

또한 평양에 대성학교를 세우고 민족지도자 양성에 힘을 기울였다. 1910년에는 안중근의 이토 히로부미(이등박문) 암살에 관련되었다는 혐의로 신민회 간부들과 함께 구금되었다. 출옥 후 시베리아를 거쳐 다시 미국으로 망명해 1913년 흥사단을 조직하였다. 1919년 3.1운동 이후에는 상하이로 건너가 임시정부의 내무총장을 맡아 임시정부의 주축(主軸)으로 활동했다. 임시정부가 극심한 내분을 일으키자 그를 수습하려 동분서주(東奔西走) 애썼으나 수습하지 못하고 물러나게 된다.

1923년 상하이에서 열린 '국민대표회의'마저 성과 없이 끝나자 이듬해 다시 미국으로 건너가 흥사단 조직을 강화하였다. 1926년에는 다시 상하이로 가서 흩어진 독립운동 단체들을 설득해 통합을 위해 진력하게 된다.

그러나 1932년 윤봉길 의사의 홍구공원 폭탄투척사건으로 검거되어 본국으로 송환되었고, 2년 6개월을 복역했다. 그 뒤 재투옥과 출옥을 반복하다가 1938년 서거하게 된다. 일평생을 국내와 미국, 중국을 오가며 오로지 인재양성과 국민계몽, 실천적 구국운동(救國運動)으로 조국독립을 위해 헌신해 왔다. 도산 안창호가 조직한 흥사단은 자주독립과 민족의 번영을 위해 독립운동에 헌신할 지도적 인물을 양성하고 독립운동을 조직적으로 준비하여 부강한 독립국가를 건설한다는 비전을 내세웠다. 그리고 이를 달성하기 위해서는 힘과 실력을 배양해야 한다는 것이었다.

우리가 망국의 비극을 당하는 것은 힘이 없는 까닭이니 오직 힘과 실력을 길러서 빼앗긴 나라를 되찾고 그 바탕 위에 '민주공화국을 건설'해야 한다는 뚜렷한 목표를 가지고 있었다. 또한 도산 선생의 주옥 같은 명언

(名言)들도 흥사단 활동을 독려하면서 나온 것이 많다.

"나라 없는 설움보다 더 아픈 것은 없다."

"낙심(落心)은 청년의 죽음이요, 청년이 죽으면 민족이 죽는다."

"농담으로라도 거짓을 말하지 마라."

"꿈에서라도 성실(誠實)을 잃었거든 통회(痛悔)하라."

"진리(眞理)는 반드시 따르는 자가 있고, 정의(正義)는 반드시 이루는 날이 있다."

"나라가 없고서 한 집과 한 몸이 있을 수 없고, 민족이 천대 받을 때 혼자만이 영광을 누릴 수 없다."

이 외에도 선생의 사자후(獅子吼)는 끝이 없었다. 광복 후 오늘날에도 흥사단은 도산 선생의 뜻을 이어받아 국가의 발전과 번영에 필요한 인재 양성에 매진하고 있다. 청년 아카데미 조직을 통해 민주화운동에도 기여하였다. 최근에는 민족통일운동, 투명사회운동, 교육운동, 독립유공자 후손돕기운동, 청소년운동 등 다양한 활동을 전개하고 있다. 올해가 흥사단 창립 100주년이 되는 해이니 얼마나 감회가 깊은 해인가.

흥사단민족통일운동본부는 1997년 3월 8일에 설립된 흥사단 산하의 주요단체이다. 설립 목적은 흥사단의 정신을 계승하기 위함이다. 도산 안창호 선생의 구국이념을 바탕으로 겨레사랑 정신과 인도주의에 입각하여 민족의 발전과 평화통일을 위한 연구 교육사업 및 실행사업을 전개하려는 데 있다. 나아가 꾸준하게 민족통일을 촉진하고 세계평화에 기여함을 목적으로 하고 있다.

이를 실천하기 위해 흥사단민족통일운동본부는 1998년부터 해마다 동북아시아의 청소년과 대학생들의 친선문화제를 개최하여 왔는데 올해로 16년째를 맞이하게 되었다. 더구나 올해는 흥사단 창립 100주년을 기념하여 '만주에서 역사와 평화를 만나다' 라는 주제로 만주항일독립운동 유적지 답사를 통해 선열들의 애국정신을 계승하려 한다.

일본제국주의에 대한 저항과 독립평화정신을 계승하고 북한과 중국의 접경지대인 두만강과 압록강을 찾아가 남북통일과 동북아시아 평화를 모색하며 백두산과 고구려·발해의 유적지를 답사하면서 우리의 역사를 되돌아보는 시간을 갖기로 했다.

특히 일제와 맞서 싸웠던 우리 독립투사들의 항일독립운동의 정신을 기억하고 오늘날 우리의 시대적 과제인 한반도 평화통일에 대해 동북3성에 살고 있는 교민들과 함께 모색해 보는 뜻 깊은 일정도 마련되어 있다.

이번 2013 동북아문화제에 참가하는 단원들은 2013년 7월 24일(수요일)에 경희대학교 청운관에서 행사전 상견례를 겸한 사전 모임을 가졌다. 오찬을 함께하면서 인사나누기와 동북아문화제에 대한 발자취를 영상을 통해 보았으며, '정전 60년, 동아시아 평화와 한반도 평화체제 구축' 이라는 주제의 학술 세미나에도 참석했다.

또한 대회안내 및 세부적인 일정표와 참고자료도 교부받았다. 단원들은 행사가 오후 늦게까지 진행되었는데도 모두가 진지한 태도로 임했다. 출발일인 8월 9일 아침에 인천공항에서 만나기로 하고 오후 6시 30분에 사전 모임을 마쳤다.

제1일, 2013년 8월 9일 (금요일)

악명 높은 뤼순(여순)감옥엔 독립지사의 체취가

아침 7시 인천국제공항에 도착해서 이틀 전 사전모임에서 보았던 단원들을 다시 만났다. 모두가 밝은 얼굴들이었다. 출국수속을 마치고 9시 40분에 인천국제공항을 출발했다. 약 두 시간을 비행해 중국시간으로 9시 55분에 다롄공항(대련공항; 大連空港)에 도착했다. 중국은 우리나라보다 2시간 늦은 시차가 적용되기 때문에 오전10시가 되어 있었다.

우리는 맨 처음 일정으로 뤼순감옥(여순감옥; 旅順監獄)으로 향했다. 뤼순감옥은 다롄시내

뤼순감옥 담장

에서 약 45km 떨어진 요동반도 최남단에 자리 잡고 있다. 러시아풍의 건물 전면에 '여순일아감옥구지(旅順日俄監獄舊址)'라는 글씨가 걸려 있다.

3층으로 된 건물에 총 275개의 감방이 있어 2,000여 명을 동시에 수감할 수 있는 규모다. 한때는 수만 명을 수감한 적도 있다고 한다. 사방으로 높이 4m, 길이 725m의 붉은색 담벼락이 있는데 매끈하고 높은 데다가 담 위에는 가시철망까지 설치되어 탈출은 꿈도 꾸지 못하도록 되어 있다. 외부와 철저하게 격리되었다는 것을 한 눈에 알 수 있었다.

그 외에도 교수형(絞首刑) 집행실 안에는 보기만 해도 소름끼치고 끔찍한 목에 감는 올가미들이 주렁주렁 매달려 있었다. 각종 고문기구들을 늘어놓은 고문실을 보았을 때는 일제의 잔인한 야만성이 그대로 느껴졌다. 저 기구들로 인해 얼마나 많은 사람들이 고통 속에 희생되었을까 생각하니 인간의 잔학성과 함께 독립지사들의 형극의 길이 가히 짐작이 되었다.

특이한 구조로 되어 있는 다롄 뤼순감옥

다롄의 뤼순감옥은 건물구조가 좀 특이해서 눈길을 끌었다. 검정색 벽돌과 붉은색 벽돌로 혼합되어 지어져 있는 것이다. 아래층은 검정색인데 위층은 붉은색 건물로 되어 있다. 그렇게 된 데는 연유가 있었다. 검정색 건물은 러시아가 지은 것이고, 나머지 붉은색 건물은 일본이 완성한 것이다. 이곳 다롄은 일찍부터 러시아제국의 조차지로서 러시아군 극동군사령부와 해군기지가 있던 곳이었다. 뤼순감옥도 다롄을 먼저 점령한 러시아가 1902년부터 짓기 시작했는데 1904년 러일전쟁이 시작되면서 여든다섯 칸의 방만 짓고 중단되었다고 한다.

러일전쟁 중에는 러시아 군인들의 야전병원으로 쓰이다가 러일전쟁에서 러시아가 일본에 패하자 이곳을 점령하게 된 일본이 러시아가 짓다 만 건물을 붉은색 건물로 크게 증축했기 때문에 이 같은 기이한 구조물이 된 것이다. 그 뒤 일제가 만주사변, 중일전쟁을 일으키며 더 많은 반일 인사들을 수감하기 위해 확장한 건물이 지금 우리가 보고 있는 뤼순감옥 건물인 것이다.

　1941년 태평양전쟁 발발 이후에는 조선인과 중국인 항일투사와 러시아인 사상범을 닥치는 대로 잡아들여 수천 명을 수감시켰으며, 700여 명이 이곳에서 처형당했다고 한다. 1971년 중국 정부는 이곳을 전시관으로 꾸며 일반인들에게 개방하고 있으며, 1988년 국가중점역사문화재로 지정하였다.

적의 심장을 쏘아 세상을 깨운 안중근

　이곳 뤼순감옥은 조선의 독립지사들 다수가 수감되어 있던 곳이다. 안중근(安重根) 의사, 신채호(申采浩) 선생, 이회영(李會榮) 선생, 김원봉(金元鳳) 단장 등 많은 독립지사들이다. 2층 복도를 따라가니 수감되었던 감방의 육중한 검은색 문 위에 나란히 호실 번호와 이름이 부착되어 있었다. 단재 신채호(申采浩) 선생 방 앞에는 '35' 라는 번호가 붙어 있고, 우당 이회영(李會榮) 선생 방 앞에는 '36' 이라는 번호가 선명하게 보였다. 그리고 번호 옆에는 사진과 함께 간략한 소개문이 부착되어 있었다.

　이분들은 수만리 떨어진 타국의 감옥에서 조국광복을 보지 못하고 유명을 달리했다. 나도 모르게 고개가 저절로 숙여지고 이분들의 유지를 받들어 완전한 나라, 완전한 독립을 위해 통일운동에 더욱 노력해야 되겠다고 다짐했다.

　당시 뤼순감옥에서 최고의 요인은 단연 안중근 의사였다고 한다. 그것은 세상이 이미 다 아는 일이지만 만주 하얼빈 역에서 조선 침탈의 원흉 이토 히로부미를 제거하는 유명한 '10.26 의거' 를 성공시켰기 때문일 것이다.

　안 의사는 1879년 9월 2일, 황해도 해주에서 아버지 안태훈과 어머니

조마리아 사이에서 3남 1녀 중 장남으로 태어났다. 태어날 때 가슴에 북두칠성과 같은 점이 일곱 개가 찍혀 있어 그의 조부가 북두칠성의 기운을 받고 세상에 나왔다 하여 응칠(應七)이란 이름을 지어주었다고 한다.

20대에 '국채보상운동(國債報償運動)'에 참여했으며, 사재로 학교를 세워 민족교육을 실시하기도 했다. 일제의 침략이 노골화하자 의병조직의 참모중장으로 최전선에서 싸웠다. 그리고 마침내 1909년 10월 26일, 안 의사는 만주 하얼빈 역에서 조선침략의 원흉인 '이토 히로부미'(이등박문; 伊藤博文)를 열다섯 가지 죄목을 들어 권총으로 암살하고 현장에서 체포되어 이곳 뤼순감옥에 수감되었다.

뤼순감옥 한쪽에는 특별히 안중근 의사가 수감되었던 독방이 그대로 보존되어 있었다. 일본의 국사범으로 분류되어 간수부장 당직실 옆에 단독으로 수감되어 감시를 받았다고 한다. 감방을 보는 순간 한 편으론 반가우면서도 또 한 편으로는 우리의 마음을 아프게 했다.

안중근 의사 유묵들

안중근 의사 수감실 앞에 있는 관련 사진들

안 의사는 옥중에서도 독서와 집필을 게을리 하지 않았다. 특유의 서체로 된 '國家安危 勞心焦思', '一日不讀書 口中生荊棘', '見利思義 見危授命', '百忍堂中 有泰和', '敬天', '極樂' 등 수많은 유묵을 남겼다. 유묵마다 새겨져 있는 그 유명한 '단지낙관(斷指落款)'과 '동양평화론(東洋平和論)'은 아직도 우리들 마음에 성스러운 교훈으로 남아 있다.

안 의사의 단지낙관의 유래 또한 우리의 마음을 뜨겁게 한다. 1909년 2월, 안 의사는 러시아 연해주에 있는 한인마을 연추에서 '동의단지회(同議斷指會)'를 결성하고 김기룡, 강기순, 박봉석 등 11명의 동지들과 함께 왼쪽 약지손가락을 잘라 피를 내어 태극기에 '대한독립(大韓獨立)'이라고 쓰고 조선 침략의 원흉인 이토 히로부미를 암살하기로 맹세했다.

그 혈서국기는 지금도 사진으로 전해져 언제든지 만날 수 있다. 단지동맹(斷指同盟)을 한 11명의 이름이 대부분 가명으로 되어 있는 것은 안 의사가 동지(同志)들을 보호하기 위해 본명(本名)을 말하지 않았기 때문이라고 한다.

안 의사는 뤼순관동법원에서 있었던 여섯 차례의 재판과정에서도 이토 히로부미(이등박문)를 죽인 이유를 다음과 같이 당당하게 말했다.

"이등박문은 대한의 독립주권(獨立主權)을 빼앗아 간 침략의 원흉이며, 동양의 평화를 해치는 자이다. 그러기에 나는 대한의군 참모중장의 자격으로 이등박문을 총살한 것이지 사사로운 감정으로 살해한 것이 아니다. 그러니 나를 살인범으로 취급하지 말고 전쟁포로로 대하라."

이처럼 그의 의연한 모습과 논리적(論理的)인 답변에 일본의 재판관과 검사들도 감탄했다고 한다. 일본은 1910년 2월 14일, 자국 형법을 적용하여 사형을 선고하였다. 그러나 안 의사는 얼굴색 하나 변하지 않고 이보다 더한 극형(極刑)은 없냐고 태연하게 반문하였다고 한다.

결국 안 의사는 거사 이듬해인 1910년 3월 26일 오전 10시, 서른 두 살의 젊은 나이로 교수형에 처해져 순국하였다. 교수형 집행 직전, 일본은 안 의사에게 이토 히로부미의 처단이 오해(誤解)에서 비롯되었다고 한마디만 하면 살려주겠다고 제안했으나 일언지하(一言之下)에 거절했다.

또한 그 자리에 참여한 일본 관리들에게도 마지막 말을 남겼다.

"나의 의거는 동양평화(東洋平和)를 위해 결행한 것이므로 당신들도 앞으로 한·일 간에 화합하여 동양평화에 이바지하기 바란다."

그러면서 끝으로 '동양평화만세'를 함께 제창하자고 제의했으나 거절당하였다는 일화가 전해지고 있다.

안 의사의 의거는 우리 민족은 물론이고 일본의 압제에 제대로 저항하지 못하고 잠들어 있던 중국대륙을 깨웠다. 안 의사의 의거소식을 들은 위안스카이(원세개; 袁世凱, 1859~1916) 당시 중국 국가주석은 다음과 같은 글을 지어 안 의사를 찬양하였다고 한다.

平生營事只今畢 (평생영사지금필)
死地圓生非丈夫 (사지원생비장부)
身在三韓名萬國 (신재삼한명만국)

生無百世死千秋 (생무백세사천추)

평생을 벼르던 일 이제야 끝났구려.
죽을 땅에서 살려는 것은 장부가 아니지.
몸은 한국에 있어도 천하에 이름을 떨쳤소.
살아선 백 살이 아니어도 죽어서 천 년을 가리다.

세상에서 가장 위대하고 슬픈 어머니의 편지

또 한 분, 우리가 기억해야 할 위대한 어머니가 계시다. 바로 안 의사의 어머니 조마리아 여사다. 안 의사가 재판을 마치고 교수형에 처해지기 전의 일이다. 안 의사의 어머니 조마리아 여사는 손수 지은 수의(壽衣)를 안 의사 동생들을 통해 보내면서 안 의사에게 당부한 서신(書信)이 우리들 마음을 울리고 눈시울을 적시게 한다. 여기에 옮겨본다.

"아들아, 늙은 어미보다 먼저 죽는 것을 불효라 생각한다면 이 어미는 천하에 웃음거리가 될 것이다. 너의 죽음은 너 한 사람의 죽음이 아닌 조선인 전체의 공분을 짊어지고 있는 것이니 네가 항소를 한다면 일제에게 목숨을 구걸하는 것이다. 나라를 위해 이에 이른즉 딴맘 먹지 말고 죽어라. 나는 살아서 너를 다시 보기를 원하지 않는다. 여기 수의를 지어 보내니 이 옷을 입고 가거라. 다음 세상에는 선량한 천부의 아들로 태어나기 바란다."

이 세상에 이보다 더 위대하고 슬픈 어머니의 편지가 어디 또 있겠는가. 안중근(安重根) 의사는 사형이 집행되기 직전에 두 동생들에게도 유언을 남겼다.

"내가 죽은 뒤에 나의 뼈를 하얼빈 공원 곁에 묻어 두었다가 우리나라가 주권(主權)을 되찾거든 고국으로 옮겨다오. 나는 천국에 가서도 우리나라의 독립을 위해 힘쓸 것이다. 너희들은 돌아가서 국민 된 의무를 다하며 국민들에게 마음과 힘을 합하여 큰 뜻을 이루도록 일러다오. 대한독립의 소리가 천국에 들려오면 나는 춤추며 만세를 부를 것이다."

그의 일편단심(一片丹心) 애국심에 마음이 숙연해짐을 금할 수 없다. 안 의사가 동생들에게 조국의 독립이 되기 전에는 나의 시신을 고국으로 옮기지 말고 여기에 두라고 한 유언 때문에 시신을 옮겨 오지 않았다. 그래서 아직도 유해(遺骸)를 수습하지 못했다고 한다.

그러나 또 한 편으로는 일본 정부가 안중근 의사의 유해를 가족들에게 돌려주면 그가 묻힌 곳이 독립운동(獨立運動)의 중심지(中心地)가 될 것을 두려워해 끝내 유해를 넘겨주지 않았다고도 한다. 아무튼 안중근 의사의 유해는 아직까지 정확한 위치를 모른 채 이곳 뤼순감옥 근방의 죄수 묘지에 묻혀 있다고만 알고 있을 뿐이다. 우리는 광복이 된 지 70년이 넘었고 안 의사가 순국한 지 100년이 지났는데 아직도 안 의사의 유해를 수습하지 못하였다. 참으로 안타까운 일이다.

현재 효창원 삼의사 옆에 가묘(假墓)로만 남아 있다. 후손 된 도리로서 부끄럽고 한스러운 일이다. 안 의사의 유해를 수습하는 일을 끝까지 포기하지 말고 민관이 힘을 합쳐 끝까지 노력해야 할 것이다.

서울 남산에는 안 의사 기념관이 있다. 그러나 필자가 보기에 안 의사의 기념관이라고 하기엔 많이 부족해 보이고 급조(急造)된 것처럼 보인다. 기념관 건물도 그러하거니와 기념관 앞에 세워져 있는 동상도 안 의사의 명성과 업적에 비해 초라하고 미흡한 점이 많다. 시급히 보완할 필요가 있다.

차제에 또 한 가지 덧붙이자면 용산구 소재 효창원의 복원이다. '효창운동장'을 다른 곳으로 이전하고 그 자리에 독립유적지(獨立遺跡地) 조성을 희망한다. 나라를 빼앗겨 치욕을 당했던 과거를 기억함과 동시에 나라를 되찾기 위해 끝까지 항거했던 민족의 자긍심(自矜心)을 되살려야 한다.

그 자리에 상하이에 있는 임시정부 청사와 똑같은 건물을 세워 파란만장(波瀾萬丈)했던 임시정부의 업적과 독립지사(獨立志士)들의 활약상을 후손들에게 길이 알릴 필요가 있다. 유비무환(有備無患)의 정신과 선열들이 보여주었던 백절불굴(百折不屈)의 애국정신(愛國精神)을 고취시키기 위해서라도 서둘러야 할 것이다.

안 의사가 1910년에 저술한 '동양평화론(東洋平和論)' 역시 오늘날 동북아시아의 한·중·일 뿐만 아니라 아시아 전체가 깊이 새겨야 할 교훈이다. 비록 미완(未完)이고 초고(草稿)에 불과하다고는 하나 그 속에 내포하고 있는 큰 뜻은 역사의 물줄기를 바꿀 수 있을 만큼 가히 혁명적이라할 수 있다. 일제가 처형을 서두름으로써 마지막 역작이 미완(未完)이 되어버려 안타까움을 더한다. '동양평화론'의 내용을 보면 그 당시 이토 히로부미(이등박문)가 주장해 파문을 일으킨 '극동평화론'을 반박하는 의미도 포함되지 않았나 하는 생각도 든다.

'동양평화론' 속에는 한국의 독립과 동양평화를 위한 구체적 실천방안이 고스란히 담겨 있다. 안중근 의사가 꿈꾸었던 세상은 궁극적으로 동양 3국의 수평적인 지역 통합을 통해 동양의 평화를 유지해 나간다는 것이다. 그의 지역주의 구상을 보면 더욱 확연해진다.

한·청·일 3국의 상설기구인 '동양평화회의체'를 구성하고, 3국이 공동은행을 설립하고 공용화폐를 발행해서 금융경제의 공동발전을 도모하며, 한국과 청국은 일본의 주도하에 상공업을 발전시켜 공동경제번영을 이룩한다.

여기서 일본이 주도해야 한다는 부분이 좀 의아하고 낯설게 느껴진다.

하지만 그 시절 경제면에서는 한국과 청국에 비해 세계적 강국으로 부상한 일본의 힘이 절대적이었던 만큼 시대적 배경에서 나온 것이 아닌가 싶다. 또 '동양평화론'에서 중요한 것은 일본이 한국과 청국에게 행한 침략 행위를 반성하고, 동북아시아 3국이 '공동평화군(共同平和軍)'을 창설한다는 대목이다. 어찌 보면 너무나 이상적이고 공허한 외침 같지만 완전한 평화를 담보하기엔 이보다 더 좋은 방안이 있겠는가.

또 국제적으로 인정을 받기 위해 한·청·일 3국의 황제가 로마 교황으로부터 대관을 받을 것을 주장했는데 이것 역시도 파격적인 주장이라 할 수 있다. 아마도 당시 로마 교황의 영향력이 크기도 했지만 안 의사가 '도마'라는 세례명을 받은 충실한 천주교 신자였기에 그러한 발상을 한 것으로 보인다. 어쨌든 '동양평화론'은 동양의 진정한 평화가 달성되어야만 주변국들의 번영도 동시에 이루어진다는 지혜를 우리에게 제시하고 있었던 것이다. 실제로 '동양평화론(東洋平和論)'이 나온 지 80여 년이 훨씬 지나 유럽연합(EU)이 그와 같은 방식으로 이루어졌다는 사실에 우리는 놀라움을 금치 못한다.

오늘날 한·중·일이 풀지 못하고 있는 동북아시아 문제 또한 그때 이미 명쾌하게 예견한 선각자(先覺者)였다. 우리는 안중근 의사의 선구안적 통찰력에 그저 머리가 숙여질 뿐이고, 그의 평화정신은 후세의 영원한 귀감(龜鑑)이 될 것으로 믿어 의심치 않는다.

독립지사들의 숭고한 숨결이

단재 신채호 선생은 독립운동가이자 역사학자, 언론인이다. 1880년 12월 8일, 충청남도 대덕에서 출생하였다. 한평생 독립운동을 하다 다롄법정에서 10년형을 선고 받고 이곳 뤼순감옥에서 복역하다 1936년 2월 21

일 옥사했다. 조선의 대학자 신숙주 (申叔舟)의 18세손으로 아호를 포은 (圃隱) 정몽주(鄭夢周)의 '단심가(丹 心歌)' 에서 따서 '단재(丹齋)' 라고 지었다고 한다. 1910년 청년시절에 만난 도산 안창호 선생이 미국 유학 을 권유했으나 이를 마다하고 31세 의 나이로 망명길에 올라 중국에서 독립운동을 시작하였다.

1919년에 상하이 임시정부 수립에 참여했으며, 의정원(議政院) 의원(議 員) 등, 요직을 지냈다. 1927년에는 '신간회(新幹會)' 의 발기인이 되었 다. 1905년부터 민족지(民族紙)인 '황성신문' 에 논설을 쓰기 시작했으 며, '대한매일신보' 의 주필(主筆)로 활동하면서 날카로운 필치로 우리 민족의 나아갈 길을 제시하기도 한 민족의식이 투철한 언론인이기도 하 다. 또 역사학자로서 '대한상고사' 를 비롯한 다수의 역사서를 저술했으 며, 민족혼을 일깨우는 수많은 어록을 남겼다.

'독립이란 주어지는 것이 아니라 쟁취하는 것이다.'
'역사란 아(我)와 비아(非我)의 투쟁의 기록이다.'
'역사를 잊은 민족에게 미래는 없다.'
'자신이 나라를 사랑하려거든 역사를 읽을 것이며, 다른 사람에게 나라 를 사랑하게 하려거든 역사를 읽게 하라.'
'영토를 잃은 민족은 재생할 수 있어도 역사를 잊은 민족은 재생할 수 없다.'

뤼순감옥의 단재 신채호 선생이 수감되었던 35호 방

　특히 역사의 소중함을 초지일관 가는 곳마다 설파했다. 그런데 우리는 지금 영토도, 역사도 반쪽만 차지했을 뿐 완전히 되찾지 못하고 있으니 한평생 국민계몽과 독립운동에 앞장섰던 단재 선생께 너무나도 부끄럽다. 우리 민족이 대오각성(大悟覺醒)하고 한 마음 한 뜻이 되어 하루속히 역사도 바로잡고 통일도 이루고 영토도 수복해야 할 것이다.

여섯 형제는 조국광복을 위해 모든 것을 바쳤다

　우당(友堂) 이회영(李會榮, 1867~1932) 선생도 뤼순감옥에 수감되었다. 그러나 65세의 노인이 일제의 혹독한 고문을 견디지 못하고 다롄경찰서에서 순국했다. 1932년 11월 17일이었다.
　우당 선생은 위대한 사상가이며 혁명가이다. 조선시대의 명신(名臣)이자 오성대감으로 유명한 백사(白沙) 이항복(李恒福, 1556~1618)의 10세손으로 6형제 중 넷째로 태어났다.

국운이 쇠해가던 구한말 1867년 4월 21일에 출생한 우당 선생은 조선의 제일가는 명문가의 후손으로 부족함이 없는 부유한 생활을 영위하였다. 그러나 선생은 일찍이 일제의 침탈이 본격화되자 나라가 없이는 가문도 소용없다는 신념으로 노비들을 풀어주고 의병(義兵)들을 지원했으며, 항일비밀결사단체인 신민회(新民會) 결성에 참여하는 등 구국운동에 나섰다. 그리고 생애의 대부분을 이국땅에서 일제와 맞서 독립운동을 하다가 순국한 것이다.

1910년 조선이 일제의 압박으로부터 견디지 못하고 기어이 경술국치(庚戌國恥)를 당하자 지체 없이 모든 것을 버리고 만주로 가서 일제와 싸우기로 결심한다. 비밀리에 형제들과 상의하고 일제치하에서 사느니 차라리 만주로 가서 독립운동(獨立運動)을 하다 죽는 것이 낫다고 형제들은 의기투합(意氣投合)했다.

그들은 선조로부터 내려오던 수만금의 가산을 급매로 내놓아 헐값으로 정리하여 40만원(현재의 가치로 약 600억원)을 마련한다. 일제의 감시를 피해가며 100여 명의 식솔과 함께 12월 엄동설한에 신의주를 거쳐 압록강을 건넜다. 강을 건넌 후 도강을 도와준 뱃사공에게 뱃삯을 몇 배로 넉넉하게 지불하며 "앞으로 독립투사들이 부득이 이 강을 헤엄쳐서 건너거나 돈이 없이 배를 태워달라고

李会荣
(1867-1932)

하거든 나를 생각해서 거절하지 말고 배를 태워주시오" 하며 부탁했다는 일화는 너무나도 유명하다.

나는 학생들을 비롯해 국민들을 대상으로 이 부분을 강론하게 될 때마다 그 주체할 수 없는 존경심에 목이 메어 울먹거릴 때가 많았다.

우당 선생 일가는 만주 서간도 통화현 합니하에 정착한다. 곧바로 적지(適地)를 골라 토지를 사들이고 이동녕, 이상룡 선생 등과 함께 젊은 독립운동가(獨立運動家)를 기르는 산파역할을 한다. 우선적으로 '신흥강습소'를 세우고 독립군의 기둥이 될 간부양성을 시작한다. 우당 선생 형제의 자녀들도 교관으로, 독립군으로 함께 참여했으니 독립운동에 온 가족이 나선 것이다.

이후 10년 동안 현대식 무기를 사서 유능한 교관으로 하여금 정예병으로 훈련시킨 3,500여 명의 간부들이 배출된다. 투철한 독립정신으로 무장된 이들은 가는 곳마다 혁혁한 전과를 올린다. 항일무장투쟁의 전설이 된 '봉오동대첩'(1920년 6월)과 '청산리대첩'(1920년 10월) 모두 신흥무관학교 출신들이 주축이 되어 이루어 낸 쾌거였다. 당시 조선 청년들은 누구나 신흥무관학교에 들어가길 원하는 마음들로 뜨거웠다고 한다.

우당 선생 형제들이 가진 재산을 얼마나 보람 있는 일에 썼는지를 오늘날 탐욕에 눈이 멀어 감옥을 들락거리는 일부 자산가들은 한 번쯤 되새겨 보아야 할 것이다. 우당 선생은 3.1만세운동 이후에는 베이징과 톈진을 오가며 신채호(申采浩) 선생, 김창숙(金昌淑) 선생 등과 함께 줄기차게 독립운동을 전개하였다.

그러나 불행하게도 다롄에서 한인 밀정(密偵)의 밀고로 기다리고 있던 일경에 의해 체포되었다. 다롄경찰서로 끌려간 선생은 모진 고문을 견디지 못하고 1932년 11월 17일 66세의 나이로 순국하게 되었다. 이 얼마나 통탄할 일인가.

체포 당시 우당은 만주지역의 독립운동 조직을 강화하고 일본군 사령

우당 이회영 선생이 수감된 방 36호실

관을 암살하기 위해 만주로 향하던 중이었다. 우당 선생의 별세소식을 전해 들은 국내의 많은 국민들이 거리에 나와 통곡했다고 한다.

또 하나 생각할수록 안타까운 사실은 조선에서 제일가는 대부호였던 우당 선생의 가족과 형제들이 독립운동에 전재산을 다 바치고 먹을 양식과 약이 없어 죽어갔다는 사실이다. 생전의 우당 선생은 독립운동을 하면서 가장 큰 적이 배고픔과 질병이었다고 토로했다 한다. 일본군이나 일본 경찰보다 더 무서운 것이 배고픔과 질병이었다고 하니 그 고초(苦楚)를 어찌 짐작이야 하겠는가.

우당(友堂) 형제와 그의 가족들은 그렇게도 원하던 조국독립을 보지 못한 채 하나 둘 쓰러져 갔다. 첫째 이건영(李健榮, 1853~1940) 선생은 병으로, 조선 10대 갑부였다는 둘째 이석영(李石榮, 1855~1934) 선생은 영양실조로, 셋째 이철영(李哲榮, 1863~1925) 선생은 풍토병으로, 넷째 이회영(李會榮, 1867~1932) 선생은 일제의 고문으로, 여섯째 이호영(李護榮, 1885~

1931) 선생은 일본군에 의해 가족 전체가 몰살(沒殺)을 당하고 말았다.

여섯 형제 모두가 하나같이 나라를 위해 모든 것을 아낌없이 바쳤다. 낯선 이국땅에서 자신들에게 주어지는 것은 아무 것도 바라지도 않았고 내세우지도 않았다. 오로지 독립운동(獨立運動)의 뒷바라지를 하다가 일 경에게 잡혀서 고문으로 죽고, 굶주려 죽고, 병을 얻어 죽었다.

다섯째인 이시영(李始榮, 1869~1953) 선생만 유일하게 살아 돌아와 대한 민국 초대 부통령을 지냈다. 정치인 이종찬(李種贊), 이종걸(李種杰)은 우당 이회영 선생의 손자들이다. 우리는 우당 선생, 형제들의 나라를 위 한 결단과 백성을 위한 희생을 보면서 저절로 머리가 숙여진다.

권력(權力)과 부(富)를 가진 지도층의 도덕적 책무인 '노블리스 오블리 제'(지도층 가문에서 사회적 의무를 다하기 위해 솔선수범하는 것)의 전형을 보 게 된다. 아니 그보다 더한 충(忠)을 실현한 선각자요, 애국(愛國)의 화신 이다.

오늘날 우리가 잊지 말아야 할 일은 그 엄혹한 시절 모든 것을 다 던져 서 일제와 싸운 가문이 있었고, 일본에 붙어서 나라를 팔아넘기고 독립지 사들과 가족들을 괴롭힌 친일 매국노(賣國奴)의 가문이 있었다는 사실을 우리는 영원히 기억해야 할 것이다.

의열단 단장 약산 김원봉

뤼순감옥에는 그 외에도 수많은 독립지사들이 수감되어 있었다. 그 중 에서 지금은 우리에게서 멀어졌지만 우리 독립운동사에서 뚜렷한 족적 을 남긴 주목해야 할 인물이 있다. 약산(若山) 김원봉(金元鳳, 1898~1958) 이다.

그도 이곳 뤼순감옥에 수감되어 있었다. 김원봉에 대한 후대의 평가는 극명하게 나뉜다.

　의열단을 조직해 일제 타도에 앞장섰다는 공(功)을 높이 사는가 하면 해방 후 북한정권에 참여했다는 과(過)에 주목하는 사람들도 있기 때문이다.

　독립유공자는 분명하지만 또한 독립유공자가 되지 못하고 있다. 일제의 간담을 서늘케 하며 투쟁했지만 남한의 국립 현충원에도 북한의 애국열사릉에도 묻히지 못하고 있는 독립운동가 약산 김원봉, 그의 처지가 한반도 분단의 아픔을 대변해 주고 있는 것 같아 가슴 아프다.

　그러나 그와 의열단이 독립운동에 기여한 업적과 열정은 영원히 기억될 것이다. 그에 대한 제대로 된 평가 또한 통일이 이루어진 후에나 해결될지도 모른다.

　그는 일본식민통치시대 그 누구보다도 일제와 치열하게 맞서 싸웠다. 조선의용대장, 민족혁명당 총서기, 대한민국 임시정부의 군무부장, 광복군 부사령관을 역임하고, 특히 의열단(義烈團) 단장으로 일본 수뇌부를

약산 김원봉(중앙)이 조직한 조선의용대(1938년 10월 창설)

공포에 떨게 만들었다.

1898년 9월 28일, 경상남도 밀양에서 태어난 그는 서울에 올라와 중앙중학교를 중퇴했다. 민족의식이 유달리 강했던 그는 곧바로 중국으로 건너가 항일운동을 시작했다. 국내의 경찰서를 폭파하고 일본 요인들을 암살하는 등 거친 무정부주의적 활동을 전개하였다.

그러다가 체계적인 전술과 조직의 중요성을 깨닫고 난징에 있는 금릉대학교에서 수학했고, 이어서 황포군관학교에 입학하게 된다. 군관학교를 졸업한 김원봉은 서양의 강대국들이 조선과 같은 약소국들을 결코 보호해 주지 않는다는 것을 깨닫게 된다.

그는 곧바로 1919년 11월 9일, 길림성에서 의열단을 조직한다. 그때 나이 스물한 살로 12명의 동지들과 함께 했다. 대부분 20대와 30대 초반의 열혈청년(熱血靑年)들은 무장투쟁으로 일제와 맞설 것을 결의한다. 단원들은 온몸을 던져 일본의 침략 본거지를 파괴하고 요인 암살을 실행에 옮기기로 한다.

김원봉은 의열단의 의백(義伯; 의형제 맏형)이 되어 공약 10조와 당장 제거해야 할 일곱 개의 대상(七可殺), 5개의 파괴관청(破壞官廳)을 분명하게 적시하고 의열단 단원들을 독려하며 앞장섰다. 김원봉이 밝힌 이때의 동지들과 투쟁목표는 다음과 같다.

김원봉(金元鳳), 윤세주(尹世胄), 이성우(李成宇), 곽경(郭敬, 일명 곽재기), 강세우(姜世宇), 이종암(李鍾岩), 한봉근(韓鳳根), 한봉인(韓鳳仁), 김상윤(金相潤), 신철휴(申喆休), 배동선(裵東宣), 서상락(徐相洛) 외 1명.

"자유는 우리의 힘과 피로 쟁취하는 것이지 결코 남의 힘으로 얻을 수 있는 것이 아니다. 조선 민중은 능히 적과 싸워 이길 힘이 있다. 우리 의열단(義烈團)이 앞장서서 싸워 나가자."

공약10조

1. 천하의 정의의 사(事)를 맹렬히 실행하기로 함
2. 조선의 독립과 세계의 평등을 위하여 신명(身命)을 희생하기로 함
3. 충의의 기백과 희생의 정신이 확고한 자라야 단원이 됨
4. 단의(團義)에 선(先)히 하고, 단원의 의(義)에 급히 함
5. 의백(義伯) 일인을 선출하여 단체를 대표함
6. 하시하지(何時何地: 어느 때 어느 곳)에서나 매월 일차씩 사정을 보고함
7. 하시하지에서나 초회(招會)에 필응(必應)함
8. 피사(被死)치 아니하여 단의에 진(盡)함
9. 일(一)이 구(九)를 위하여, 구가 일을 위하여 헌신함
10. 단의에 반배(返背)한 자를 처살(處殺)함

7가살

1. 조선총독과 고관
2. 군 수뇌부
3. 대만 총독
4. 매국노
5. 친일파의 거두
6. 적의 밀정
7. 반민족적 악덕 유지

5파괴 대상

1. 조선총독부
2. 동양척식회사
3. 매일신보사
4. 각 경찰서
5. 기타 적의 주요기관

이처럼 처단대상과 활동목표를 명확히 적시한 의열단의 활동은 맹렬했다. 가는 곳마다 거침없는 대활약을 펼치게 된다. 의열단 대원들은 약속한 대로 하나같이 자신의 일신을 돌보지 않고 일제와 맞서 싸웠다. 7년 동

안 전후 23차례의 거사를 통해 일제와 친일파들을 가차 없이 응징했음은 물론 한민족의 자존과 독립정신을 국내외에 과시했다.

1923년 종로경찰서에 폭탄을 던져 경찰서를 폭파한 김상옥(金尚沃, 1898~1923) 의사, 1926년 조선 경제침탈의 본산인 조선식산은행과 동양척식주식회사에 폭탄을 던지고 순국한 나석주(羅錫疇, 1892~1926) 열사도 의열단 단원이었다.

이밖에도 우리가 너무나 잘 아는 일제강점기 대표적인 저항시인 이육사(본명 이원록)도 의열단 교육을 받은 것으로 알려졌다. 그는 의열단이 설립하고 김원봉이 교장으로 있던 '조선혁명군사정치학교' 1기생이었다. 그러나 애석하게도 광복을 보지 못하고 1944년 1월 16일 북경에 있는 일본 영사관 감옥에서 순국하고 말았다.

김원봉은 1938년 10월에는 중국의 임시수도 한구(漢口)에서 항일독립운동단체인 조선의용대(朝鮮義勇隊)를 창설하게 된다. 그는 의용대의 총대장을 맡아 여러 차례에 걸쳐 가는 곳마다 큰 전과를 올리기도 했다. 또 1942년 대한민국 임시정부가 광복군을 창설하게 되자 여기에 합류해 한국광복군 부사령관에 취임하게 된다.

김원봉을 중심으로 한 의열단원의 특징은 거칠고 치열하게 싸웠다는 것이다. 하여 일제가 가장 두려워했던 인물이 바로 김원봉이었다. 일제가 그를 발견 즉시 사살해도 좋다는 '사살명령'을 내린 것만 보아도 능히 알 수 있는 일이다. 일제는 단장인 김원봉을 체포하기 위해 사상 최고의 거액 현상금 100만 대양(大洋; 당시 중국의 화폐단위)을 내걸었다. 심지어 김구 주석의 현상금보다도 많은 액수였다고 한다. 요즘 돈으로 환산하면 약 320억 원쯤 된다.

그러나 그는 일제가 패망할 때까지 끝내 체포되지 않았음은 물론 광복을 맞아 당당히 귀국하게 된다. 또 하나 우리의 마음을 숙연하게 하는 것은 초기의 의열단 단원 13명은 광복되는 날까지 26년간 단 한 사람도 배

신자(背信者)가 없었다는 일화가 전해지고 있는 것이다.

김원봉은 꿈에 그리던 광복이 되어 귀국했으나 국내정치 환경은 녹록치 않았다. 또한 그에게 너무나 가혹했다. 각종 테러에 시달리고 나날이 생명의 위협을 느껴야만 했다. 그보다 더 기막힌 것은 친일경찰 출신들에게 수모와 조롱을 받는 것이었다. 그는 마침내 김구 주석과 함께 남북연석회의에 참석했다가 북한에 잔류하게 된다. 당시 북한에는 중국에서 함께 독립운동을 했던 인사들이 건재하였기 때문으로 보인다. 그는 북한 내각에서 1948년 국가검열상, 1952년에 노동상을 비롯해 최고인민회의 상무위원회 부위원장 등을 역임하였다.

그러나 어느 때부턴가 그의 존재는 베일에 가리게 된다. 아마도 1958년 김일성이 연안파(중국 연안을 중심으로 항일투쟁을 하던 조선의용군)를 숙청할 때 함께 희생되었을 것으로 보고 있다. 그러나 또 다른 한 편으로는 김원봉이 정상적으로 은퇴했을 것이라는 설과 김일성이 김원봉에게 중국 국민당 장제스(장개석; 蔣介石)의 사주를 받은 '국제간첩'이라는 죄목으로 처형했다고도 하고, 정치범수용소로 끌려간 김원봉이 분에 못 이겨 스스로 청산가리를 먹고 자결했다는 설들이 회자되고 있다.

하지만 김원봉의 최후에 대해 북한정권은 극비에 붙이고 있어 자세한 내막은 아직도 불투명하다. 어찌됐건 약산 김원봉이 일제 식민지통치시대 조국의 독립을 위해 사심 없이 치열하게 투쟁한 사실만은 확실하다. 이 점만은 결코 잊어서는 안 된다. 반드시 재평가되어야 할 것이다.

중국 대륙의 관문 단둥

다롄의 뤼순감옥을 나온 우리는 단둥(단동; 丹東)으로 향했다. 또 버스를 타고 장시간을 이동해야 한다. 중국의 동북지역은 다른 지역에 비해 아직도 많이 낙후된 관계로 교통편이 매우 불편하다. 보통 4~5시간씩 이동하는 것은 예사여서 많은 불편함도 있지만 그 시간을 잘만 운용하면 다양한 학습의 장이 될 수 있다.

애국지사(愛國志士)들의 활약을 담은 독립운동에 대한 영상이나 우리나라 역사에 대한 전문가들의 강의를 들을 수 있는 장점이 있다. 현장감이 더해져 효과 또한 크다. 나는 그 동안 버스 이동 중이나 역사현장에서 학생을 포함한 국민들에게 많은 강의를 했다. 잃어버린 우리나라 고대사(古代史)를 비롯하여 고구려와 발해의 역사, 우리 영토회복에 대한 당위성과 남북통일의 중요성 등을 들려주고 함께 토론하면서 큰 보람을 느낀 바 있다. 이번 여행에서도 틈나는 대로 그리 할 것이다.

다롄을 출발한 지 꼬박 4시간이 걸려 단둥에 도착하였다. 압록강을 사이에 두고 한반도의 신의주와 마주보고 있는 단둥은 예로부터 조선에서 중국으로 가는 관문이었다. 옛 이름은 안동(安東)이었는데 1965년에 단

장거리 이동 중 차내 강의를 하고 있는 저자

둥(丹東)으로 명칭이 바뀌었다. 인구 240만의 중국 최대의 국경도시다. 원래는 아주 작은 마을이었으나 일본의 대륙진출의 대문 역할을 하면서 급격히 도시화 되었다.

단둥에는 한족, 만주족, 회족, 조선족 등 29개의 소수민족이 살고 있는데 만주족이 자치현(自治縣)을 이룰 정도로 가장 많이 살고 있다. 조선족은 2만여

명이 살고 있으며, 초, 중, 고교를 아우르는 조선족학교가 있다.

단둥하면 먼저 떠오르는 것이 압록강이다. 우리나라 강중에서 가장 긴
강인 압록강은 길이가 803km로 흔히들 '압록강 2천리' 라고 말한다. 우리
나라 압록강을 따라 중국 쪽에는 요녕성과 길림성이 연해 있으며, 북한
쪽에는 평안북도와 자강도, 양강도가 인접하여 있다.

'대전회통(大典會通)' 에는 압록강의 이름에 대해 이르기를 '물의 색이
오리의 머리 빛과 같다' 고 되어 있어 강물이 짙은 푸른색이었을 것으로
짐작된다. 그러나 중국에서는 만주어로 '두 벌판의 경계' 라는 뜻으로 쓰
였다고 한다.

일제는 압록강에 1930년대 수풍댐을 설치하여 전력을 만들어 썼는데
당시에는 아시아에서 가장 큰 댐으로 일본 본토보다도 전력사정이 좋았
다고 한다. 한국전쟁 당시에 북한은 수풍댐을 미군 폭격으로부터 보호하
기 위해 이곳에 미군포로수용소를 설치했었다는 이야기도 전한다.

우리는 단둥 시내에 있는 북한당국에서 운영하는 '단둥평양고려식당'
에서 저녁식사를 했다. 북한 공연단이 우리의 노래와 전통무용 등 다양한
프로그램을 선보였고, 음식도 우리의 입맛에 맞는 한식을 내놓았다. 즐거
운 만찬을 마치고 호텔에 여장을 풀었다. 간판이 '우전대하' 라 되어 있는
3성급 호텔이었다.

제2일, 2013년 8월 10일 (토요일)

압록강 단교에서 북한을 보다

호텔에서 아침을 먹은 후 버스를 이용해 압록강 철교로 향했다. 우리의

시선을 붙잡는 것은 단연 단교(斷橋; 끊어진 압록강 철교)였다. 압록강 다리는 길이가 944m로 단둥의 명물이 되었다. 특히 단교는 한국인은 물론이고 외국 관광객들도 가장 많이 찾는 곳이기도 하다.

한국전쟁의 흔적이 남아 있는 곳이기 때문이다. 단교는 일제가 1908년 8월에 착공하여 3년 동안 연인원 5만 명을 동원하여 1911년 10월에 준공하였다. 6.25 한국전쟁 때 중공군이 북한으로 군수물자와 병력을 압록강 철교를 통해 공급하자 미군이 중공군의 보급로 차단을 위해 폭격을 해서 다리가 끊어져 단교가 되었다.

북한쪽 다리는 완전히 없어지고 교각 하나만 남아 있고 중국쪽에 연결된 절반만 흉물처럼 남아 치열했던 한국전쟁의 상처를 보여주고 있다. 단교 옆에는 또 하나의 온전한 다리가 놓여 있다. 이 다리를 이용해 북한 신의주와 중국 단둥을 오가는 교역물자의 80%를 소화한다고 한다.

아래로는 기차가 다니고 위로는 버스와 화물차들이 왕래하고 있다. 이 다리 역시 일제가 패망하기 직전인 1943년 가설되었는데, 1990년에 명칭을 '조중우의교(朝中友誼橋)'라 개칭되어 오늘에 이르고 있다. 우리는 서둘러 단교(斷橋)에 올랐다. 가장 먼저 눈에 들어온 것은 펑더화이(팽덕회; 彭德懷)를 비롯한 중공군 지휘관들의 조각상이었다. 조각상은 끊어진 다리와 함께 많은 이야기를 담고 있었다. 일제의 대

단교와 압록강 철교

류침략, 한국전쟁, 중공군의 참전, 미군의 폭격, 휴전과 분단의 고착화, 통일 등이 파노라마처럼 지나간다.

단교 끝까지 걸어가서 북한 땅을 바라보니 더욱 감회가 새로웠다. 그리고 하루가 다르게 고층빌딩이 늘어나는 단둥과 이와는 반대로 고즈넉한 정적만이 감도는 신의주를 비교해 보며 왜 우리가 통일을 서둘러야 하는지도 명확해졌다. 조중우의교라 불리는 다리에는 북한과 중국을 오가는

단둥항(丹東港) 전경

단둥 북한식당 청류관의 북한 여성들

차량들이 쉴 사이 없이 분주하게 움직이고 있었다.

우리는 단교에서 내려와 유람선을 타고 압록강을 돌아보았다. 북한 쪽 가까이 다가가서 북한 동포와 산하를 보고 싶었기 때문이었다. 그러나 그것은 그리 쉬운 일은 아니었다. 갈 수 있는 곳까지 겨우 가서 살펴보니 단둥과 신의주의 격차는 너무 많은 차이가 났다. 참으로 답답하고 딱한 일이 아닐 수 없었다.

그러나 나는 문득 상상의 나래를 폈다. 신의주 쪽을 바라보면서 멀리 한반도 남쪽 도시 부산을 생각했다. 통일이 되면 아니 통일이전이라도 좋다. 부산에서 열차를 타고 서울, 개성과 평양을 거쳐 신의주까지 달릴 수 있다면 좋을 것이라 생각했다. 압록강에 우리의 빼어난 기술로 다리를 건설해 고속철을 타고 신의주에서 이곳 단둥을 거쳐 중국 대륙은 물론이고 시베리아와 모스크바를 지나 유럽으로 가는 철도여행을 마음 속으로 그려보았다. 그리고 우리 생애에 이 같은 일이 이루어질 수도 있을 것이라 생각하니 마음이 한결 밝아졌다.

위화도회군처럼 한반도의 운명도 돌이킬 수 없을까

우리는 다시 압록강을 따라 버스를 타고 가면서 주변을 꼼꼼히 살펴보았다. 위화도(威化島)가 보였다. 고려 말 1388년(우왕 14년), 명나라 요동 정벌에 나섰던 우군도통사(友軍都統使) 이성계가 회군(回軍)했다는 그 섬이다. 당시 고려의 장수였던 이성계(李成桂)는 요동정벌에 선봉장으로 나섰다가 승산 없는 싸움이라 생각하고 전쟁불가의 명분을 내세운다.

첫째, 약소국이 강대국을 친다는 것은 불가하고, 둘째, 농사철에 군사를 일으킨다는 것도 불가하며, 셋째, 장마와 질병이 창궐하는 때에 전쟁을 하는 것도 불가하고, 넷째, 전군이 북쪽에 출병하면 남쪽의 왜구가 침략할 위험이 있어 불가하다는 소위 '4대 불가론'을 내세워 위화도회군 (威化島回軍)을 단행했다. 이성계는 이 회군으로 말미암아 조선을 건국하는 역사적 계기를 만들었음을 우리는 역사를 통해 알고 있다.

갈 길이 바쁜 우리는 위화도를 뒤로하고 우리의 고대 역사가 숨 쉬고 있는 지안(집안; 集安)으로 향했다. 가는 도중에 '고구려 역사의 이해'라는 주제로 강의가 있었다.

미리 예습을 하고 현장을 돌아보는 것이 훨씬 효율적이기 때문에 사전에 계획한 것이었다. 역사를 전공했거나 관심이 많은 사람이 아니고서는 고구려 역사에 대해 속속들이 알기는 어려운 일이다. 모두 메모도 하면서

단동에서 바라본 북한 신의주 강변마을

열심히 경청하였다.

　단둥에서 지안까지는 5시간이 소요되었다. 가는 중간 중간에 과일을 파는 상인들이 있었다. 과일을 사서 맛을 보기도 했다. 나는 압록강을 뒤로하고 고구려의 옛 도읍지 지안으로 가면서 차창으로 끝없이 펼쳐지는 옥수수 밭을 보면서 안타까운 생각이 들었다. 어찌하다가 우리 민족의 오랜 터전인 드넓은 이 만주벌판을 빼앗기고 압록강과 두만강이 국경으로 고착화 되고 말았나 하는 생각을 했다.

　나는 단 한 번도 고구려와 발해가 지배했던 만주 땅을 우리 영토가 아니라고 생각한 적이 없다. 그리고 우리 후손 중에 '광개토태왕(廣開土太王)' 같은 영걸이 나타나 옛 영토를 반드시 회복할 것이라고 굳게 믿고 있다. 그러나 생각만으로 그 꿈을 이룰 수 없고 결기만으로 집요하게 도전해 오는 외세의 역사침탈을 막아낼 수 없다.

　일본은 우리의 역사를 축소시키고 왜곡시켰으며, 중국은 왜곡을 넘어 우리의 역사를 송두리째 부정하고 있다. 여기에 맞서려면 배타적 민족주의만 가지고는 결코 그들을 이길 수 없다. 냉철한 이성으로 대처해야 한다. 정부는 물론이고 학계와 국민이 혼연일체가 되어 폭넓은 사고와 치밀

소달구지를 타고 가는 조선족 교민

한 학술적 연구, 그리고 일관된 목소리의 대응이 필요하다.

나는 버스를 타고 가면서 차창을 통해 펼쳐지는 풍광을 관찰하였다. 자세히 보면 볼수록 우리나라를 여행하고 있다는 생각이 든다. 곡식들이 심어져 있는 밭이나 골짜기를 이루고 있는 산세부터가 중국이나 러시아와는 확연히 다르다는 것을 알 수 있다.

우리는 언제까지라도 반드시 우리의 영토를 회복해야 할 것이라고 다시 한 번 다짐했다. 고구려의 옛 도읍지 지안에 도착했다. 저녁식사를 마친 우리 연수단은 '호강대주점'이라는 호텔에 투숙해 휴식을 취했다.

제3일, 2013년 8월 11일 (일요일)

민족의 영걸 광개토태왕을 참배하다

지안(집안; 集安)의 아침이 밝았다. 지안은 고구려의 두 번째 수도인 국내성이 있던 곳이다. 고구려는 수도를 두 번 천도했는데 주몽이 처음 나라를 세웠던 졸본(요녕성 환인현 오녀산성으로 추정)에서 2대왕이었던 유리왕 22년(서기3년)에 국내성으로 옮겨 온 것이 첫 번째요, 그리고 20대 장수왕의 남하정책으로 인해 국내성에서 평양으로 천도한 것이 두 번째다.

바로 이 국내성(國內城)은 한반도 평양으로 천도하기까지 425년간 고구려의 수도였던 곳이다. 그 뒤 고구려 마지막 임금 보장왕(寶藏王)까지 241년간은 평양이 수도였다. 지안시의 형세는 압록강에서 날아오는 기러기 모습을 닮았다고 하며, 동남쪽으로는 압록강 건너 북한의 만포시를 마주보고 있다.

서남쪽으로는 요녕성의 관전현과 환인현, 동북쪽으로는 혼강과 통화현, 북쪽으로는 통화시, 혼강시와 접해 있다. 지안 이전에는 이곳을 통구(通溝)라 했는데 통구하(通溝河)라는 하천에서 따온 이름이라고 한다.

아침 일찍 호텔에서 식사를 마치자마자 광개토태왕비(碑)가 있는 곳으로 향했다. 광개토태왕비는 고구려의 옛 궁궐인 지안 시내의 국내성터에서 동북쪽으로 약 4km 떨어진 곳에 있다. 이 비는 서기 414년, 광개토태왕의 아들인 장수왕(長壽王)이 부왕의 업적을 기리기 위해 사후 2년 만에 세운 것으로 알려져 있다.

높이가 약 6.39m이고, 머리 부분은 경사져 있다. 가로 너비는 약 1.5m~2m이고, 두께는 약 1.35m~1.46m로 불규칙하게 되어 있다. 네 개의 면에 1,775자의 글자가 정방형 예서체로 새겨져 있다. 그 중에서 150여 자는 판독이 불가능하지만 내용은 대략 고구려의 건국과정과 역사, 광개토태왕의 업적이 기록된 것으로 보인다.

무게가 37톤이나 되는 이 거대한 비(碑)는 고구려의 역사를 이해하는

중국인이 세운 광개토태왕 비각의 모습

국강상광개토경평안호태왕비 앞에서 찍은 단체사진

데 중요한 사료(史料)로서 높은 가치를 평가받고 있다. 우리가 발견하기 전 오랜 세월 풍우(風雨)를 견디며 비석만 세워져 있었는데 1928년에 지안현 지사 유천성(劉天成)이 2층형의 보호비각을 세웠고, 다시 1982년 중국당국이 단층형의 대형비각을 세워 오늘에 이르렀다.

관광객들이 비각 밖에서 기념사진을 많이 찍는데 정작 비는 유리로 가려져 있어 사진이 잘 나오지 않는다.

원래 태왕릉 주변에는 수많은 민가가 들어서 있었는데 중국이 세계문화유산으로 등재하기 위해 집들을 모두 없애고 그곳에 푸른 잔디밭을 조성하였으며, 산책로를 만들어 길가에 용수(龍樹)를 줄줄이 심어놓았다. 용수는 나무줄기가 용의 발톱처럼 생겼다 하여 중국에서는 황제를 상징하는 나무로 알려져 있다.

광개토태왕비와 호태왕릉(好太王陵) 주변에 용수를 심어 놓은 중국당국의 의도가 의미심장하다. 광개토태왕비는 사방이 유리로 가려져 있는

데, 입구 안내판에는 호태왕비(好太王碑)라고 되어 있다. 원래 이름은 '국강상광개토경평안호태왕(國岡上廣開土境平安好太王)'으로 좀 길다. 학자들의 견해에 의하면 국강상(國岡上)은 광개토태왕 무덤이 있는 지명으로 추정되며, 광개토경(廣開土境)은 영토를 크게 넓혔다는 의미이다.

평안호태왕(平安好太王)은 백성을 평안하게 한 좋으신 왕 중의 왕이란 뜻으로 해석할 수 있다는 것이다. 입구에 호태왕비라고 단출하게 되어 있는 표지를 보면서 앞에 '평안(平安)' 두 글자를 넣었으면 잘 어울리지 않았을까 하는 생각을 했다.

물론 우리가 세운 표지가 아니지만 전쟁을 좋아하는 왕이 아니라, 모두가 평안하기를 기원했던 고구려의 태왕(太王)이었기 때문이다. 그 정신은 비문에도 나와 있는데 태왕께서는 비(碑)를 지키는 수묘(守墓)인들을 전쟁에서 포로로 잡혀온 이웃나라 백성들을 썼다.

그들을 처단하지 않고 그들로 하여금 묘를 지키도록 해서 모두 함께 어울려 잘 살라는 깊은 배려가 있었던 것이다. 연호를 영락(永樂)이라고 했던 것도 바로 고구려의 그와 같은 정신을 증명하고 있다. 아무튼 '광개토태왕'은 호칭 그대로 우리 역사에서 가장 넓은 영토를 확보했던 위대한 왕이었다.

우리는 광개토태왕릉(廣開土太王陵)을 참배하기 위해 능으로 갔다. 멀리서 첫눈에 보아도 돌무더기들이 허물어져 있어 허술하게 관리되고 있음을 알 수 있었다. 광개토태왕릉은 광개토태왕비에서 서쪽으로 360m 정도 떨어진 곳에 있다. 지금은 많이 훼손되어 평범한 작은 돌산처럼 되어 있다. 예전에는 이 무덤의 주인이 누구인지 정확히 알 수 없었다고 한다.

일부에서는 장군총이 광개토태왕릉이고, 이곳 태왕릉은 광개토태왕의 아버지 고국양왕(故國壤王)의 묘라고 보기도 한다. 그러나 요즘에 와서 여러 가지 글귀와 청동방울, 대규모의 제단과 터 등이 속속 발견됨으로써

지안에 있는 광개토태왕릉

광개토태왕릉으로 굳어지고 있다.

광개토태왕릉은 크기가 장군총의 4배가 되는 거대한 무덤이다. 이밖에
도 이곳 지안 국내성 일대에는 고구려 왕릉으로 추정되는 대형 무덤들이
또 있지만 관리도 허술하고 찾는 사람들이 적어 방치되고 있는 실정이다.

나는 지안에 올 때마다 우리 조상들의 위대함과 더불어 남겨놓은 유적
들에 대하여 경이로움을 느낄 때가 많다. 또한 황폐해지고 쇠락해진 모습
을 대할 때마다 죄스러움을 감출 길이 없다. 오래되었기도 하려니와 현재
이 유적들을 우리 후손들이 관리하지 못하고 이민족들에게 맡겨져 있기
때문에 그렇다.

따라서 유적들에 대한 연구 또한 부실할 수밖에 없다. 모든 것들이 확
실하게 밝혀진 것이 없으니 올 때마다 당황스러울 때가 많다. 광개토태왕
릉을 비롯해 고구려 왕들의 무덤방 위치에 대한 것도 의문을 품은 적이
있었다. 고구려 왕릉들의 무덤방이 모두 지상에서 많이 떨어진 공중에 있
어 올라가서 보아야 했는데 중국의 왕릉들은 거의가 지하에 안치되어 있
었기 때문이다.

그런데 이는 풍수와 관련이 있다고 한다. 풍수학을 연구해 온 안영배

박사의 말에 의하면 광개토태왕릉은 전체 높이가 14m인데 무덤방은 지표에서부터 수직으로 10m 높이에 있다. 지금으로 치면 아파트 4층 높이에 시신이 안치된 것이다.

또 '동방의 피라미드'라 일컬어지는 장군총은 지상에서 7m 높이 정도 되는 곳에 돌로 만든 무덤방이 있다. 다른 왕릉급 무덤들도 마찬가지다. 아직 이에 대한 연구결과가 나온 것은 없다고 한다.

그런데 이를 풍수학적으로 보면 의문이 풀린다고 하는데 고구려인들은 허공에서 에너지가 뭉쳐진 '공중혈(空中穴)'을 왕의 무덤방으로 설정한 것이라는 것이다. '공중혈', 그 위치에 맞게끔 돌을 쌓아올려 무덤을 만들었기 때문이다.

마치 까치가 천기(天氣) 에너지가 맺힌 나뭇가지에 둥지를 틀듯이 고구려 사람들은 천기의 혈을 이용해 능(陵)을 꾸몄다는 것이다. 이 방식은 백제와 신라 초기의 적석무덤들에서도 발견되는데 고구려의 영향을 받은 것으로 보인다고 한다. 이 같은 풍수관은 중국과는 아무 관계가 없는 것

지표면에서 약 10m 높이에 있는 광개토대왕릉 상층부 석실 입구

이다. 중국의 풍수설은 철저히 땅기운(地氣)에 집중하는 경향을 보이기 때문이다.

이른바 장풍득수(藏風得水)설이다. 바람을 막아주고 물을 얻을 수 있는 땅속을 명당(明堂)으로 보는 논리다. 이 같은 것만 보더라도 고구려가 우리의 역사임을 보여주는 근거는 너무나 명확하다.

중국은 이 시간에도 동북공정(東北工程)으로 상고사를 왜곡하고 있다. 고구려는 중국 동북지역에 있던 변방민족(邊方民族)의 정권이라고 규정하며 우리의 역사를 찬탈하고 있다. 일본도 독도를 빼앗으려고 독도가 자기의 영토라며 교과서 왜곡 등을 일삼고 있다. 상황이 이러한데도 우리 정부의 대응이나 국민들의 역사의식은 너무나 소극적이고 안일하다.

백범 김구 선생의 '통일을 이루지 않고는 완전한 독립을 말할 수 없다'는 교훈과 '단재 신채호 선생'의 '역사를 잃은 민족에게는 미래가 없다'는 말을 우리 가슴에 새겨 명심할 일이다. 그리고 후손들에게 틈나는 대로 이 같은 사실을 가르치고 알려서 반드시 우리의 역사, 우리의 영토, 우리의 문화유적을 되찾아 보존해야 할 것이다.

조형미 뛰어난 '동방의 금자탑' 장수왕릉

우리는 장군총(將軍塚)으로 알려져 있는 장수왕릉(長壽王陵)으로 갔다. 나는 이곳에 와서 장군총을 볼 때마다 의아하게 생각한 것이 있었다. 왜 똑같은 왕릉인데 이곳을 능(陵)으로 부르지 않고 장군총이라 칭했는지에 대한 의문이었다. 같은 묘인데도 어떤 것은 능이라 하고 어떤 것은 총(塚)이라 부른다는 점이 납득이 가지 않았기 때문이다.

혹여 장군총을 중국인들이 폄하해 부른 호칭이 아닌가도 생각한 적이 있었다. 그런데 이는 고고학에서 쓰는 구분임을 알게 되었다. 고고학에서

묘(墓)란 크고 작은 모든 무덤을 뜻하는데, 분(墳), 총(塚), 능(陵)은 대형 무덤을 지칭한다.

그중에서 매장자가 확실한 것은 '능(陵)'이라 하고, 매장자는 모르나 특징적인 유물이 출토된 것은 '총(塚)'이라 하고, 매장자도 모르고 아무 특징물이 없는 것은 '분(墳)'이라 부른다는 것이다. 그 외에도 아직까지 확실하게 밝혀지지 않은 역사적 사실은 많이 있다. 우리는 장군총이 당연히 장수왕릉으로 알고 배웠지만 장군총의 진짜 묘주가 장수왕이 아니라 광개토태왕일 것이라는 학설이 제기되고 있는 것이다.

그 이유로는 평양으로 천도한 지 64년이나 지나서 죽은 장수왕을 국내성인 이 먼 곳까지 옮겨와 묻었을 리가 없다는 것이다. 이 같은 불분명한 사실 때문에 이 축조물을 능이라 하지 않고 총으로 칭했는지 모르겠다.

여하튼 3세기 초부터 427년까지 고구려가 도읍한 지안현(集安縣) 통구평야(通溝平野)에는 우리가 앞서 보았던 광개토태왕비(廣開土太王碑)와 호태왕릉(好太王陵), 사신총 등 석릉과 토분(土墳)이 1만여 개 이상이 있

조형미가 뛰어난 '동방의 금자탑' 장군총의 모습

었으나 지금은 많이 유실됐고 현존하는 것 중에서 원형이 완벽하게 보존된 것이 장군총(將軍塚)이다.

장군총은 그 빼어난 조형미도 일품이지만 1,500년이라는 긴 세월을 꿋꿋이 견디어 왔으니 우리가 자랑할 만한 뛰어난 축조물임에 틀림이 없다. 장군총의 맨 아랫단의 길이는 29.34m이고, 전체 높이는 12.4m이다.

그리고 무덤의 각 면에는 크기가 3~5m인 돌기둥 같은 모양의 이른바 보호석이 3개씩 4면에 12개가 적당한 간격으로 배치되어 있다. 이를 십이 지신상의 기원이라고 하는데 그중 하나가 소실되었다. 장군총의 뒤에는 장군총의 묘주와 관련이 있을 것으로 보이는 두 개의 적석총의 흔적이 보인다.

배총은 현재 하나만 남아 있는데 장군총의 네 모서리에 있었던 것으로 추정되며 수호신을 상징한 것으로 보인다. 배총은 고인돌 형태로 남아 있다. 그러나 자세히 보면 여기저기 조금씩 균열이 보이고 훼손되고 있어 이곳에서도 역시 안타깝고 죄스러운 마음이 가득하다.

지안에는 그 외에도 1962년에 발굴된 5호묘(五號墓)와 고분벽화를 볼 수 있는데 고구려 유적의 꽃이라 할 수 있다. 6세기 중반에서 7세기 초에 만들어진 것으로 추정되며 높이는 8m, 무덤둘레가 약 180m, 벽화는 7세기의 전형적인 벽화 양식에 따라 청룡(靑龍)과 백호(白虎), 주작(朱雀)과 현무(玄武)의 사신도가 묘실 사방에 청(靑), 백(白), 주(朱), 흑(黑) 네 가지 빛깔로 뚜렷이 채색되어 있으며, 그 외에도 각종 문양들이 짜임새 있게 새겨져 있다.

지안에 있는 20여 기의 고분 벽화 중에서 이곳만 일반 관광객에게 관람을 허용하고 있다. 묘실로 들어서면 서늘함이 느껴지고 음습하며 세 개의 석관이 나란히 있다. 관리만 제대로 한다면 문화적·예술적 가치가 뛰어난데도 관광객들로 인해 많이 훼손되고 제대로 보호되지 않는 것 같아 안타깝고 심란한 마음을 금할 수 없었다.

고구려 5호묘 고분벽화의 변함없는 색채

    우리 일행은 우리의 문화재와 유적들을 제대로 보호관리하지도 못하고 남의 손에 맡겨져 있다는 죄스러운 마음을 달래며 국내성으로 갔다. 국내성은 고구려의 전성기 수도라고 할 수 있다. 서·북으로는 혼강(渾江)과 동·남으로는 압록강으로 막힌 분지로서 외부의 적으로부터 효과적으로 방어할 수 있는 천혜의 자연조건을 갖추었다.

    전형적인 배산임수(背山臨水) 지역으로 면적은 13,000여 평이다. 동벽이 555m, 서벽이 665m, 남벽은 750m, 북벽은 715m로 총 길이가 2,700m

허물어져 쇠락해 가고 있는 고구려의 성터

인 길쭉한 사다리꼴의 성이다. 국내성의 성문은 6개이다. 남북으로 2개, 동서로 2개씩의 문이 있었다. 그러나 1947년 중국 국민당과 공산당의 전투 때 소실되어 버려서 현재 국내성의 모습은 거의 파괴되었다.

원래의 흔적도 훼손되어 없어졌지만 옛 사진을 통해 어느 정도 윤곽만 찾을 수 있다. 중국 당국에서 세운 국내성이라는 표지판과 아파트 주변에 약간의 성터만 이곳이 고구려의 도읍이었음을 알려주고 있다. 그래도 몇 년 전까지는 상당한 유적이 남아 있어 그나마 위안이 되었는데 이마저도 아파트가 들어서며 이젠 거의 찾을 길이 막막하게 변해 버렸다.

우리는 국내성에서 가까운 곳에 자리한 고구려의 산성인 환도산성(丸都山城)까지 돌아보고 여기저기 흩어져 있는 고구려의 옛 돌무덤들을 모처럼 천천히 여유롭게 돌아보았다. 학생들과 사진도 찍고 많은 이야기도 나눌 수 있어 좋았다.

이곳을 마지막으로 고구려 유적지 지안의 역사탐방을 마치고 이곳에서 두 시간 거리에 있는 통화로 이동하기로 했다. 유서 깊은 지안에 와서 고구려 왕릉과 무너진 산성터, 고분들을 돌아보면서 선조들께 죄스러움을 느껴야만 했다. 중국이 유적들을 제대로 관리하지 않고 돈벌이에만 혈안이 되어 한국관광객들의 눈요기감 정도로 생각하는 행태가 뚜렷이 엿보였다.

우리의 유적들을 우리 손으로 관리하지 못하고 남의 손에 맡겨져 있다는 자괴감과 함께 착잡한 마음에 차마 발걸음이 떨어지지 않았다. 중국이 그마저도 자기들의 것으로 만들어 가고 있다는 사실에 통분을 금할 수 없었다.

우리 역사의 흔적들이 점차 하나둘씩 훼손되어 사라져가는 현실인데 정작 우리는 남북으로 동서로 갈라져 싸우고 있으니 부끄러운 마음을 금할 길 없다. 시 한 수를 써보며 마음을 달래본다.

회한 _ 태종호

수려한 금수강산(錦繡江山) 반허리가 잘렸는데

이 핑계 저 구실로 세월(歲月)만 가는구나.

언제야 조국의 평화통일(平和統一) 이루어서

우리 땅 만주벌판 천리마(千里馬)로 달려볼까.

　우리 연수단은 지안(집안; 集安)을 떠나 통화(通化)에 도착했다. 통화는 길림성(吉林省)에 속한 도시로 장백산 남쪽에 있으며 혼강(渾江)이 흐른다. 1941년 통화시가 되었다. 시가지는 혼강 북쪽의 구시가와 강남, 강동,

고구려 고분(古墳)

그리고 이도구(二道區)의 네 지구로 나누어져 있다. 그리고 이들 지구를 연결하는 철교가 놓여 있다.

통화에서 백두산을 가려면 버스를 타고 가기도 하지만 보통 통화에서 이도백하로 가는 기차를 이용한다. 우리도 오늘밤 통화역(通化驛)에서 밤기차를 이용해 이도백하로 갈 예정으로 있다.

나는 통화하면 먼저 떠오르는 것이 두 가지가 있다. 이곳을 중심으로 활발하게 일제치하에서 독립운동을 펼쳤던 애국지사들이다. 그리고 또 하나는 신흥무관학교(新興武官學校)이다.

수많은 독립지사들이 일제와 싸우기 위해 이 통화지역을 오가며 가슴 졸이는 일이 얼마나 많았을까 생각하면 어느 것 하나 예사롭지 않다. 눈에 들어오는 산골짜기와 돌멩이 하나, 나무 한 그루까지도 그분들을 대하는 것처럼 남달리 느껴진다.

중국인이 세운 고구려 환도산성(丸都山城)의 표지석

　잘 알려지지 않았지만 북간도를 중심으로 활약한 대종교(大倧敎) 북로 군정서 서일(徐一) 총재를 비롯한 수많은 민초들의 희생과 후원이 독립 운동의 윤활유 역할을 했다. 그들이 있었기에 홍범도(洪範圖), 김좌진(金佐鎭) 장군이 대승을 거둘 수 있는 밑거름이 되었다는 사실도 우리는 함께 기억해야만 한다.

　서울 북한산 자락에는 후손을 찾지 못해 국립묘지에 안장되지 못한 광복군 합동묘지가 있다.

　그뿐 아니라 이곳 만주지역 곳곳에는 이름조차도 알려지지 않은 더 많은 독립지사들이 묻혀 있을 것이다. 우리는 그분들의 업적을 계속 발굴해 나가야 하며 마음 속으로 새겨 기억하고 추념함으로써 후손된 도리를 다해야 할 것이다.

어떤 생각 _태종호

꽁꽁 언 손을 난롯불에 녹이며
문득 시베리아 언 땅을 생각한다.
그 시절 그 사람들을 생각한다.

독립이라는 두 글자를
가슴에 새기며
추위와 허기를 견디어 낸 날들이
몇 날이었을까.

만주에서 훈춘에서 연해주까지
눈 덮인 시베리아 벌판을
가슴 졸이며 오고 갔을
형극의 길.

그 길을 걷고 또 걷다가
눈보라치는 광야에서
한 점 꽃이 되어 버린 임들이
손짓한다.

지금은 가슴 졸일 일도 없건만
조국을 위해 우리는
무엇을 하고 있는가.

뜨거운 불길에
손은 온기를 되찾았으나
임 그리는 마음은
시베리아 언 땅보다 더 시리다.

독립군 양성의 산실 신흥무관학교

신흥무관학교(新興武官學校) 또한 마찬가지다. 우리나라 국군의 뿌리
라 할 수 있는 신흥무관학교는 1911년 6월 10일 서간도지역에 설립한 독
립군 양성학교로서 우리 민족의 긍지를 느끼게 하는 이름이다. 그 어려운
시절에 항일독립운동의 지주 역할을 했던 상징적 이름이다.

신흥무관학교는 이회영(李會榮), 이시영(李始榮), 이동녕(李東寧, 1869~
1940), 이상룡(李相龍, 1858~1932), 김동삼(金東三, 1878~1937) 선생 등이 설
립한 신흥강습소(新興講習所)가 그 효시로 알려져 있다.

1907년 결성된 항일비밀결사조직인 신민회(新民會)는 1905년 을사늑
약으로 외교권이 상실되어 일제의 한국지배가 노골화되자 종래의 계몽
주의적인 방법으로는 국권을 되찾을 수 없다고 생각하고 새롭게 조직된
구국단체(救國團體)이다. 1910년 국권을 빼앗기자 항일무장투쟁(抗日武
裝鬪爭)을 공식노선으로 채택하고 만주에 무관학교를 설립해 독립운동
기지를 건설할 것을 결의한다.

그래서 1910년 12월, 이회영·이시영 등 6형제를 시작으로 이듬해 2월
이상룡, 김동삼 등이 가산(家産)을 정리하고 서간도로 이주하였다. 그들
이 먼저 시작한 일이 신흥강습소 설립이었다. 신흥(新興)이라는 명칭 또
한 신민회의 '신(新)'과 일어난다는 '흥(興)'이 합쳐진 것으로 독립운동
의 결의를 나타낸 것이었다.

1912년 봄, 이회영 선생 일행은 통화현(通化縣) 합니하(哈泥河)에 정착지를 확보해 이주하면서 교사(校舍) 8동을 신축하여 학교를 정식 설립하였다.

1919년 3.1만세운동 이후 연해주를 비롯한 간도와 만주에서 수많은 청년들이 몰려들었다. 그리고 이들은 독립군 부대로 편성되어 두만강과 압록강을 넘나들며 일본군과 전투를 벌였다. 일본군 출신의 이청천(李靑天)과 김경천(金擎天) 등이 망명해 신흥학교에 참여하게 되었다.

계속해서 찾아오는 청년들 때문에 더 이상 수용할 수 없게 되자 신흥학교는 1919년 5월 류하현(柳河縣) 고산자(孤山子)로 본부를 옮기면서 신흥무관학교로 명칭을 바꾸었다. 합니하에 있는 학교는 분교로 삼고 통화현에도 분교를 두어 모두 세 군데의 학교를 운영하였다. 고산자 본교에는 2년제 고등군사반을 두어 고급 간부를 양성했고 분교에서는 초등군사반을 훈련시켰다.

신흥무관학교는 1920년까지 약 2,000명의 졸업생을 배출했는데, 그들은 홍범도(洪範圖)의 대한의용군과 김좌진(金佐鎭)의 북로군정서 등에서 중추적 역할을 담당하였다. 독립군 3대 대첩으로 알려진 그 유명한 봉오동전투(鳳梧洞戰鬪)와 청산리전투(靑山里戰鬪)에서 이들은 눈부신 활약을 펼치게 된다.

1920년 6월 홍범도 장군이 이끄는 군대는 봉오동전투에서 대승을 거두었다. 봉오동전투는 일본 정규군과 싸워 최초로 승리한 전투로 독립군들의 사기를 높이는 데 크게 기여하였다. 또한 1920년 10월에는 청산리에서 김좌진 장군이 이끄는 북로군정서군이 대승을 거두게 된다.

독립군들의 조국광복에 대한 열망과 김좌진, 이범석(李範奭) 장군의 탁월한 작전이 어우러져 일본군 수천 명을 청산리 일대에서 전멸시킴으로써 독립군전투 중 최대의 승리를 거두었다. 이들이 대승을 하자 일제는 서간도 일대의 독립운동 단체의 대대적인 탄압과 보복이 시작되었다.

일본군의 보복을 피해 신흥무관학교의 교관과 학생들은 모두 흩어져 피신할 수밖에 없었다. 결국 1920년 7월 신흥무관학교는 폐교되었다. 그러나 지청천(池青天) 등은 신흥무관학교 졸업생들로 교성대(教成隊)를 구성해 김좌진 장군이 이끄는 북로군정서에 참여해 그해 10월 청산리전투에서 큰 공을 세웠다.

　하지만 이후 신흥무관학교는 다시 복원되지 못하고 말았다. 신흥무관학교 졸업생들을 중심으로 신흥무관학교를 계승하려는 노력은 계속되었으나 다시 문을 열지는 못했다. 해방 후 국내로 돌아온 이시영 선생은 신흥무관학교 부활위원회를 만들어 1947년 2월 신흥전문학원(新興專門學院)을 개설하였다. 그리고 1949년 신흥초급대학(新興初級大學)으로 인가되어 1949년과 1950년에 1회와 2회의 졸업생을 배출했다.

　하지만 극심한 경영난으로 어려움을 겪게 된다. 결국 신흥초급대학은 1951년 5월 18일, 조영식(趙永植)에게 인수되어 1960년 경희대학교(慶熙大學校)로 그 명칭이 바뀌게 된다.

제4일 2013년 8월 12일 (월요일)

통화에서 이도백하행 야간열차를 타고

　우리 흥사단민족통일운동본부 문화제 연수단은 통화역(通化驛)에서 저녁식사를 마치고 이도백하(二道白河)행 밤열차를 탔다. 야간 침대열차로 6인 1실로 되어 있는데 구조가 상하 3층으로 되어 있다. 이 열차를 타고 밤새 달려서 아침이면 백두산 초입마을인 이도백하에 도착하게 된다. 버스만 타다가 오랜만에 열차를 타니 느낌이 좋다. 또 이국에서 타보는

통화발 이도백하행 3층 침대로 된 야간열차에서

밤열차라 낭만이 있어서 더욱 좋았다.

열차에서 깡통맥주를 마시며 일행들과 담소를 나누는 모습들이 여기저기 눈에 띄었다. 나도 잠이 오지 않아서 대화에 끼어들어 이런저런 이야기를 나누다 보니 시간이 많이 지나버렸다. 벌써 자정이 지났으니 오늘이 천지에 오르는 날이 된 셈이다. 백두산 등정을 위해 잠시 눈을 붙이기로 했다.

새벽 5시가 조금 넘어 이도백하에 도착했다. 짐을 챙겨서 내리니 벌써 아침공기부터가 달랐다. 이도백하는 백두산 등정의 기점이자 조선족들이 많이 거주하고 있는 지역이다. 장거리 시외버스와 기차가 수시로 오갈 뿐 아니라 가격이 저렴한 숙소나 식당들이 많아 여행자들의 쉼터 역할을 한다. 백두산으로 향하는 지프차를 빌리거나 관광버스를 탈 수 있어서 성수기에는 엄청난 인파가 몰려드는 곳이다.

우리는 버스로 바꿔 타고 아침식사를 하기 위해 식당으로 갔다. 식당에서의 화제는 온통 백두산 등정에 관한 이야기뿐이었다. 무엇보다 천지의 날씨가 과연 어떨까 걱정하는 목소리가 많았다. 그 중에는 낙관하는 목소리들도 더러 있었다.

나는 이번 백두산 등정이 세 번째라 그래도 조금은 마음의 여유가 있었다. 하지만 천지의 날씨는 워낙 변화가 심한지라 기도하는 심정은 다른 사람들과 다르지 않았다. 그냥 하늘에 맡기기로 하고 담담한 척하며 앉아서 듣기만 했다.

백두산 아래에서는 햇볕이 쨍쨍 비추어도 정상에 오르면 잔뜩 흐려지고 반대로 밑에서는 흐렸는데 오르고 나면 화창해지는 것이 천지의 조화다. 그처럼 시시각각으로 변하는 백두산 천지의 날씨를 걱정한다고 될 일이던가. 우리는 식사를 마치고 곧바로 백두산을 향해 이동했다. 벌써부터 가슴이 벅차오르며 천지의 모습이 아른거렸다.

민족의 성산 백두산에 오르다

우리가 오르는 지점이 소위 북파라 부르는 쪽 산행이어서 차를 타고 오르게 된다. 오랜 시간 줄을 서서 기다렸다가 버스를 두 번 갈아탔다. 백두산 능선을 올라갈 때는 4륜구동 6인승 승합차가 묘기를 부리듯 아찔한 곡예를 연출한다. 하지만 승합차에서 바라보는 백두산의 장엄한 광경은 필설로 표현할 수 없을 정도로 장관이다.

그렇다. 이것이 백두산이다. 우리 역사의 시원이요, 우리 국토의 뿌리가 바로 이곳에 있다. 그 누구라도, 그 무엇이라도 다 품을 수 있고, 세계를 다 포용할 수 있는 광대한 품이다. 아무도 쉽게 범접할 수 없는 위엄을 갖췄다. 하늘과 대비되는 땅의 풍모가 이 정도는 되어야 할 것이다.

우리는 그렇게 한참을 올라 마침내 천지에 도착했다. 모두 약속이나 한 듯이 탄성이 터져 나왔다. 천지의 날씨는 청명했고 천지의 물은 맑았다.

백두산을 오르는 사람들

모두들 이리저리 분주하게 움직이며 사진 찍기에 바빴다. 나는 한참동안 천지(天池)를 바라보며 말없이 서 있었다.

어찌 이다지도 장엄하며 신비스럽단 말인가. 정성을 다해 기원하면 무엇인들 들어주지 않으리. 무슨 일인들 이루어지지 않으리. 그래 기도하자. 간절한 마음으로 기도하자. 조국통일을 기원하자. 나는 염원을 담아

백두산 정상의 위용

한반도의 평화와 통일을 기원했다. 그리고 앞으로는 북녘 땅으로 백두산을 오르게 해달라고 정성을 다해 기원했다.

　북녘 땅을 통하여 우리 국민들과 함께, 또 친지들과 함께, 가족과 함께 백두산에 오르는 모습을 상상하면서 그렇게 오래도록 기원하였다.

백두산 천지 _ 태종호

위용과 자태를 뽐내던 청명한 하늘도
빼곡히 들어찬 아름드리 나무들도
갑자기 시야에서 자취를 감추었다

아무것도 보이지 않고
아무 소리도 들리지 않는
오직 터질 것 같은 거친 심장의 박동소리만을 느끼며
한 걸음 또 한 걸음 천 개의 계단을 오르고도 모자라
또 몇 걸음을 더 걸어 다다른 곳!

아~! 그곳에 나의 탯줄이 숨겨져 있었다.
나와 내 어머니, 내 할머니와 그 위 할아버지
우리 백의민족을 품어주고 키워 낸 자궁 속 신비의 물결이
속살을 드러낸 채 넘실대고 있었다.

또 다시 호흡은 가빠지고 맥박과 혈관이 요동치고
닫혔던 눈과 귀가 함께 열리었다

한반도가 하나 되어 하늘이 미소 짓고
산과 바다와 나무와 파도가 함께 어우러져
덩실덩실 춤추는 모습이
짙푸른 물속에 투영되어 환하게 비치었다

그러나 한순간이었다.
천지는 다시 정적의 늪 속으로 빠져들어 말이 없었다.

몇 천 년 아~니 몇 만 년을 이어온
국토의 뿌리여! 민족의 시원이여!
그 침묵과 고요가 온몸이 시리도록 두렵다.

천지는 지금 우리에게 무얼 말하고자 함인가?

　한반도에서 가장 높은 산, 해발 2,750m, 우리 민족의 기원이 담긴 한민
족의 성산, 백두산(白頭山)이라는 이름은 오랜 화산활동으로 부식토가

백두산 천지, 아~! 그곳에 나의 탯줄이 숨겨져 있었다

산 정상에 하얗게 쌓여 붙여진 이름으로 글자 그대로 '흰 머리 산'이다. 그러나 중국에서는 장백산(長白山)으로 불리어지고 있다. 곳곳에 장백산이라는 간판과 선전문구가 붙어있다.

현재 백두산은 전체 면적 중 45.5%가 중국의 영토로 54.5%는 북한의 영토로 속해 있다. 백두산은 2,800만 년 전부터 활동을 시작해 250년 전에 화산활동을 멈춘 휴화산(休火山)인데 이따금 활동재개의 조짐이 나타나기도 한다. 더구나 근래에 와서 백두산 화산이 폭발할 것이라는 말들이 흘러나오고 있다.

그래서 각종 연구도 활발하고 백두산 폭발에 대한 각종 학술회의와 세미나 등이 부쩍 늘어나고 있다. 만약 폭발한다면 20억 톤에 달한다는 천지호(天池湖)의 물과 화산재로 인한 피해가 극심할 것이라 한다.

백두산의 주봉 중에 최고봉은 북한 쪽에 있는 장군봉(將軍峰)으로 2,750m이다. 일제강점기 때 측량한 바로는 2,744m로 나왔고, 우리도 학교에서 그렇게 배웠다. 그런데 북한에 의하여 2,750m로 정정되었다. 2,500m 이상은 16개로 향도봉(2,712m), 백운봉(2,691m), 청석봉(2,662m), 쌍무지개봉(2,626m), 차일봉(2596m), 용문봉(2595m), 비류봉(2580m) 등이 있다.

북파코스로 오르면 천지를 한눈에 내려다볼 수 있는 해발 2,670m의 천문봉(天文峰)이 있다. 천문봉은 기암절벽의 웅장한 남성미를 갖추고 있어 늠름한 기상을 느낄 수 있다. 천지의 수면에서는 470m 위에 우뚝 솟아 있는데 천지 북쪽으로는 가장 높은 산마루이다. 1958년 이 봉우리 북쪽에 천지 기상관측소를 세운 뒤부터 기상대를 상징하여 이름을 천문봉이라 지었다 한다.

남동쪽으로는 마천령산맥(摩天嶺山脈)이 뻗어 있다. 또 백두산에는 호랑이, 검은담비, 수달, 표범, 사향노루, 백두산 사슴, 산양, 큰곰 등의 희귀 동물이 서식하고 있는 것으로 알려졌다. 또 천연기념물로 지정된 204종

백두산 천지에 서서 조국통일을 기원(중랑방송 구주회 기자 촬영)

의 조류가 살고 있고 긴꼬리올빼미, 흰 두루미, 원앙, 청둥오리 등 특별보
호대상 조류가 분포되어 살고 있다.

식물은 2,700여 종이 서식하고 있다는데 그 중에서도 분비나무, 가문비
나무, 종이나무, 백두산 자작나무가 많은 비중을 차지하고 있다. 그리고
천지에는 천지산천어가 살고 있다. 한때는 천지에 물소처럼 생긴 괴물이
헤엄쳐 다닌다는 목격자들의 증언과 동영상들이 떠돌아 한바탕 소동을
일으킨 적도 있었다.

천지의 푸른 물은 우리 역사의 근원

천지(天池)라는 이름은 우리 조상들이 '하늘에 있는 거룩한 못' 이란 뜻
으로 붙여진 이름이다. 천지의 둘레는 14.4km, 면적은 9.165km²로 서울
의 여의도와 비슷하고 평균 수심은 213m, 최대수심은 384m, 수면고도는
2,257m이다.

천지에 고여 있는 물은 여전히 짙푸르고 맑다. 이 물은 11월이면 영하 50도의 날씨에 꽁꽁 얼었다가 5,6월이 되어야 풀린다. 천지의 물은 얼었을 때를 제외하고는 달문을 통해 흘러나와서 높이 68m의 비룡폭포(飛龍瀑布; 중국은 장백폭포라 부른다)를 만들고, 이도백하를 거쳐 송화강(松花江)으로 흐른다.

또 압록강과 두만강 등으로도 흘러간다. 천지에서 흐르는 물이 폭포가 된 곳은 비룡폭포 외에도 북한 쪽에 속해 있어 우리가 가보지 못한 곳이 많이 있다. 백두폭포, 형제폭포, 백두밀영폭포 등이다. 북한을 찾는 관광객들이 많이 찾는다는 삼지연(三池淵)은 크고 작은 네 개의 호수로 이루어져 있는데 주위 길이가 4.5km이고, 수심이 3m인 천연호수로 주변 경관이 아름다워 휴양지로 널리 알려져 있다. 북한을 통해 갈 수 있는 날을 기대해 본다.

또 천지 주변에는 크고 작은 온천들도 많다. 대표적으로 백암온천과 백두온천이 있는데 치병(治病)에 탁월한 효과가 있다고 한다. 그 외에도 서파방향으로 가게 되면 금강대협곡이나 원시림과 자작나무 군락지, 사시

백두산 비룡폭포

사철 피는 야생화의 향연과 지금은 찾아보기 힘든 희귀동물들이 여전히 백두산을 지키고 있다.

백두산에서 뻗어내려 태백준령과 지리산에 이르는 백두대간은 우리나라의 기본 산줄기이다. 한반도의 모든 산들이 여기에서 뻗어내렸다 하여 우리 조상들은 예로부터 성산(聖山)으로 숭배하였다. 또 단군성조(檀君聖祖)가 탄강(誕降)한 성지이기에 더욱 신성시해 왔다.

우리 민족은 대대로 이 백두산을 숭배하며 백두대간 자락에서 살아왔다. 백두산에서 우리가 잊지 말아야 할 문화재로는 1712년(숙종 38년)에 조선과 청나라 사이에 세운 백두산정계비(白頭山定界碑)가 있다. 1712년 5월 15일 조선과 청국 대표가 조선과 청국 간의 국경을 확정하여 그 경계의 내용을 비문(碑文)으로 각석(刻石)한 것이 백두산정계비이다.

그 비문에 동쪽은 토문강(土門江)으로 경계한다고 되어 있는데 청국은 1880년(고종 27년)에 갑자기 돌변하여 '토문(土門)은 곧 두만(豆滿)'이라고 억지를 부려 논란이 되었다. 그 후 1909년 9월 4일, 조선의 외교권을 강탈한 일본이 자기들의 이익을 위해 제멋대로 청국의 요구를 받아들이는 협정을 체결함으로써 우리 영토인 간도(間島)지방을 청나라에 귀속시켜 버렸다. 이것을 '간도협약(間島協約)'이라고 한다.

이제 당당한 주권국가인 우리는 이 같은 사실을 바로 알려야 한다. 반드시 간도협약을 무효화시키고 우리의 영토인 간도지역(滿洲)을 되찾아야 한다. 백두산을 내려오면서 나는 학생들에게 이 같은 사실을 알려주었다. 그리고 간절하게 말하였다. 우리 생애에 남북통일은 이룰 수 있을 것 같으나 고구려, 발해의 땅을 되찾는 것은 어려울지도 모른다. 그러나 여러분들이 잘 기억했다가 반드시 되찾아야 하고 후손들에게도 그 사실을 정확하게 알려주어야 할 것이라고 몇 번이고 당부하였다.

화창한 날씨 덕분에 기분 좋게 백두산 등정과 천지답사를 마친 우리는 하산하여 비룡폭포(장백폭포)에 다가가 기념사진을 찍었다. 백두산 아래

평평한 산자락에서 주변경관을 돌아보며 휴식을 취하고 다음 목적지인 연길로 향하였다. 연길로 가는 버스에서는 내일 일정에 참고가 되는 '만주 항일독립운동의 이해' 라는 주제로 강연이 있었다.

약 3시간 반 정도 걸려서 연길에 도착하였다. 시내에서 저녁식사를 마친 후 연길 '세기호텔' 에 여장을 풀었다.

제5일, 2013년 8월 13일 (화요일)

용두레 우물과 해란강은 말이 없었다

오늘 일정도 촘촘하게 짜여 있어 만만치가 않다. 우리는 용두레 우물터와 대성중학교, 악명 높았던 일제 간도 총영사관, 명동촌(明東村)을 보고 다시 삼합으로 가서 북한 회령시(會寧市)를 가까이에서 조망하게 된다. 또 15만 원 탈취 의거지(義擧地)와 3.13만세운동 기념비 등을 답사할 예정이다.

오후엔 약 5시간 거리에 떨어져 있는 발해의 유적지가 있는 동경성을 거쳐 목단강(牧丹江)까지 가야 한다. 아침 일찍 호텔에서 아침을 먹은 후 우선 용정으로 갔다. 30분이 걸렸다. 연길과 용정에 대해서는 제1부 1994년 중국 편에서 자세히 서술했으므로 19년이 지난 지금의 변화된 모습만 기록하기로 한다.

용정은 중국 길림성 연변 조선족 자치주에 있는 도시임은 이미 밝힌 바 있다. 백두산 동쪽 기슭에 자리 잡고 있으며 인구가 그때보다 약간 늘어서 26만 명이 살고 있다. 동남쪽으로는 두만강과 북한이 접해 있고, 동북쪽으론 연길과 도문이 있다.

용정(龍井) 우물터 기원(起源) 표지석

　용정 시가지의 모습은 언뜻 보면 크게 변하지 않은 것 같다. 그러나 자세히 보면 사람들의 생활환경은 많이 변해 옛 용정이 아니었다. 용정의 상징인 용두레 우물은 여전히 그 자리에 있었지만 메마름만 가득 채워져 있었다. 도시 한가운데로 흐르는 해란강(海蘭江)도 수많은 사연을 외면한 채 그냥 유유히 흐르고 있었다.

　해란강은 우리 민족의 한(恨)과 애환(哀歡)이 가득 담긴 강이다. 일제강점기인 1931년 10월부터 약 1년간 이곳 해란강에서는 일제의 참혹하고 끔찍한 만행이 벌어졌다. 일본 군인과 경찰에 의해 조선인 부녀자의 강간과 약탈, 그리고 주민들에 대한 집단 대학살이 연일 자행되었기 때문이다. 일명 '해란강 대학살 사건' 이라고 한다.

　해란강을 바라보며 나의 머릿속에는 과거의 역사가 시종 맴돌고 있었다. 선조들의 애달프고 정겨운 노래 소리와 함께 피 끓는 만세의 함성이 쟁쟁하고 우렁차게 들려온다.

해란강 _ 작자 미상

1.
내 누이들 머리 감던 지난날의 해란강
바람이 불어와 흰 살결 다 보이겠네
청산벌 바라보며 낭군을 기다리다
댕기 땋아 아기 업은 옥수숫대 같은
머리채 뒤로 묶은 조선족 여인!
아, 해란강 여울소리 맥박이 뛰고 있네.

2.
내 누이들 멱 감던 지난날의 해란강
노을이 물들어 작약꽃 꽃밭 같네.
모아산 올려다보며 초저녁 별 기다리다
우물가 모여들어 저녁밥 쌀을 씻는
머리채 뒤로 묶은 조선족 여인!
아, 해란강 여울소리 심장이 뛰고 있네.

　　용정은 연길현의 중심지로서 1870년~1880년대부터 조선족들이 이주
하여 정착한 곳이다. '용두레촌' 또는 '육도구'라고 불렀다. 러일전쟁에
서 일본이 승리한 후로는 일본제국주의의 중국 침탈을 위한 주요거점이
되었다. 1907년 무장군경들을 불법적으로 주둔시키고 통감부 간도파출
소를 설치했으며, 1909년에는 간도협약을 체결하고 파출소를 총영사관
으로 개편하는 등 중국 침탈의 야욕을 숨기지 않았다.
　　용정은 또한 조선의 항일독립운동의 중심지였다. 우리 민족학교인 '서
전서숙', '동흥학교', '대성학교(현 용정중학교)' 등 사립중학교가 이곳에

세워졌으며, 1919년 3.1만세혁명 당시에는 3.13만세 시위가 이곳에서 처음으로 전개되기도 하였다. 1921년에 천도교 계통의 동흥중학교와 유교계통의 대성중학교가 설립되었다. 이 두 학교를 합쳐 약 300여 명의 학생이 재학하였으며, 교사와 학생들은 항일 민족해방교육을 받았다.

1927년 일제가 영사관과 경찰을 앞세워 극렬하게 탄압하였음에도 그들을 속여 가며 '애국가'와 '권학가', '학도가' 등 우리 가곡과 조선의 역사와 지리 등을 열심히 가르쳤다.

대성학교 출신인 윤동주(尹東柱), 나운규(羅雲奎)를 비롯한 애국지사들이 이곳에서 많이 배출된 것은 결코 우연이 아니었음을 알 수 있다.

길림성 용정중학교 정문 현판

우리는 대성중학교를 방문하였다. 용정중학교로 이름이 바뀐 교정에는 윤동주 시비가 세워져 있다. 예전에도 몇 차례 방문한 적이 있었다. 이 학교 교실에서 공부하고 운동장에서 친구들과 뛰어놀았을 그분들을 생각하면 항상 감회가 깊었다.

정겨운 이름들 속엔 사연들도 가지가지

일송정과 선구자, 해란강과 용문교, 비암산과 용주사, 참으로 정겨운 이름들이다. 그 중에서도 가곡 '선구자(先驅者)'의 노래는 일본 통치시대에는 물론이거니와 지금까지도 널리 애창되고 있는 국민가요다.

그런데 최근에 와서 윤해영(尹海榮)의 시에 조두남(趙斗南)이 곡을 붙였다는 이 노래에 대한 씁쓸한 사연이 전해지고 있어 매우 혼란스럽다.

　조두남의 회고록 '그리움'에 의하면 1932년 조두남이 목단강의 싸구려 여인숙에 기거하고 있을 때 윤해영이라는 사람이 찾아와서 선구자의 가사를 주며 "우리 민족이 일제로부터 해방을 염원하고 민족의 구심점이 될 노래를 만들어 달라"고 부탁하였는데 그 사람 이름을 물으니 나는 윤해영이라고 밝히고는 홀연히 사라졌다는 것이다. 그 후 조두남은 윤해영을 여러 차례 수소문했으나 끝끝내 찾을 수가 없었다는 것이 지금까지 알려진 사실이었다.

　그런데 그 후 조두남의 말이 거짓으로 밝혀진 것이다. 윤해영은 만주에서 활발하게 작사활동을 하고 있었을 뿐만 아니라 가장 노골적으로 일제를 찬양하고 옹호하는 작품들을 쓴 친일시인이었으며, 친일단체인 오족협화회(五族協和會; 일본족, 조선족, 만주족, 몽고족, 한족 등 5족이 서로 화합해야 한다는 일본의 통치이념을 받드는 친일조직을 말함) 간부로 활동한 것으로 알려졌다.

　또한 친일색이 짙은 선구자의 곡은 물론이고 가사에 나오는 선구자가 독립운동가를 지칭하는 것이 아니라 일제의 앞잡이로 독립군을 토벌하는 데 앞장선 '간도특설대'(間島特設隊; 1938년 일본 괴뢰국인 만주국이 만주지역에서 항일운동을 하는 단체나 군대를 잡기 위해 조선인 중심으로 특별히 조직한 부대를 말함)나 일제 식민지인 만주국을 건설하는 데 첨병으로 앞장섰던 '오족협화회' 등, 친일 조선인들을 지칭하는 호칭이었다고 하니 얼마나 황당한 일인가 말이다.

　2008년 민족문제연구소는 윤해영, 조두남, 이 두 사람을 친일 인명사전 수록자 명단에 포함시켰다. 그 후 경남 마산시는 조두남음악관을 지으려다 시민단체의 반대로 중단했다고 한다. 일본 제국주의와 군국주의가 남기고 간 할퀸 자국들이 아직도 우리의 마음을 우울하게 한다.

우리는 간도 일본 총영사관 건물을 둘러보았다. 당시에 참으로 악명 높은 곳이었다. 지금은 용정시 인민정부의 중국 공산당 용정시위원회로 사용하고 있다. 1920년대에는 총영사관에 경찰부가 설치되고, 200여 명의 경찰이 증원되어 독립운동가의 감시와 탄압에 혈안이 되었다.

1922년 11월 27일 화재로 건물이 모두 불타서 3년에 걸쳐 건물을 다시 지었는데, 이 건물에서 수많은 독립운동가들이 혹독한 고문을 당했다고 한다. 이곳을 돌아보면서도 착잡한 마음을 금할 수가 없었다. 나라를 빼앗긴 대가가 얼마나 큰가를 되씹는 시간이었다.

우리는 총영사관 건물을 나와 명동촌으로 갔다. 그러나 '명동학교유적지(明東學校遺跡地)'라고 되어 있는 작은 표지석만 잡초에 묻힌 채 쓸쓸하게 서 있어 마음이 아팠다.

명동촌은 구한말 북간도에 세워진 최초의 한인촌이다. 1899년 규암(圭巖) 김약연(金躍淵)을 비롯한 함경도 다섯 가문이 두만강을 건너 북간도에 세운 공동체 마을이다. 반상의 구분이 없는 땅, 누구나 교육 받을 수

잡초에 묻혀 있는 명동학교 유적지

있는 평등한 땅, 부패와 수탈, 배고픔이 없는 땅, 명동촌은 국난의 위기 속에서도 꿋꿋하게 피어났던 한민족의 이상향이었다.

그러나 정작 명동학교의 흔적은 찾을 수 없고, 그 자리에는 무성하게 자란 잡초들만 가득했다. 다만 '명동학교 옛터', '명동학교유적지'라고 돌에 새겨진 표지석(標識石)만이 이 자리가 명동학교가 있었던 곳임을 말해 주고 있었다.

이곳 명동학교에서 윤동주(尹東柱), 문익환(文益煥), 송몽규(宋夢圭), 나운규(羅雲奎) 같은 기라성 같은 인재를 길러냈고, 간도지방 항일운동의 중추세력으로 키워 치열한 독립투쟁을 전개하게 되었다. 그 중심에는 '간도의 대통령'이라 불렸던 김약연 선생이 있었다. 그는 걸출한 민족 지도자요, 위대한 선구자였다.

윤동주 시인의 생가에서 낭독한 '별 헤는 밤'

우리는 예정대로 윤동주 생가도 둘러보았다. 그런데 그곳에서 또 한 번 분노를 삼켜야만 했다. 중국에서 써놓은 못마땅한 표지판을 보았기 때문이다. 윤동주 시인 생가 입구에다 '중국 조선족 애국시인 윤동주'라고 한 글과 한자로 나란히 써놓았다. 전에는 없었던 '중국'이란 글자를 넣어 교묘한 방법으로 윤동주 시인이 중국인인 것처럼 보이게 해 놓은 것이다.

얼마나 어색하고 구차한 표현인가. 나는 이와 같은 교활한 술수를 펴는 중국에 대한 분노와 대국답지 못한 연민을 금할 수 없었다. 어떻게 윤동주 시인이 중국인이란 말인가. 윤동주는 조선인이다. 그냥 '조선족 애국시인 윤동주'라고 해야 옳다. 윤동주는 조선인의 피가 흐르고 조선의 독립운동가이자 조선을 대표하는 시인이기 때문이다.

윤동주는 1917년 12월 30일 용정에서 태어나 명동소학교를 다녔다. 은

진중학교, 평양의 숭실중학교를 나와 1941년 연희전문학교 문과를 다녔다. 그 후 일본에 유학해 항일독립운동을 했다. 그러나 애석하게도 1943년에 일제에 체포돼 후쿠오카 형무소에서 생체실험에 시달리다 1945년 2월 16일, 해방 6개월을 남기고 순국하고 말았다.

시인은 용정시 동북쪽 합성리에 있는 교회묘지에 잠들어 있다. 나는 시

윤동주 시인 생가에서 학생들이 휴식을 취하고 있다

를 접하기 시작했을 때부터 아니 윤동주 시인을 알게 되었을 때부터 그의 시 세계에 빠져들었다. 그래서 북간도 윤동주 시인의 고향 명동촌을 꼭 한 번 가고 싶었다.

그리고 방문하게 되면 윤동주 시인의 불후의 명작 '별 헤는 밤'을 낭독하기로 마음먹었는데 오늘 이 자리, 윤동주 시인의 생가(生家)에서 결행하기로 했다. 주변에 양해를 구하고 생가 마당에 모여 있는 수많은 관광객과 학생들 앞에서 '별 헤는 밤'을 목소리를 높여 낭독하였다.

낭독이 끝나자 많은 박수갈채가 쏟아졌고 나의 우울했던 마음도 조금은 위안이 되었다.

별 헤는 밤 _윤동주

계절이 지나가는 하늘에는
가을로 가득 차 있습니다.
나는 아무 걱정도 없이
가을 속의 별들을 다 헤일 듯합니다.
가슴 속에 하나 둘 새겨지는 별을
이제 다 못 헤는 것은
쉬이 아침이 오는 까닭이요, 내일 밤이 남은 까닭이요,
아직 나의 청춘이 다하지 않은 까닭입니다
별 하나에 추억과
별 하나에 사랑과
별 하나에 쓸쓸함과
별 하나에 동경과
별 하나에 시와

별 하나에 어머니, 어머니, 어머님, 나는 별 하나에 아름다운 말 한 마디씩 불러봅니다.

소학교 때 책상을 같이 했던 아이들의 이름과 패, 경, 옥

이런 이국 소녀들의 이름과 벌써 애기 어머니가 된 계집애들의 이름과

가난한 이웃 사람들의 이름과 비둘기, 강아지, 토끼, 노새, 노루,

'프란시스 잠', '라이너 마리아 릴케', 이런 시인의 이름을 불러봅니다

이네들은 너무나 멀리 있습니다, 별이 아스라이 멀 듯이

어머님, 그리고 당신은 멀리 북간도에 계십니다.

나는 무엇인지 그리워

이 많은 별빛이 나린 언덕 위에

내 이름자를 써 보고, 흙으로 덮어 버리었습니다.

딴은 밤을 새워 우는 벌레는

부끄러운 이름을 슬퍼하는 까닭입니다.

그러나 겨울이 지나고 나의 별에도 봄이 오면

무덤 위에 파란 잔디가 피어나듯이

내 이름자 묻힌 언덕 위에도

자랑처럼 풀이 무성할 게외다.

우리는 명동촌을 나와 15만원 탈취 의거지(義擧地)와 3.13 만세운동 기념비 앞에서 오랫동안 묵념(默念)하고 애국선열들을 기렸다. 여기서 말하는 '15만원 탈취 의거' 란 이러하다.

1919년 12월 4일, 국민회(國民會) 산하의 철혈광복단 단원으로서 무장 투쟁을 주장했던 최봉설, 임국정을 비롯해 윤준희, 박응세, 한상호, 김준 등 여섯 명의 의인(義人)들은 1920년 1월 4일 오후 8시, 용정의 동량 어구에 매복하고 있다가 일제의 현금 수송마차를 습격하여 다섯 명의 무장 호

송대를 사살하고 지폐 15만원을 탈취하는 데 성공한다.

그들은 탈취한 돈으로 항일투쟁에 필요한 무기를 구매하기 위해 러시아로 갔다가 교섭하는 과정에서 불행하게도 일제의 밀정인 엄인섭의 밀고로 체포되어 잔혹하게 비극적 최후를 맞이하게 된다.

당시 간도로 옮겨 온 가족의 평균 이주비용이 100원이었고, 쌀 한 가마가 5원, 소총 한 자루 값이 15원이었으니 15만원이면 독립군 5,000명을 단번에 중무장시킬 수 있는 거금이었다. 거사는 성공했으나 무기 구매는 수포로 돌아갔으니 참으로 원통한 일이 아닐 수 없다.

그러나 이 15만원 탈취사건으로 인해 간도지역의 독립운동은 큰 변화를 가져오게 된다. 용정의 3.13만세운동 같은 비폭력 항일운동에서 격렬한 무장투쟁으로 전환하는 계기가 되었기 때문이다. 바로 1920년 6월 홍범도(洪範圖) 장군의 봉오동전투, 같은 해 10월 김좌진(金佐鎭) 장군의 청산리전투에서 대승하는 전과를 올리게 되었다.

1920년 1월 4일, 15만원 탈취 의거 관련 자료들

15만원 탈취의거는 완성을 보지 못했으나 항일독립운동의 촉진제가 되었으니 여섯 명 의인(義人)들의 애국정신은 청사에 길이 남을 것이다.

남의 땅이 된 삼합에서 본 우리 땅 회령

우리는 북한을 좀 더 가까이 보기 위해서 삼합(三合)으로 향했다. 중국의 삼합은 북한의 회령시가 가장 잘 보인다는 곳이다. 회령(會寧)은 함경북도 북단에 위치한 두만강 연안에서는 가장 발달한 도시다. 예로부터 미인이 많이 나오는 지방으로 알려진 곳이다. 또 석탄 매장량이 풍부해서 일본통치시대 공업도시로 발달하였다.

회령은 조선 사람들이 북간도 용정으로 가는 관문역할을 했다. 국경지역이지만 워낙 북한과 중국이 근접해 있어 근래에는 탈북자가 많이 나오는 곳으로 알려지기도 했다. 전망대가 있는 망강각(望江閣)에 올랐다. 말

그대로 회령시가 손에 잡힐 듯이 보였다.

회령은 김일성의 부인이자 김정일의 생모인 김정숙이 태어난 곳이다. 그래서인지 회령시는 비교적 깨끗하게 잘 정돈되어 있는 제법 큰 도시였다. 가장 눈에 띄는 것은 흐르는 두만강 위로 북한의 회령과 중국의 삼합을 이어주는 다리가 있었다. 양국 간 교역을 하기 위한 것으로 보인다.

회령세관으로 보이는 건물도 보였다. 강을 사이에 두고 망강각에서 회령을 보고 있으려니 문득 비애가 느껴졌다. 지금 내가 서 있는 곳이 중국이라는 것이다. 이곳에 서서 우리 땅을 바라보는 처지가 갑자기 우습게 보였던 것이다.

우리는 삼합과 회령을 뒤로하고 발해 유적지를 향해 출발하였다. 동경성까지는 4시간 30분이 걸린다고 한다. 연일 계속해서 버스로 장거리를 여행해야 한다. 가는 도중에 '발해 역사의 이해' 라는 주제로 강연을 했다. 중간 중간 휴식도 취하고 과일도 사먹으면서 길림성을 벗어나 흑룡강성을 향해, 발해의 영토를 향해 달렸다. 나는 가슴이 뛰었다. 다른 사람들은 모를 것이다. 내가 발해를 건국한 대조영(大祚榮)의 42세손이라는 것을 알 리가 없다.

드디어 어둑어둑해져서야 목단강시(牧丹江市) 금정호텔에 도착했다. 호텔에 여장을 풀고 잠자리에 누웠지만 나는 밤새도록 잠을 설쳤다. 지금부터 약 1,300여 년 전 이곳 광활한 만주벌판을 호령하며 펼쳐졌던 고구려의 군센 기상과 해동성국 발해의 거대한 영토가 보존되지 못하고 사라졌다.

우리 조선의 영토는 이곳 간도는 말할 것도 없고 연해주와 아무르주, 예벤키자치주, 춥지반도와 캄차카반도, 베링해협에까지 연해 있었다는 것이 속속 밝혀지고 있지만 지금은 중국과 러시아에 빼앗기고 말았다는 사실에 죄스럽고 만감이 교차하며 잠을 이룰 수가 없었기 때문이다.

최대의 영토를 호령했던 해동성국 발해

오늘은 발해(渤海)를 만나러 간다. 아침 일찍 서둘러 동경성(東京城)으로 출발했다. 동경성은 발해의 5경 중 하나이다. '상경용천부(上京龍泉府)'라고 한다. 발해는 고구려인이 세운 고구려를 계승한 분명한 우리의 왕조이고 우리의 역사이다. 이를 전 세계에 알리고 인정받기 위해서는 우리 자신이 발해의 역사를 똑바로 알아야 한다.

중국의 구당서(舊唐書)인 '발해말갈전(渤海靺鞨傳)'에서도 발해의 건국자 대조영을 고려별종(高麗別種)이라고 기록하고 있다. 이는 발해가 고구려를 계승했음을 인정하고 있는 것이다. 그런데 우리는 그 동안 발해에 대해 너무도 무심했다.

이제부터라도 바로 알아야 한다. 발해는 한반도 북부 동북지방에 있던 나라이다. 668년 고구려가 망한 후 고구려 유민들은 구심점을 잃고 뿔뿔이 흩어져 살게 되었다. 일부는 신라로 귀화하고, 일부는 당으로 들어가고, 또 일부는 만주의 말갈족과 혼재하여 살며 패망국의 서러움을 뼈저리게 느낄 수밖에 없었다.

그때 고구려의 장군 대조영은 그의 아버지 대중상(大仲象)과 함께 2만 8천여 명의 고구려 유민들을 데리고 당나라의 세력권인 영주로 옮겨 살게 되었다. 온갖 수모와 생사의 경계를 넘나들며 오로지 고구려를 재건할 기회만을 엿보고 있었다. 당나라의 세력권인 그곳에서 거란, 돌궐 등 반당(反唐) 세력들을 규합하여 당나라를 견제하며 힘을 키워나갔다.

그러던 중 요서지방의 지배권을 놓고 당나라 측천무후(則天武后)와 거란족 수장 이진충(李盡忠)이 충돌하는 혼란기를 틈타 악전고투 끝에 유

발해를 건국한 고왕 대조영 초상화

민들을 이끌고 천문령(天門嶺)을 넘었다. 남만주지역에 위치한 동모산(東牟山, 지금의 길림성 돈화부근)에 있는 육정산(六頂山)에 성을 쌓고 새로운 나라를 세웠으니 그 나라가 바로 발해인 것이다.

대조영(고왕; 高王)은 698년에 국호를 발해(渤海)라 하고 연호를 천통(天統)이라 했다. 고구려가 멸망한 지 실로 30년 만에 꿈을 이룬 것이다. 그 동안 그렇게도 대조영을 견제하며 없애려 했던 당나라도 대조영이 나라를 건국한 이후 유화정책으로 돌아설 수밖에 없었다.

당나라 중종은 705년 사신을 보내왔고, 대조영도 둘째 아들 대문예(大門藝)를 당에 보내는 등 양국은 건국 초기의 갈등을 봉합하고 교류했다. 그 뒤 당나라는 점점 쇠퇴했지만 발해는 점차 대국으로 융성해 갔다. 마침내 북만주 일대는 물론이고 연해주까지 지배하기에 이른다.

이처럼 뛰어난 무예와 지략으로 고구려를 부흥시킨 불세출의 영웅 대조영은 719년에 세상을 떠났다. 대조영의 아들인 2대 무왕(武王) 대무예(大武藝)는 연호를 인안(仁安)으로 하고 발해를 건국한 부왕의 뜻을 받들어 무력을 통한 강력한 대외정책으로 영토를 넓히는 데 주력했다(여기까지는 한국방송 KBS에서 '대조영'이란 대하사극을 통해 상세하게 방영된 바 있다).

3대 문왕(文王) 대흠무(大欽茂)는 연호를 대흥(大興)이라 하고 동모산에서 벗어나 농경지가 넓은 남쪽의 중경현덕부(中京顯德府)로 도읍을 옮겼다. 그리고 얼마 후에는 북쪽에 위치한 상경용천부(上京龍泉府)로 천도하였다. 그리고 또 다시 두만강 하류지역에 위치한 동경용원부(東京龍原府)로 옮겼다. 모두가 전략적 선택에서 비롯된 것으로 보인다.

그 뒤 여러 왕들이 단명하다가 우리나라 고대 역사서인 '단기고사(檀奇古史)' 를 저술한 대조영의 동생 대야발(大野勃)의 4세손인 대인수(大仁秀)가 10대 선왕(宣王)으로 즉위하여 15년간 재위하게 된다. 이때가 발해의 중흥을 이룬 황금기였다.

우선 영토를 흑룡강 하류지역까지 개척하고 흑수말갈을 압박하여 말갈과 당나라의 교류를 차단하였다. 또한 문왕(文王) 때의 3경 외에 2경을 더 개척하여 서경압록부(西京鴨綠府)와 남경남해부(南京南海府)를 둠으로써 전국이 5경 15부 62주의 행정구역을 갖추게 되었다. 이로써 과거 고구려의 영토를 완전히 회복하고도 오히려 북쪽 연해주 지역으로 더 진출한 형세를 갖추게 되었다.

독립된 연호를 사용하고 황제국(皇帝國)임을 선포했다. 신당서(新唐書)에는 발해 전성기의 영토가 사방 5천리에 달했다고 기록되어 있다. 한반도의 4배가 넘는 영토, 중국, 러시아, 북한을 아우르는 대제국을 건설하여 당나라와도 교류하고 일본에게까지도 조공을 받는 등, 해동성국(海東盛國)이라 호칭할 정도로 국력이 팽창하였다.

그러나 발해는 15대 왕

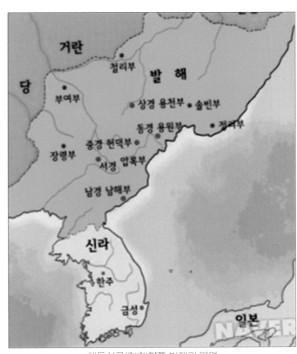

해동성국(海東盛國) 발해의 영역

인 대인선(大諲譔)에 이르러 종말을 고하게 된다. 북서쪽으로부터 점차 성장하던 거란족(契丹族)이 중국의 중원으로 나가기 이전에 후환이 될 수 있는 발해를 먼저 공략하였다. 결국 926년 거란의 '예뤼아바오지(야율 아보기; 耶律阿保機)'는 발해 상경용천부를 공격하여 쉽게 굴복시켰다.

결국 발해는 15대 228년간의 역사를 남긴 채 우리의 역사에서 사라지고 말았다. 우리의 영토 또한 광활한 만주와 연해주를 영영 잃게 되고 말았으니 어찌 원통하지 않으랴. 참으로 통탄할 일이다. 그러나 역사는 돌고 도는 것이다. 우리가 어찌 하느냐에 따라서 그 영광을 다시 되찾는 날이 반드시 있을 것이라고 믿어 의심치 않는다.

2006년, 발해의 것으로 보이는 대규모 성터가 러시아 연해주 '우수리강' 근처에서 발굴되었는데 발해의 유물과 유적이 대규모로 출토되어 연해주(沿海州)까지 발해의 영역이었다는 결정적 근거가 마련되었다. 중국이 발해를 자국의 역사로 기록하려고 하는 이른바 '동북공정'을 무력화시킬 수 있는 근거가 마련되었으니 기쁜 일이 아닐 수 없다.

중국의 동북공정은 아직 끝난 것이 아니다. 더욱 교묘한 방법으로 진화

연변대학교 출판부에서 펴낸 발해사연구

발해국 상경용천부 유적지임을 알리는 표지

하고 있다. 우리가 우리 역사와 우리의 영토를 지키려면 결코 방심하지 말고 역사공부를 더욱 열심히 해야 한다. 정부 또한 이를 뒷받침해야 할 것이다. 우리가 역사 공부를 하는 이유는 지난 역사를 살핌으로써 통찰력과 비판적 시각, 사고력을 길러 올바른 삶을 살기 위함이며 더욱 발전된 미래를 설계하기 위한 것이다.

동경성지, 상경용천부지에서 조상님께 절하다

우리는 목단강시에서 두 시간 반 정도 달려서 동경성지(東京城址)에 도착했다. 급한 마음에 차에서 내리자마자 먼발치로 보니 건물은 보이지 않고 성벽과 궁터만 황량하게 펼쳐져 있었다. 우리는 오랫동안 대조영(大祚榮)과 발해(渤海)를 잊고 있었다.

발해가 멸망하고 나서 그 유민들은 강제로 이주 당하였고 수도였던 동경성은 불타버려 발해인들의 역사는 후세에 제대로 전해지지 않았기 때문이다. 고려와 조선 또한 발해를 품으려 하지 않았다. 당연히 우리 역사에서 지워질 수밖에 없었다. 조선 후기에 와서야 몇몇 실학자들만 관심을 보였을 뿐이다. 더구나 일제강점기를 거치면서 그마저도 사라지고 말았다. 작금의 우리 정부나 역사학계도 마찬가지다. 우리 역사인 발해를 적극적으로 다루지 않고 있다. 주인인 우리보다 오히려 주변의 여러 나라들이 발해에 대해 열을 올리고 있는 실정이다. 참으로 한심하고 서글픈 일이다.

다시 한 번 강조하거니와 발해는 분명 우리의 역사인 것이다. 한반도에서 신라, 백제, 고구려 3국이 오랫동안 각축을 벌이다가 660년과 668년에 백제와 고구려가 나당연합군에게 무너진 이후 광활한 고구려의 옛 영토 대부분이 신라와 당나라 어디에도 속하지 않는 공백지역으로 남아 있게 되었다. 신라는 겨우 평양 이남을 차지했을 뿐이고, 당나라 또한 만주지역을 완전히 장악하지 못하고 있었다. 이때 고구려 장수 대조영이 갈 길 몰라 헤매는 고구려 유민들을 이끌고 신라와 당나라의 손이 미치지 못하는 이 만주지역에 나라를 세운 것이다.

그리고 바로 그 터전이었던 동경성지(東京城址)에 지금 우리가 와서 서 있는 것이다. 중국 북동부 흑룡강성(黑龍江省) 영안현(寧安縣) 남쪽 36km지점에 있는 발해의 상경용천부지(上京龍泉府址)를 말한다.

상경용천부지, 이마저도 수백 년이 지난 1933~34년 동아고고학의 발굴조사로 그 전모가 밝혀지게 되었다. 참여했던 고고학자들에 의하면 외성의 벽은 토성(土城)으로 동벽이 3,211m, 서벽 3,333m, 남벽 4,455m, 북벽은 4,502m 규모의 직사각형 모양으로 되어 있다.

또한 외성 벽에 둘러싸인 중앙 북변부에 동서로 약 1,060m, 남북으로 약 1,180m의 내성이 있으며, 그 속에 다시 돌로 둘러싼 동서 620m, 남북 약 720m의 내내성(內內城)이 있었을 것으로 추정된다. 이러한 규모의 도성은 발해의 3대 문왕(文王)이 당나라의 장안성(長安城)을 줄여서 모방 축조한 것으로 짐작된다.

그처럼 견고하고 거대했던 궁성(宮城)이 우리가 가까이 찾았을 땐 건물은 흔적도 없이 사라지고 서벽 일부와 넓은 궁터만 남아 있었다. 그리고 곳곳에 거대한 주춧돌만이 이곳이 거대한 궁궐이 있었다는 것을 말해 주고 있었다. 몇 군데 중국에서 세운 것으로 보이는 '발해국상경용천부유지(渤海國上京龍泉府遺址)'라고 새겨진 표지석만 덩그러니 세워져 있었다.

믿기지 않을 만큼 쇠락해 있어 마음이 아팠다. 정녕 이곳이 130여 년 간 지속되었던 발해의 첫 수도였단 말인가. 덧없는 감회가 밀려왔다. 하기야 천년이 훨씬 지난 세월이 흘렀고 아무도 관심을 두지 않았으니 그럴 수밖에 없었을 것이다.

나는 이곳에서 우리 학생들에게 다시 한 번 고구려와 발해의 역사를 기억해야 한다고 말했다. 후손들에게도 이곳이 우리의 영토였다는 사실을 전해 주기를 당부했다. 우리의 시각을 한반도에 한정시키지 말고 이곳 만주일대를 지배했던 선조들의 웅지를 이어가야 한다고 누누이 역설했다. 또한 그러기 위해서는 한반도 통일부터 이루어야 할 것이라고도 했다.

대조영의 후손인 나는 그곳을 떠나기에 앞서 허허벌판에 엎드려 재배(再拜)를 하는 것으로 선조에 대한 예를 갖출 수밖에 없었다. 참으로 부끄럽고 서글픈 일이어서 자꾸

발해국상경용천부 유지 표지목

상경용천부에서 학생들에게 발해사(渤海史)를 설명하고 있는 저자

눈물이 나오려고 했다. 인근에 있는 발해박물관에는 이곳에서 출토된 유물과 그 시대의 복색 등이 다수 전시되어 있었다. 한쪽 벽면에 열다섯 분, 발해왕들의 초상화가 걸려 있었다. 천천히 살펴보며 사진과 동영상을 찍었다. 사실과는 거리가 있는 추상적 어진(御眞)이겠지만 그래도 나에게는 그나마 귀하게 여겨졌기 때문이었다.

성황을 이룬 조선족 학생들의 평화백일장

오후에는 목단강시내로 귀환하여 점심식사를 마치고 학생들의 백일장이 진행되는 동안 목단강시 조선족 소학교와 유치원을 방문했다. 그런데 유치원생들이나 소학교 학생들이 어딘지 모르게 기가 없어 보여서 선생님께 물어보았다.

아이들이 기가 없는 것은 부모님이 안 계셔서 그렇다고 했다. 거의가 할머니나 할아버지, 삼촌 등과 생활한다고 한다. 그 이유는 부모 대부분이 한국으로 돈 벌러 갔기 때문이란다. 명절 때나 되어야 부모를 만날 수밖에 없어 아이들이 대부분 의기소침해서 밝고 명랑하게 하려고 노력하고 있다고 말했다.

실제로 서울을 비롯한 남한 전역에는 조선족 동포가 많이 와서 열심히 일하고 있다. 나는 현재 이처럼 불가피하게 부모와 떨어져 생활하고 있는 우리 조선족 어린이들이 꿋꿋하게 자라기를 기원하며 백일장이 열리고 있는 목단강중학교로 돌아왔다.

이곳 조선족학교는 척박하고 열악한 교육환경 속에서도 우리 민족의 정체성과 긍지를 지키기 위해 노력하고 있다는 교사의 말에 아낌없는 박수를 보냈다. 재중동포 2세대, 3세대들이 그 뿌리인 모국을 빛낼 수 있기를 기원했다. 또 우리들도 자신들의 꿈과 재능을 펼칠 수 있도록 애정 어린 관심과 지원이 필요한 시점임을 눈으로 확인하였다.

홍사단은 제1회 대회부터 이번 14회 대회까지 '동북아 청소년 평화백일장'을 흑룡강성 현지 언론사와 함께 주관하며 계속 지원해 왔다. 백일

목단강시 조선족소학교

강당을 가득 메운 목단강시 조선족 학생과 주민들

장 장소인 목단강중학교에는 멀리 요녕성과 길림성, 그리고 흑룡강성에
서 온 학생들과 지도교사들로 만원을 이루고 있었다.

백일장이 끝나고 심사와 시상식에 앞서 축하공연이 있었다. 조선족들
이 그 동안 연습했던 기량을 마음껏 발휘하고 있었는데 모두가 수준급이
었다. 우리의 전통문화를 살려서 펼치는 무대라 가슴 뭉클한 즐거운 시간
이었다. 우리는 아낌없는 박수를 보냈다.

공연이 끝나고 드디어 시상식이 진행되었다. 대회이다 보니 어쩔 수 없
이 등위를 가려야 하고 입상자와 탈락자를 구분하다 보니 상을 받지 못하
는 학생이 많이 나오게 되었다. 멀리서 열 시간, 스무 시간을 차를 타고
온 학생들과 지도교사들을 생각하니 안쓰러운 생각이 들었다.

그것은 누구나 갖는 인지상정인지라 집행부에 건의를 해 보았다. 집행
부에서 내년부터는 대회 참가상이라도 만들어 학생들이 상처받지 않도
록 하겠다고 발표하자 큰 박수가 나왔다. 그렇게 해서 '제 14회 동북아 평
화백일장'은 유종의 미를 거두고 마치게 되었다.

동북아 청소년 평화백일장 수상자

목단강에도 살아있는 조선인의 얼

우리는 잠깐 시간을 내어 목단강 시내를 둘러보기로 했다. 목단강(牧丹江)은 이름도 아름답지만 풍광도 참 빼어났다. 목단강 주변에도 독립을 위해 몸 바친 애국열사들의 흔적은 많이 남아 있었다. 시내를 가로지르는 목단강은 오늘도 유유히 흐르고 있다.

그 목단강변에 있는 빈강공원(濱江公園)에는 일제에 죽음으로 항거했던 '팔녀투강애국열사(八女投江愛國烈士)' 비와 조각상이 세워져 있는데 그 사연이 우리를 숙연하게 했다. 사연은 이러하다.

1938년 봄, 일본 관동군은 송화강 하류에서 '3강대토벌작전'을 감행하게 되는데 당시 '동북항일련군(東北抗日聯軍)'은 목단강 하류에서 숙영 중이었고, 이 부대 제5군 제1사에는 30명의 여성유격대원(女性遊擊隊員)이 있었다.

그런데 밀정(密偵)의 밀고로 부대 전체가 궁지에 처하게 되자 정지민,

호수란, 양귀진, 곽계금, 황귀청, 왕혜민, 이봉선, 안순복 등 유격대원 8명은 본대를 안전하게 철수시키기 위해 유인책(誘引策)을 쓰기로 했다. 유인책 덕분에 본대는 무사히 빠져 나갔으나 8명은 일본군에게 포위되어 탈출을 도모했으나 성공하지 못했다.

결국 차디찬 목단강에 몸을 던져 장렬한 최후를 마치게 되었다는 것이다. 그 8명 중에는 이봉선(李鳳善), 안순복(安順福)이라는 두 명의 조선인도 있었다. 조각상에는 조선인(朝鮮人)이라고 표시되어 있고 한복(韓服)을 입은 모습이 선명하였다.

우리는 목단강시를 뒤로하고 다음 목적지인 하얼빈으로 향하였다. 하얼빈까지는 약 4시간 30분이 소요된다고 한다. 아침 일찍부터 잠시도 휴식 없이 강행군을 했더니 피로가 몰려왔다. 한숨 눈을 붙이기로 했다. 저녁시간이 다 되어서야 하얼빈에 도착했다. 식사를 마치고 4성급 호텔인 '곤륜대주점'에 여장을 풀었다.

목단강 팔녀투강열사 조각상 앞에 선 저자

목단강변 팔녀투강열사 기념 조각상

하늘을 찌르고도 남는 일본의 만행과 죄악

하얼빈의 아침이 밝았다. 오늘은 무거운 마음으로 가볼 곳이 있다. 일본 제국주의의 만행이 극에 달해 필설로 설명하기가 어려운 일본의 생체실험부대인 731부대를 가게 되었기 때문이다. 인간으로서는 도저히 행해서는 안 되는 일들을 그들은 거침없이 해냈다.

731부대란 중국 흑룡강성 하얼빈에 주둔하던 관동군 산하 세균전 부대를 말한다. 1936년에서 1945년 여름까지 전쟁포로 및 기타 구속되어 있던 사람 3,000여 명을 대상으로 각종 세균실험과 약물실험 등을 자행했다.

몇 십 년이 흘렀지만 731부대라는 간판을 보는 순간 소름이 돋는 느낌을 지울 수 없었다.

담장 울타리부터 몇 개의 건물 자체를 보는 것만으로도 이 안에서 얼마나 많은 사람들이 비명을 지르며 한을 품은 채 죽어갔을까를 생각하니 건물 안으로 들어갈 엄두가 나지 않았다. 몇 번을 망설이다가 들어가 보았는데 역시 전시되어 있는 자료 하나하나가 일제의 잔학성을 보여주는 것들이었다. 희생자 명단이 적혀 있는 곳에서는 묵념으로 그분들의 명복을 빌었다.

한반도를 강탈한 일제는 1936년 만주를 침공하게 되고, 이곳 하얼빈 남쪽 20km 지점에 세균전 비밀연구소를 설립했다. 처음엔 방역급수부대로 위장하였다가 1941년 만주 731부대로 명칭을 바꾸었다. 1930년대 초 유럽을 시찰하고 세균전의 효용을 깨닫고 이를 적극 주장한 일본인이 있었다. 세균학 박사인 이시이 시로 중장이다.

731부대 예하에는 바이러스, 곤충, 동상, 페스트, 콜레라 등 생물학 무기를 연구하는 17개 연구반이 있었고, 각각의 연구반마다 소위 '마루타'라고 불리는 인간을 생체실험용으로 사용했다. 1940년 이후부터는 해마

일제 만행의 산실이었던 731부대 유지(遺地)

다 600명의 마루타들이 생체실험에 동원되어 1945년 2차 대전이 끝날 때까지 3,000여 명의 한국인, 중국인, 러시아인, 몽골인들이 희생된 것으로 추정하고 있다.

전쟁이 끝나자 살아남은 150여 명의 마루타까지 모두 처형한 것으로 알려졌으니 그 죄업(罪業)은 하늘을 찌르고도 남는다.

1947년 미 육군 조사관이 작성한 보고서에 따르면 페스트, 콜레라, 유행성출혈열 등 수백 개의 인체 표본을 만들었고, 그들이 자행한 생체실험의 내용을 보면 세균실험 및 생체해부실험, 동상연구를 위한 생체냉동실험, 생체원심분리실험 및 진공실험, 신경실험, 생체 총기관통실험, 가스실험 등이 있었으니 이것이 어찌 인간이 할 수 있는 일이겠는가.

여기서 얻은 세균들을 중국 전역에 실제로 살포하여 수십 만 명의 인명을 살상하기도 했다. 이 같은 사실은 731부대 장교가 작성한 것으로 보이는 문서가 일본의 한 대학에서 발견됨으로써 사실로 확인되었다.

그런데 더 기막힌 일은 종전 후 '이시이 시로'를 비롯한 731부대원들이 세균전 연구자료를 미군에 넘겨주는 조건으로 전범재판에 회부되지 않고 면책되었다는 사실이다. 정의가 정녕 살아있는 것인지 할 말을 잃는다. 그러나 그 죄업은 영원히 사라지지 않을 것임을 확신한다.

하얼빈에서 안중근 의사와 다시 만나다

731부대를 나와서 하얼빈 역내에 있는 안중근(安重根) 의사의 의거지(義擧地)와 안중근기념관을 둘러볼 예정이었으나 현재 보수공사를 하고 있어 볼 수가 없었다.

중국 하얼빈에 있는 안중근의사기념관(安重根義士紀念館)은 노란색 외관으로 되어 있고 정면에 그려져 있는 시계는 9시 30분에 멈춰 있다. 바로 안 의사가 이토 히로부미(이등박문)를 저격한 시간이다.

건물 전면이 통유리로 되어 있어 안 의사가 거사를 했던 하얼빈역 플랫폼이 선명하게 보인다. 약 200평 남짓한 공간에 안 의사의 손도장, 동상,

만주 하얼빈역 시계탑(역내에 안중근의사기념관이 있다)

유묵 등 안 의사와 관련된 자료들이 전시되어 있다.

안 의사가 거사 전 하얼빈에 11일 간 머물며 역사적 의거를 기획하고 위업을 달성한 과정이 한국어와 중국어로 소상하게 기록되어 있으며, 하얼빈역에서 이토 히로부미를 저격하는 장면을 재현한 모형까지 조성되어 있다.

기념관 안으로 들어가지 못해 많이 아쉬웠지만 하얼빈역 광장에 서서 역사 정면에 걸려 있는 대형시계를 보며 안 의사도 거사 전 시계를 얼마나 많이 보았을까 생각하니 남다른 감회가 밀려온다.

세월이 많이 흘렀어도 하얼빈역 전체가 안 의사의 숨결이 곳곳에 퍼져 있는 것처럼 느껴졌다. 역사적 의거 현장에서 안 의사의 애국정신과 우리 민족의 혼(魂)을 되살리는 체험을 한 것만으로도 가슴이 뿌듯하고 벅차오름을 느낄 수 있었다.

그밖에도 세계 각처에서 잃어버린 나라를 되찾기 위해 기꺼이 자신의 목숨을 내놓았던 수많은 구국의 영웅들을 생각하며 나라에 대해서, 민족

흑룡강성 하얼빈역 주변 풍경

만주 역사탐방을 마치고 귀국길에 오르고 있다

에 대해서, 역사에 대해서 다시 한 번 생각해 보았다.

우리는 만주 하얼빈 역사를 둘러보는 것을 끝으로 2013년 동북아문화제 '만주에서 역사와 평화를 만나다' 라는 주제로 출발했던 7일간의 공식일정을 모두 마쳤다.

하얼빈역 인근에서 점심 식사를 한 후 하얼빈공항으로 이동해 2시 30분 발 인천행 비행기를 탔다.

하늘은 구름 한 점 없고 화창한 날씨를 우리들에게 선사했다. 대한의 밝은 미래를 예고하는 듯해 마음이 한결 가벼웠다. 한국시간 오후 5시 50분에 인천국제공항에 도착했다. 공항 로비에는 흥사단 관계자들이 마중을 나와 우리 일행을 반갑게 맞이해 주었다.

흥사단 간부의 귀국환영사가 있었다. 또 많은 인원이 참여한 큰 행사를 무사히 마치게 되어 기쁘게 생각한다는 류종열 단장의 경과보고와 인사말이 이어졌다. 모두 함께 흥사단 전통의 형식을 갖춘 인사를 끝으로 해단식(解團式)을 마치고 귀가했다.

후기(後記)

만주(滿洲), 만주벌판, 간도(間島), 섬 아닌 섬으로 불렀던 곳, 과거 우리 선조들의 영광과 좌절의 활동무대였던 광활한 땅을 말한다. 간도를 지리적으로 구분하면 압록강과 송화강 상류지방인 백두산지역 일대의 서간도와 두만강지역의 동간도, 동간도의 동부지역을 북간도라 한다.

초창기에는 함경북도 종성에서 10리쯤 떨어진 두만강 가운데 섬을 사이섬 즉 간도라고 불렀다. 그러나 17세기 천주교 박해와 탐관오리들의 등쌀에 피난민들이 하나둘씩 흘러들어와 살기 시작했고, 일제강점기 시대인 19세기 말부터 대량 이주가 시작되어 우리 민족이 두만강과 압록강 이북의 척박한 땅을 비옥한 땅으로 개간하였다.

이처럼 우리 민족과 재중동포들의 애환이 서려 있는 그곳 전체를 간도라 부르게 된 것이다. 또한 그 지역은 고구려의 북방영토를 수복한 발해의 옛 땅이다. 발해는 고구려와 부여의 전통을 이어받아 강력한 왕권을 바탕으로 독자적인 연호와 정치제도를 성립한 해동성국(海東盛國)이었음을 이미 밝힌 바 있다.

1910년 일제의 국권 강탈을 전후하여 국내에서는 의병투쟁이 어려워지자 많은 애국지사들이 간도지역으로 망명하였다. 이들은 근대적 민족 교육기관을 설립하고 군사훈련을 강화하는 등, 우리 민족이 일제와 맞서 무장독립투쟁을 했던 앞마당 같은 터전이었다.

그런데 지금은 그곳을 중국의 동북3성이라 칭한다. 요녕성, 길림성, 흑룡강성 등으로 불린다. 이번 우리 연수단은 오로지 만주만을 6박 7일 동안 과거의 역사를 현재의 눈으로 둘러보았다. 요녕성 뤼순에서 길림성을 거쳐 흑룡강성 하얼빈까지 버스를 이용해 숨 가쁘게 돌아보면서도 힘든 줄 몰랐다. 지루함과 피곤함도 잊고 오로지 조상들의 흔적을 찾아 하나라도 놓치지 않으려 애를 쓰며 매달렸다.

수백, 수천 년의 세월이 흘렀어도 가는 곳마다 선조들의 위대한 발자취와 숨결은 깊이 스며들어 여기저기 아직 살아 숨 쉬고 있었다. 그러나 지금은 남의 땅이 되어 있다는 현실 앞에 자괴감과 실망스러움 또한 컸다. 천금과도 바꿀 수 없는 귀하고 귀한 우리의 문화유산과 유적들이 남의 손에 의해 왜곡되고 훼손되고 있다는 사실에 분노마저 치밀었다.

어찌하다 이리 되었을까? 왜 이리 되었을까? 오래 생각할 것도 없었다. 원인은 간단하다. 민족이 분열했고, 분열했기에 힘이 약해져 우리의 주권을 잃게 된 것이다. 그러면 어찌하면 바로잡고 우리의 것을 되찾을 수 있을까?

해답 역시 간단하다. 분열된 민족의 힘을 다시 합치는 것이다. 남남갈등을 해소하고 남북이 통합하고 강력한 힘을 갖추는 것이다. 그것이 출발점이 되어야 한다. 남의 손에 의해 빼앗겼고 잃었던 우리의 역사와 영토를 되찾는 길은 그들을 제압할 수 있는 강한 나라를 만드는 길뿐이다.

그렇게 하기 위해선 우선 우리는 그 속사정부터 세세히 알아야 한다. 우리가 만주를 잃게 된 근본 원인부터 알아야 한다. 그래야 처방이 나올 수 있다. 우리가 역사공부를 하는 이유도 과거를 알지 못하고서는 밝은 미래로 나갈 수 없기 때문이 아닌가.

우리가 광활한 만주 땅을 잃게 된 것은 여러 가지 사정이 있지만 가장 큰 원인은 지도자의 무능과 민족의 분열로 인해 일본에게 나라를 빼앗긴 탓이다. 그리고 법률적 근거는 우리의 의사가 완전히 배제된 가운데 일본과 청나라 사이에 맺은 '간도협약(間島協約)' 때문이다.

간도협약이란 일제가 대륙침략의 교두보를 마련하기 위한 악의적 술책으로 청나라를 회유하기 위해 당사자인 대한제국을 제외시키고 날조한 전문 7조로 되어 있는 엉터리 문서인 것이다. 1909년에 일제가 청나라에게 간도 땅을 넘겨주는 대신 일본이 만주에 철도부설권과 무순탄광채굴권을 가지기로 맞바꾼 형식의 협약을 말한다.

그러나 간도협약은 국제법이나 역사적으로 무효라는 것이 학계의 일치된 견해요, 거기에 이견 또한 없다. 그런데도 1909년 간도협약이 정당하다고 주장하는 무리들은 황당한 논리를 펴고 있다. 이른바 1905년의 을사늑약(乙巳勒約)을 그 근거로 하고 있는 것이다. 을사늑약으로 일본이 우리의 외교권을 위임받아 가지고 간도협약을 체결했다는 주장이다. 하지만 이 논리는 언어도단이며 궁색한 변명이다.

"을사늑약이란? 일본이 우리나라의 외교권을 박탈하기 위해 불법적이고 강제적으로 맺은 조약을 일컫는다. 1905년 7월 일본(가쓰라 외무상)과 미국(태프트 육군 장관)은 비밀협약을 통하여 미국의 필리핀 식민을 인정하고, 미국은 일본의 대한제국 침탈을 묵인하기로 하였다. 그해 9월 5일 미국의 주선으로 러일전쟁의 승전국 일본과 패전국 러시아 간의 러일전쟁을 결산하기 위해 포츠머스강화조약을 체결하게 되었는데 그 첫 번째 조항에 러시아는 한국에 대한 일본의 지도, 보호, 감리권을 승인한다고 되어 있다. 이 조약으로 인하여 우리나라는 미국, 영국뿐만 아니라 러시아까지도 일본의 한국 지배권을 승인함으로써 조선(朝鮮)은 국권유지가 더욱 절망적으로 변했다. 그해 11월 일본총리 이등박문은 이때를 놓치지 않고 군대를 동원하여 고종과 대신들을 협박(脅迫)하여 변칙적인 방법으로 우리나라에 대한 소위 '을사늑약'을 강제로 체결한다. 결국 이렇게 됨으로써 우리의 외교권이 강압에 의해 빼앗기게 된 것이다."

이처럼 을사늑약 자체가 강압에 의한 조약이기 때문에 그 조약자체가 원천무효임이 국제법상으로 명확히 밝혀졌다. 1963년 유엔 국제법위원회가 제출한 조약법에 관한 빈(Wien)협약에 따르면 강제나 협박에 의해 체결된 조약은 무효라고 되어 있다. 더구나 그 협약의 내용에 위협과 강박으로 체결된 조약의 전형적 사례로 1905년의 '을사늑약'을 들고 있다.

간도가 우리의 영토라는 근거 또한 여러 곳에 명확히 나와 있다. 병자호란 직후 1627년에 청나라와 조선 간에 영토협약에 대한 내용이 있었는데 거기에도 압록강 북방지역 간도가 조선 땅이라고 합의가 되었고, 또 1712년에 청과 조선이 국경조약을 맺었는데 그 내용 또한 '백두산정계비'에 나와 있다.

그뿐 아니다. 청나라가 가장 강성했던 강희제(康熙帝) 때 만들어진 '실측지도'에도 간도가 조선 땅으로 제작된 것이 확연하게 나와 있다. 이처럼 간도는 분명 우리의 영토인 것이며, 우리의 역사와 영토를 힘에 의해 강탈당한 것이 너무나도 분명한 것이다.

사실이 이러함에도 우리는 아무 일 없었다는 듯이 조용하기만 하다. 정부도 역사학계도 아무도 나서려 하지 않고 있다. 내 것을 빼앗기고도 침묵을 지키고 있다는 것은 이해하기 힘든 국가관(國家觀)이요, 역사관(歷史觀)이다. 세계 여러 나라의 역사전쟁(歷史戰爭)과 영토전쟁(領土戰爭)은 지금 이 시간에도 숨 가쁘게 진행되고 있다.

특히 중국의 동북공정은 동북3성은 물론이고 북한까지도 중국의 영역에 포함시켜 동북4성이라 말하고 있다. 허구의 역사까지 창조해내고 있는 실정이다. 일본의 역사교과서 왜곡과 독도영유권 문제 또한 마찬가지다. 이처럼 말도 되지 않는 역사침탈 행위가 중국과 일본에 의해 공공연히 자행되고 있다.

이는 역사 침탈을 앞세운 무서운 영토전쟁으로 비화하고 있음을 전국민 모두가 알아야 한다. 그리고 신속히 대처해야 한다. 그러기 위해서는 올바른 역사교육이 선행되어야 함은 물론이다. 일제가 심어놓은 독버섯 같은 식민사관을 쓸어버리고 우리 본래의 역사로 바로잡아야 한다. 자라나는 청소년들에게는 입시과목에 앞서 치열한 역사교육부터 시켜야 한다. 우리의 역사를 바로 바르게 알지 못하고서야 어찌 적을 이기고 미래를 기약할 수 있겠는가.

쟁점이 되어 있는 몇 가지 사례를 보자.

첫째, 중국의 수많은 사료에는 낙랑군이 중국 하북성(河北省)에 있었음을 말하고 있는데, 중국은 북한의 평양에 있었다고 주장한다. 더구나 우리나라의 일부 학자들도 이 사실에 동조하는 이들이 있으니 도대체 어찌 그럴 수가 있는지 말문이 막힐 뿐이다.

둘째, 백두산정계비(白頭山定界碑)에 대한 문제다. 백두산정계비는 숙종 38년인 1712년 조선과 청나라가 두 나라의 국경을 확정하여 세운 경계비다. 72cm 높이로 백두산 천지의 남동쪽 4km, 해발 2200m 지점에 세워져 있었는데 만주사변이 발생한 1931년 9월 전후에 사라졌다고 한다.

일본에 의해 훼손된 것으로 알고 있다. 지금은 사진과 탁본자료만 남아 있는데 그 정계비에 조선과 청나라의 국경을 새겨놓았다. 동으로는 압록강, 서로는 토문강(土門江)이라고 뚜렷이 나와 있다.

그런데 이 토문강 위치해석을 두고 논쟁이 되고 있다. 중국은 만주 송화강의 지류인 토문강을 두만강(豆滿江)이라는 논리를 펴며 왜곡하고 있는 것이다. 토문(土門)과 두만(豆滿)은 글자 자체가 다를 뿐 아니라 역사적 사료에도 두만강과는 완전히 다른 지역으로 판명되어 토문이 만주의 송화강유역임이 이미 밝혀진 사실이다.

이밖에도 명백한 증거들이 곳곳에서 나오자 중국은 이제, 아예 송두리째 우리의 역사 자체를 자국의 역사로 둔갑시키고 있는 것이다. 그러나 이는 있을 수 없는 일이요, 있어서도 안 되는 어불성설(語不成說)의 행태다.

심지어 20세기 중국의 영향력 있는 정치가였던 저우언라이(주은래)마저도 "고조선과 고구려와 발해는 모두가 조선의 역사가 맞다"고 했다. 1963년 6월 28일 중국을 방문한 북한 사회과학원 대표단을 만난 자리에서 행한 연설에서 중국 국수주의자들의 터무니없는 역사왜곡을 질타하며 사과하기까지 했다.

그런데 하물며 우리가 이 같은 역사왜곡을 그냥 모른 체하고 넘기거나 무심하게 말하며 오불관언(吾不關焉)인 양 지내고 있으니 너무나도 무책임하고 기막힌 일이다. 중국은 언젠가 우리나라가 통일이 될 것이고 통일이 되면 반드시 고구려와 발해의 영토를 찾을 것을 두려워한 나머지 미리 고구려와 발해가 중국 당나라의 변방정부라고 못 박고 있는 것이다. 강대국의 도를 넘는 횡포요, 무서운 책략인 것이다.

　일제가 심어 놓은 식민사관(植民史觀)은 어떠한가. 식민사관의 실체는 역사에 대한 모독이요, 폭력이다. 일제강점기 시절 그들은 한민족의 역사를 날조하기 위해 우리의 정통역사서를 일체 쓸모없는 것으로 부정(否定)하고 고대로부터 계승되어 온 대한인의 역사인식 또한 아무 근거가 없는 신념으로 매도해 버렸다.

　그 바탕 위에 자신들의 입맛에 맞게 재단한 것이 식민사관의 요체다. 그들이 내세운 주장 역시 허술하기 이를 데 없다. 핵심은 세 가지로 압축할 수 있다.

　첫째가 단군을 부정하기 위한 '단군날조설'이요, 둘째, 요동에 있었던 낙랑군을 평양에 있었다고 주장하는 중국의 '한사군설치설'이다. 마지막으로 가야에 존재했다는 '임나일본부설'이다. 이는 조금만 자세히 들여다보면 허무맹랑한 주장임을 확연히 알 수 있는 것이다.

　그럼에도 일제가 갖가지 요설로 둔갑시켜 왜곡한 것이다. 또 이에 기생하여 장단을 맞추고 있는 식민사학자들의 한심한 작태와 위정자와 국민들의 무관심이 불러온 비극인 것이다. 뿌리 깊은 '중화주의 사관', '친일식민사관', 서양의 '실증주의 사관' 등에 안일하게 중독되어 버린 우리 모두가 공범임을 자각해야 한다.

　지금 당장 힘으로 중국이나 일본을 제압해서 우리 것을 되찾지 못한다고 해서 손 놓고 있어서는 안 될 일이다. 다른 나라들은 없는 역사도 만들어 자국의 역사로 둔갑시키고 있는데 우리는 있었던 역사마저 제대로 가르치지 않고 있으니 이는 세계적 비웃음거리가 되고 말 것이다.

전 국민들에게 특히 자라나는 청소년 학생들에게 사실에 근거한 올바른 역사교육만이라도 제대로 시켜야 되지 않겠는가. 더 늦기 전에 국가에서 실시하는 모든 시험에 국사과목을 필수과목으로 정하고 기업에서 실시하는 입사시험에도 국사과목의 포함을 권고해야 될 것이다.

그리고 가정마다 우리나라의 제대로 된 역사책 한 권 정도는 가지고 있는 풍토가 조성되길 바란다. 또한 아무리 작은 사료라도 소중하게 모으고 발굴해서 역사와 영토 회복을 위한 훗날을 대비해야 될 것이다.

이번 동북아문화제를 계기로 만주벌판을 헤매고 다니는 동안 우리의 선열들과 독립운동가의 열화(熱火) 같은 함성이 곳곳에서 메아리처럼 들려왔다. 특히 단재 신채호 선생의 "영토를 잃은 민족은 재생할 수 있어도 역사를 잃은 민족에게는 미래가 없다"는 말이 오늘도 귓전을 맴돌고 있다.

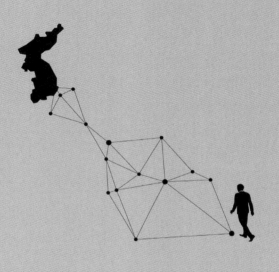

부록

기미독립선언문

　우리 조선은 이에 우리 조선이 독립한 나라임과 조선 사람이 자주적인 민족임을 선언하노라. 이로써 세계 모든 나라에 알려 인류가 평등하다는 큰 뜻을 똑똑히 밝히며, 이로써 자손만대에 일러, 민족의 독자적 생존의 정당한 권리를 영원히 누리도록 하노라.

　반 만 년 역사의 권위를 의지하여 이를 선언함이며, 2천만 민중의 충성을 모아, 이를 두루 펴 밝히며, 겨레의 한결같은 자유 발전을 위하여 이를 주장함이며, 인류가 가진 양심의 발로에 뿌리박은 세계 개조의 큰 움직임에 순응해 나가기 위하여 이를 내세움이니, 이는 하늘의 분명한 명령이며 시대의 큰 추세이며, 온 인류가 더불어 같이 살아갈 권리의 정당한 발동이기에 하늘 아래 그 무엇도 이를 막고 억누르지 못할 것이니라.

　낡은 시대의 유물인 침략주의, 강권주의에 희생되어 역사 있은 지 몇 천 년 만에 처음으로 다른 민족에게 억눌려 고통을 겪은 지 이제 십 년이 지났는지라, 우리 생존권을 빼앗겨 잃은 것이 무릇 얼마이며, 겨레의 존엄과 영예가 손상된 일이 무릇 얼마이며, 새롭고 날카로운 기백과 독창력으로써 세계 문화의 큰 물결에 이바지할 기회를 잃은 것이 무릇 얼마인가!

　오호, 예로부터의 억울함을 떨쳐 펴려면, 지금의 괴로움을 벗어나려면, 앞으로의 위협을 없이 하려면, 겨레의 양심과 나라의 체모가 도리어 짓눌려 시든 것을 키우려면, 사람마다 제 인격을 올바르게 가꾸어 나가려면, 가엾은 아들딸들에게 괴롭고 부끄러운 유산을 물려주지 아니하려면, 자자손손이 완전한 경사와 행복을 길이 누리도록 이끌어 주려면, 가장 크고 급한 일이 겨레의 독립을 확실하게 하는 것이니, 2천만 각자가 사람마다 마음의 칼날을 품고, 인류의 공통된 성품과 시대의 양심이 정의의 군대와 인도의 무기로써 지켜 도와주는 오늘날, 우리는 나아가 얻고자 하매 어떤 힘인들 꺾지 못하랴? 물러가서 일을 꾀함에 무슨 뜻인들 펴지 못하랴?

병자수호조약 이후 때때로, 굳게 맺은 갖가지 약속을 저버렸다 하여 일본의 신의 없음을 죄주려 하지 아니하노라. 학자는 강단에서, 정치가는 실제에서, 우리 옛 왕조 대대로 물려온 터전을 식민지로 보고, 우리 문화민족을 마치 미개한 사람들처럼 대우하여, 한갓 정복자의 쾌감을 탐할 뿐이요, 우리의 오랜 사회 기초와 뛰어난 겨레의 마음가짐을 무시한다 하여, 일본의 의리 적음을 꾸짖으려 하지 아니하노라. 우리 스스로를 채찍질하기에 바쁜 우리는 남을 원망할 겨를을 갖지 못하노라. 현재를 준비하기에 바쁜 우리는 묵은 옛일을 응징하고 가릴 겨를도 없노라.

오늘 우리의 할 일은 다만 자기 건설이 있을 뿐이요, 결코 남을 파괴하는 데 있는 것이 아니로다. 엄숙한 양심의 명령으로써 자기의 새 운명을 개척함이요, 결코 묵은 원한과 한때의 감정으로써 남을 시기하고 배척하는 것이 아니로다. 낡은 사상과 낡은 세력에 얽매여 있는 일본 정치가들의 공명심에 희생된, 부자연스럽고 불합리한, 그릇된 상태를 고쳐서 바로잡아, 자연스럽고 합리적인 바른길, 큰 으뜸으로 돌아오게 함이로다.

당초에 민족의 요구로서 나온 것이 아닌 두 나라의 병합의 결과가 마침내 한때의 위압과 민족 차별의 불평등과 거짓으로 꾸민 통계 숫자에 의하여, 서로 이해가 다른 두 민족 사이에 영원히 화합할 수 없는 원한의 구덩이를 더욱 깊게 만드는 지금까지의 실적을 보라! 용감하고 밝고 과감한 결단으로 지난날의 잘못을 바로잡고, 참된 이해와 한 뜻에 바탕한 우호적인 새 판국을 열어 나가는 것이 피차간에 화를 멀리하고 복을 불러들이는 가까운 길임을 밝히 알아야 할 것이 아닌가?

또 울분과 원한이 쌓인 2천만 국민을 위력으로써 구속하는 것은 다만 동양의 영구한 평화를 보장하는 길이 아닐 뿐 아니라, 이로 말미암아 동양의 안전과 위태를 좌우하는 굴대인 4억 중국 사람들의, 일본에 대한 두려움과 샘을 갈수록 짙게 하여, 그 결과로 동양의 온 판국이 함께 쓰러져 망하는 비참한 운명을 불러올 것이 분명하니, 오늘날 우리 조선 독립은 조선 사람으로 하여금 정당한 삶의 번영을 이루게 하는 동시에, 일본으로 하여금 그릇된 길에서 벗어나 동양을 지지하는 자의 무거운 책임을 다하게 하는 것이며, 중국으로 하여금 꿈에도 면하지 못하는 불안과 공포로부터 벗어나게 하는 것이며, 또 동양 평화로 그 중요한 일부를 삼는 세계 평화와 인류 행복에 필요한 계단이 되게 하는 것이라. 이 어찌 구구한 감정 상의 문제리요?

아아! 새 천지가 눈앞에 펼쳐지도다. 힘의 시대가 가고 도의의 시대가 오도다. 지난 온 세기에 갈고닦아 키우고 기른 인도의 정신이 바야흐로 새 문명의 밝아오는 빛을 인류의 역사에 쏘아 비추기 시작하도다. 새봄이 온누리에 찾아들어 만물의 소생을 재촉하는도다. 얼어붙은 얼음과 찬 눈에 숨도 제대로 쉬지 못하는 것이 저 한때의 형세라 하면, 화창한 봄바람과 따뜻한 햇볕에 원기와 혈맥을 떨쳐 펴는 것은 이 한때의 형세이니, 하늘과 땅에 새 기운이 되돌아오는 때를 맞고, 세계 변화의 물결을 탄 우리는 아무 머뭇거릴 것 없으며, 아무 거리낄 것 없도다. 우리의 본디부터 지녀온 자유권을 지켜 풍성한 삶의 즐거움을 실컷 누릴 것이며, 우리의 풍부한 독창력을 발휘하여 봄기운 가득한 온누리에 민족의 정화를 맺게 할 것이로다.

우리가 이에 떨쳐 일어나도다. 양심이 우리와 함께 있으며, 진리가 우리와 더불어 나아가는도다. 남녀노소 없이 음침한 옛집에서 힘차게 뛰쳐나와 삼라만상과 더불어 즐거운 부활을 이루어내게 되도다. 천만세 조상들의 넋이 은밀히 우리를 지키며, 전 세계의 움직임이 우리를 밖에서 보호하나니, 시작이 곧 성공이라, 다만 저 앞의 빛으로 힘차게 나아갈 따름이로다.

공약 3장

하나. 오늘 우리들의 이 거사는 정의 인도 생존 번영을 위하는 겨레의 요구이니, 오직 자유의 정신을 발휘할 것이요, 결코 배타적 감정으로 치닫지 말라.
하나. 마지막 한 사람에 이르기까지, 마지막 한 순간에 다다를 때까지, 민족의 정당한 의사를 시원스럽게 발표하라.
하나. 모든 행동은 가장 질서를 존중하여, 우리들의 주장과 태도를 어디까지나 떳떳하고 정당하게 하라.

조선 나라를 세운 지 사천이백오십이 년 되는 해 삼월 초하루

조선 민족 대표

손병희 길선주 이필주 백용성 김완규 김병조 김창준 권동진
권병덕 나용환 나인협 양전백 양한묵 유여대 이갑성 이명룡
이승훈 이종훈 이종일 임예환 박준승 박희도 박동완 신홍식
신석구 오세창 오화영 정춘수 최성모 최 린 한용운 홍병기
홍기조

己未獨立宣言書(기미독립선언서)

　吾等(오등)은 玆(자)에 我(아) 朝鮮(조선)의 獨立國(독립국)임과 朝鮮人(조선인)의 自主民(자주민)임을 宣言(선언)하노라. 此(차)로써 世界萬邦(세계만방)에 告(고)하야 人類平等(인류평등)의 大義(대의)를 克明(극명)하며, 此(차)로써 子孫萬代(자손만대)에 誥(고)하야 民族自存(민족자존)의 正權(정권)을 永有(영유)케 하노라.

　半萬年(반만년) 歷史(역사)의 權威(권위)를 仗(장)하야 此(차)를 宣言(선언)함이며, 二千萬(이천만) 民衆(민중)의 誠忠(성충)을 合(합)하야 此(차)를 佈明(포명)함이며, 民族(민족)의 恒久如一(항구여일)한 自由發展(자유발전)을 爲(위)하야 此(차)를 主張(주장)함이며, 人類的(인류적) 良心(양심)의 發露(발로)에 基因(기인)한 世界改造(세계개조)의 大機運(대기운)에 順應幷進(순응병진)하기 爲(위)하야 此(차)를 提起(제기)함이니, 是(시)ㅣ 天(천)의 明命(명명)이며, 時代(시대)의 大勢(대세)ㅣ며, 全人類(전인류) 共存(공존) 同生權(동생권)의 正當(정당)한 發動(발동)이라, 天下何物(천하하물)이던지 此(차)를 沮止抑制(저지억제)치 못할지니라.

　舊時代(구시대)의 遺物(유물)인 侵略主義(침략주의), 强權主義(강권주의)의 犧牲(희생)을 作(작)하야 有史以來(유사이래) 累千年(누천년)에 처음으로 異民族(이민족) 箝制(겸제)의 痛苦(통고)를 嘗(상)한 지 今(금)에 十年(십년)을 過(과)한지라. 我(아) 生存權(생존권)의 剝喪(박상)됨이 무릇 幾何(기하)ㅣ며, 心靈上(심령상) 發展(발전)의 障碍(장애)됨이 무릇 幾何(기하)ㅣ며, 民族的(민족적) 尊榮(존영)의 毀損(훼손)됨이 무릇 幾何(기

하) ㅣ며, 新銳(신예)와 獨創(독창)으로써 世界文化(세계문화)의 大潮流(대조류)에 寄與補裨(기여보비)할 機緣(기연)을 遺失(유실)함이 무릇 幾何(기하) ㅣ뇨.

噫(희)라, 舊來(구래)의 抑鬱(억울)을 宣暢(선창)하려 하면, 時下(시하)의 苦痛(고통)을 擺脫(파탈)하려 하면, 將來(장래)의 脅威(협위)를 芟除(삼제)하려 하면, 民族的(민족적) 良心(양심)과 國家的(국가적) 廉義(염의)의 壓縮銷殘(압축소잔)을 興奮伸張(흥분신장)하려 하면, 各個(각개) 人格(인격)의 正當(정당)한 發達(발달)을 遂(수)하려 하면, 可憐(가련)한 子弟(자제)에게 苦恥的(고치적) 財産(재산)을 遺與(유여)치 안이 하려 하면, 子子孫孫(자자손손)의 永久完全(영구완전)한 慶福(경복)을 導迎(도영)하려 하면, 最大急務(최대급무)가 民族的(민족적) 獨立(독립)을 確實(확실)케 함이니, 二千萬(이천만) 各個(각개)가 人(인)마다 方寸(방촌)의 刃(인)을 懷(회)하고, 人類通性(인류통성)과 時代良心(시대양심)이 正義(정의)의 軍(군)과 人道(인도)의 干戈(간과)로써 護援(호원)하는 今日(금일), 吾人(오인)은 進(진)하야 取(취)하매 何强(하강)을 挫(좌)치 못하랴. 退(퇴)하야 作(작)하매 何志(하지)를 展(전)치 못하랴.

丙子修好條規(병자수호조규) 以來(이래) 時時種種(시시종종)의 金石盟約(금석맹약)을 食(식)하얏다 하야 日本(일본)의 無信(무신)을 罪(죄)하려 안이 하노라. 學者(학자)는 講壇(강단)에서, 政治家(정치가)는 實際(실제)에서, 我(아) 祖宗世業(조종세업)을 植民地視(식민지시)하고, 我(아) 文化民族(문화민족)을 土昧人遇(토매인우)하야, 한갓 征服者(정복자)의 快(쾌)를 貪(탐)할 뿐이오, 我(아)의 久遠(구원)한 社會基礎(사회기초)와 卓犖(탁락)한 民族心理(민족심리)를 無視(무시)한다 하야 日本(일본)의 少義(소의)함을 責(책)하려 안이 하노라. 自己(자기)를 策勵(책려)하기에 急(급)한 吾人(오인)은 他(타)의 怨尤(원우)를 暇(가)치 못하노라. 現在(현재)를 綢繆(주무)하기에 急(급)한 吾人(오인)은 宿昔(숙석)의 懲辨(징변)

을 暇(가)치 못하노라.

　今日(금일) 吾人(오인)의 所任(소임)은 다만 自己(자기)의 建設(건설)이 有(유)할 뿐이오, 決(결)코 他(타)의 破壞(파괴)에 在(재)치 안이 하도다. 嚴肅(엄숙)한 良心(양심)의 命令(명령)으로써 自家(자가)의 新運命(신운명)을 開拓(개척)함이오, 決(결)코 舊怨(구원)과 一時的(일시적) 感情(감정)으로써 他(타)를 嫉逐排斥(질축배척)함이 안이로다. 舊思想(구사상), 舊勢力(구세력)에 羈縻(기미)된 日本(일본) 爲政家(위정가)의 功名的(공명적) 犧牲(희생)이 된 不自然(부자연), 又(우) 不合理(불합리)한 錯誤狀態(착오상태)를 改善匡正(개선광정)하야, 自然(자연), 又(우) 合理(합리)한 正經大原(정경대원)으로 歸還(귀환)케 함이로다.

　當初(당초)에 民族的(민족적) 要求(요구)로서 出(출)치 안이한 兩國倂合(양국병합)의 結果(결과)가, 畢竟(필경) 姑息的(고식적) 威壓(위압)과 差別的(차별적) 不平(불평)과 統計數字上(통계숫자상) 虛飾(허식)의 下(하)에서 利害相反(이해상반)한 兩(양) 民族間(민족간)에 永遠(영원)히 和同(화동)할 수 업슨 怨溝(원구)를 去益深造(거익심조)하는 今來實績(금래실적)을 觀(관)하라. 勇明果敢(용명과감)으로써 舊誤(구오)를 廓正(확정)하고, 眞正(진정)한 理解(이해)와 同情(동정)에 基因(기인)한 友好的(우호적) 新局面(신국면)을 打開(타개)함이 彼此間(피차간) 遠禍召福(원화소복)하는 捷徑(첩경)임을 明知(명지)할 것 안인가.

　또, 二千萬(이천만) 含憤蓄怨(함분축원)의 民(민)을 威力(위력)으로써 拘束(구속)함은 다만 東洋(동양)의 永久(영구)한 平和(평화)를 保障(보장)하는 所以(소이)가 안일 뿐 안이라, 此(차)로 因(인)하야 東洋安危(동양안위)의 主軸(주축)인 四億萬(사억만) 支那人(지나인)의 日本(일본)에 對(대)한 危懼(위구)와 猜疑(시의)를 갈스록 濃厚(농후)케 하야, 그 結果(결과)로 東洋(동양) 全局(전국)이 共倒同亡(공도동망)의 悲運(비운)을 招致(초치)할 것이 明(명)하니, 今日(금일) 吾人(오인)의 朝鮮獨立(조선독립)

은 朝鮮人(조선인)으로 하야금 正當(정당)한 生榮(생영)을 遂(수)케 하는 同時(동시)에, 日本(일본)으로 하야금 邪路(사로)로서 出(출)하야 東洋(동양) 支持者(지지자)인 重責(중책)을 全(전)케 하는 것이며, 支那(지나)로 하야금 夢寐(몽매)에도 免(면)하지 못하는 不安(불안), 恐怖(공포)로서 脫出(탈출)케 하는 것이며, 또 東洋平和(동양평화)로 重要(중요)한 一部(일부)를 삼는 世界平和(세계평화), 人類幸福(인류행복)에 必要(필요)한 階段(계단)이 되게 하는 것이라. 이 엇지 區區(구구)한 感情上(감정상) 問題(문제) l 리오.

아아, 新天地(신천지)가 眼前(안전)에 展開(전개)되도다. 威力(위력)의 時代(시대)가 去(거)하고 道義(도의)의 時代(시대)가 來(내)하도다. 過去(과거) 全世紀(전세기)에 鍊磨長養(연마장양)된 人道的(인도적) 精神(정신)이 바야흐로 新文明(신문명)의 曙光(서광)을 人類(인류)의 歷史(역사)에 投射(투사)하기 始(시)하도다. 新春(신춘)이 世界(세계)에 來(내)하야 萬物(만물)의 回蘇(회소)를 催促(최촉)하는도다.

凍氷寒雪(동빙한설)에 呼吸(호흡)을 閉蟄(폐칩)한 것이 彼一時(피일시)의 勢(세) l 라 하면 和風暖陽(화풍난양)에 氣脈(기맥)을 振舒(진서)함은 此一時(차일시)의 勢(세) l 니, 天地(천지)의 復運(복운)에 際(제)하고 世界(세계)의 變潮(변조)를 乘(승)한 吾人(오인)은 아모 躊躇(주저)할 것 업스며, 아모 忌憚(기탄)할 것 업도다. 我(아)의 固有(고유)한 自由權(자유권)을 護全(호전)하야 生旺(생왕)의 樂(낙)을 飽享(포향)할 것이며, 我(아)의 自足(자족)한 獨創力(독창력)을 發揮(발휘)하야 春滿(춘만)한 大界(대계)에 民族的(민족적) 精華(정화)를 結紐(결뉴)할지로다.

吾等(오등)이 玆(자)에 奮起(분기)하도다. 良心(양심)이 我(아)와 同存(동존)하며 眞理(진리)가 我(아)와 幷進(병진)하는도다. 男女老少(남녀노소) 업시 陰鬱(음울)한 古巢(고소)로서 活潑(활발)히 起來(기래)하야 萬彙群象(만휘군상)으로 더부러 欣快(흔쾌)한 復活(부활)을 成遂(성수)하게 되도다. 千百世(천백세) 祖靈(조령)이 吾等(오등)을 陰佑(음우)하며 全世界(전세계) 氣運(기운)이 吾等(오등)을 外護(외호)하나니, 着手(착수)가 곧 成功(성공)이라. 다만, 前頭(전두)의 光明(광명)으로 驀進(맥진)할 따름인뎌.

公約三章(공약삼장)

一. 今日(금일) 吾人(오인)의 此擧(차거)는 正義(정의), 人道(인도), 生存(생존), 尊榮(존영)을 爲(위)하는 民族的(민족적) 要求(요구) ㅣ니, 오즉 自由的(자유적) 精神(정신)을 發揮(발휘)할 것이오, 決(결)코 排他的(배타적) 感情(감정)으로 逸走(일주)하지 말라.
一. 最後(최후)의 一人(일인)까지, 最後(최후)의 一刻(일각)까지 民族(민족)의 正當(정당)한 意思(의사)를 快(쾌)히 發表(발표)하라.
一. 一切(일체)의 行動(행동)은 가장 秩序(질서)를 尊重(존중)하야, 吾人(오인)의 主張(주장)과 態度(태도)로 하야금 어대까지던지 光明正大(광명정대)하게 하라.

朝鮮建國 四千二百五十二年 三月一日

朝鮮 民族 代表

孫秉熙　吉善宙　李弼柱　白龍城　金完圭　金秉祚　金昌俊　權東鎭
權秉悳　羅龍煥　羅仁協　梁甸伯　梁漢默　劉如大　李甲成　李明龍
李昇薰　李鍾勳　李鍾一　林禮煥　朴準承　朴熙道　朴東完　申洪植
申錫九　吳世昌　吳華英　鄭春洙　崔聖模　崔　　麟　韓龍雲　洪秉箕
洪基兆

안중근의 동양평화론 (1910년 3월)

서문

대저 합치면 성공하고 흩어지면 패망한다는 것은 만고에 분명히 정해져 있는 이치이다. 지금 세계는 동서(東西)로 나뉘어져 있고 인종도 각각달라 서로 경쟁하고 있다. 일상생활에서 실용기계연구에 농업이나 상업보다 더욱 열중하고 있다. 그러나 새 발명인 전기포(電氣砲; 기관총), 비행선(飛行船), 침수정(浸水艇; 잠수함)은 모두 사람을 상하게 하고 사물을 해치는 기계이다.

청년들을 훈련시켜 전쟁터로 몰아넣어 수많은 귀중한 생명들을 희생물(犧牲物)처럼 버려, 피가 냇물을 이루고, 고기가 질펀히 널려짐이 날마다그치질 않는다.

삶을 좋아하고 죽음을 싫어하는 것은 모든 사람의 한결같은 마음이거늘 밝은 세계에 이 무슨 광경이란 말인가. 말과 생각이 이에 미치면 뼈가시리고 마음이 서늘해진다.

그 근본을 따져보면 예로부터 동양 민족은 다만 문학에만 힘쓰고 제 나라만 조심해 지켰을 뿐이지 도무지 한 치의 유럽 땅도 침입해 빼앗지 않았다는, 오대주(五大洲) 위의 사람이나 짐승, 초목까지 다 알고 있는 사실에 기인한다.

그런데 유럽의 여러 나라들은 가까이 수백 년 이래로 도덕을 까맣게 잊고 날로 무력을 일삼으며 경쟁하는 마음을 양성해서 조금도 꺼리는 기색이 없다. 그 중 러시아가 더욱 심하다. 그 폭행과 잔인한 해악이 서구(西

歐)나 동아(東亞)에 어느 곳이고 미치지 않는 곳이 없다.

악이 차고 죄가 넘쳐 신(神)과 사람이 다 같이 성낸 까닭에 하늘이 한 매듭을 짓기 위해 동해 가운데 조그만 섬나라인 일본으로 하여금 이와 같은 강대국인 러시아를 만주대륙에서 한 주먹에 때려눕히게 하였다. 누가 능히 이런 일을 헤아렸겠는가. 이것은 하늘에 순응하고 땅의 배려를 얻은 것이며 사람의 정에 응하는 이치이다.

당시 만일 한·청 두 나라 국민이 상하가 일치해서 전날의 원수를 갚고자 해서 일본을 배척하고 러시아를 도왔다면 큰 승리를 거둘 수 없었을 것이나 어찌 그것을 예상할 수 있었겠는가. 그러나 한·청 두 나라 국민은 이와 같이 행동하지 않았을 뿐만 아니라 도리어 일본군대를 환영하고 그들을 위해 물건을 운반하고, 도로를 닦고, 정탐하는 등의 일의 수고로움을 잊고 힘을 기울였다. 이것은 무슨 이유인가.

거기에는 두 가지 큰 사유가 있었다.

일본과 러시아가 개전할 때, 일본 천황이 선전포고하는 글에 '동양평화를 유지하고 대한 독립을 공고히 한다'라고 했다. 이와 같은 대의(大義)가 청천백일(靑天白日)의 빛보다 더 밝았기 때문에 한·청 인사는 지혜로운 이나 어리석은 이를 막론하고 일치동심해서 복종했음이 그 하나이다.

또한 일본과 러시아의 다툼이 황백인종(黃白人種)의 경쟁이라 할 수 있으므로 지난날의 원수졌던 심정이 하루아침에 사라져 버리고 도리어 큰 하나의 인종사랑 무리(애종당; 愛種黨)를 이루었으니 이도 또한 인정의 순리라 가히 합리적인 이유의 다른 하나이다.

통쾌하도다! 장하도다! 수백 년 동안 행악하던 백인종의 선봉을 북소리 한 번에 크게 부수었다. 가히 천고의 희한한 일이며 만방이 기념할 자취이다. 당시 한국과 청국 두 나라의 뜻있는 이들이 기약 없이 함께 기뻐해 마지않은 것은 일본의 정략이나 일 헤쳐 나감이 동서양 천지가 개벽한 뒤로 가장 뛰어난 대사업이며 시원스런 일로 스스로 헤아렸기 때문이었다.

슬프다! 천만 번 의외로 승리하고 개선한 후로 가장 가깝고 가장 친하며 어질고 약한 같은 인종인 한국을 억압하여 조약을 맺고, 만주의 장춘(長春) 이남인 한국을 조차(租借; 땅세를 주고 땅을 빌림)를 빙자하여 점거하였다. 세계 모든 사람의 머릿속에 의심이 홀연히 일어나서 일본의 위대한 명성과 정대한 공훈이 하루아침에 바뀌어 만행을 일삼는 러시아보다 더 못된 나라로 보이게 되었다. 슬프다. 용과 호랑이의 위세로서 어찌 뱀이나 고양이 같은 행동을 한단 말인가. 그와 같이 좋은 기회를 어떻게 다시 만날 수 있단 말인가. 안타깝고 통탄할 일이로다.

동양 평화와 한국 독립에 대한 문제는 이미 세계 모든 나라의 사람들 이목에 드러나 금석(金石)처럼 믿게 되었고 한·청 두 나라 사람들의 뇌리에 깊이 새겨져 있음이다. 이와 같은 사상은 비록 천신의 능력으로도 소멸시키기 어려울 것이거늘 하물며 한두 사람의 지모(智謀)로 어찌 말살할 수 있겠는가.

지금 서양세력이 동양으로 뻗쳐오는 서세동점(西勢東漸) 환난을 동양사람이 일치단결해서 극력 방어함이 최상책이라는 것은 비록 어린 아이일지라도 익히 아는 일이다. 그런데도 무슨 이유로 일본은 이러한 순리의 형세를 돌아보지 않고 같은 인종인 이웃나라를 치고 우의(友誼)를 끊어 스스로 방휼의 형세(방휼지세; 蚌鷸之勢)를 만들어 어부를 기다리는 듯하는가. 한·청 양국인의 소망은 크게 깨져 버리고 말았다.

만약 일본이 정략을 고치지 않고 핍박이 날로 심해진다면 부득이 차라리 다른 인종에게 욕을 당하지 않겠다는 소리가 한·청 두 나라 사람의 폐부(肺腑)에서 용솟음쳐서 상하 일체가 되어 스스로 백인의 앞잡이가 될 것이 불을 보듯 뻔한 형세이다. 그렇게 되면 동양의 수억 황인종 가운데 수많은 뜻있는 인사와 정의로운 사나이가 어찌 수수방관(袖手傍觀)하고 앉아서 동양 전체가 까맣게 타죽는 참상을 기다리기만 할 것이며 또한 그렇게 하는 것이 옳겠는가.

그래서 동양 평화를 위한 의전(義戰)을 하얼빈에서 개전하고, 담판(談
判)하는 자리를 여순구(旅順口)에 정했으며, 이어 동양평화 문제에 관한
의견을 제출하는 바이다. 여러분의 눈으로 깊이 살펴보아 주기 바란다.

1910년 경술 2월. 대한국인 안중근 뤼순 옥중에서 쓰다.

전감(前鑑)

(전감: 앞사람이 한 일을 거울삼아 스스로를 경계한다. 여기서는 지난 역사를 되
새겨 일본 군국주의의 무모함을 경계하는 뜻)

예로부터 지금에 이르기까지 동서남북의 어느 주(洲)를 막론하고 헤아
리기 어려운 것은 대세(大勢)의 번복(飜覆)이고, 알 수 없는 것은 인심의
변천이다.

지난날(갑오년; 1894년) 청일전쟁을 보더라도 그때 조선국의 좀도둑[서절
배; 鼠竊輩, 동학당(東學黨)]이 소요를 일으킴으로 인해서 청·일 양국이 함
께 병력을 동원해서 건너왔고 무단히 개전(開戰)해서 서로 충돌하였다.
일본이 청국을 이기고 승승장구, 요동의 반을 점령하였다. 군사요지인 뤼
순을 함락시키고 황해함대를 격파한 후 마관(馬關)에서 담판을 벌여 조
약을 체결하여 타이완(대만)을 할양받고 2억 원을 배상금으로 받기로 하
였다. 이는 일본의 유신(維新) 후 하나의 커다란 기념사이다.

청국은 물자가 풍부하고 땅이 넓어 일본에 비하면 수십 배는 되는데 어
떻게 이와 같이 패했는가.

예로부터 청국인은 스스로를 중화대국(中華大國)이라 일컫고 다른 나

라를 오랑캐[이적(夷狄)]라 일러 교만이 극심하였다. 더구나 권신척족(權臣戚族)이 국권을 멋대로 희롱하고 신하와 백성이 원수를 삼고 위아래가 불화했기 때문에 이와 같이 욕을 당한 것이다.

한편 일본은 메이지유신 이래로 민족이 화목하지 못하고 다툼이 끊임이 없었으나, 외교상의 전쟁이 생겨난 후로는 집안싸움(동실조과지변; 同室操戈之變)이 하루아침에 화해가 되고 연합하여, 한 덩어리 애국당을 이루었으므로 이와 같이 개가를 올리게 된 것이다. 이것이 이른바 친근한 남이 다투는 형제보다 못하다는 것이다.

이때의 러시아의 행동을 기억해야 한다. 당일에 동양함대가 조직되고 프랑스, 독일 양국이 연합하여 요코하마(橫濱) 해상에서 크게 항의를 제출하니 요동반도가 청국에 돌려지고 배상금은 감액되었다. 그 외면적인 행동을 보면 가히 천하의 공법(公法)이고 정의라 할 수 있으나 그 내용을 들여다보면 호랑이와 이리의 심술보다 더 사납다.

불과 수년 동안에 러시아는 민첩하고 교활한 수단으로 뤼순을 조차(租借)한 후에 군항(軍港)을 확장하고 철도를 부설하였다. 이런 일의 근본을 생각해 보면 러시아 사람이 수십 년 이래로 봉천(奉天) 이남 다롄, 뤼순, 우장(牛莊) 등지에 부동항(不凍港) 한 곳을 억지로라도 가지고 싶은 욕심이 불같고 밀물 같았기 때문이다. 그러나 청국이 한 번 영·불 양국의 천진(天津) 침략을 받은 이후로 관동(關東)의 각 진영에 신식 병마(兵馬)를 많이 설비했기 때문에 감히 손을 쓸 마음을 먹지 못하고 단지 끊임없이 침만 흘리면서 오랫동안 때가 오기를 기다리고 있었다. 이때에 이르러 셈이 들어맞은 것이다.

이런 일을 당해서 일본인 중에도 식견이 있고 뜻이 있는 자는 누구라도 창자가 갈기갈기 찢어지지 않았겠는가. 그러나 그 이유를 따져 보면 이모두가 일본의 과실이었다. 이것이 이른바 구멍이 있으면 바람이 들어오는 법이요, 자기가 치니까 남도 친다는 격이다. 만일 일본이 먼저 청국을 치지 않았다면 러시아가 어찌 감히 이와 같이 행동했겠는가. 가히 제 도끼에 제 발등이 찍힌 격이다.

이로부터 중국 전체의 모든 사회 언론이 들끓었으므로 무술개변[戊戌改變; 강유위(康有爲), 양계초(梁啓超) 등 변법파(變法派)에 의한 변법자강운동(變法自彊運動). 1898년 이른바 백일유신(百日維新)은 겨우 100일 만에 실패로 끝났지만 그 영향은 지대한 것이었다]이 자연히 양성되고 의화단[義和團; 중국 백련교계(白蓮敎系) 등의 비밀결사. 청일전쟁 후 제국주의 열강의 압력에 항거해서 1900년대에 산동성(山東省) 여러 주현(州縣)에서 표면화하여 북경, 천진 등지에 확대되었다. 반제반만배척운동(反帝反滿排斥運動)의 주체였다]이 들고 일어났으며 일본과 서양을 배척하는 난리가 치열해졌다.

그래서 8개국 연합군이 발해 해상에 운집하여 천진이 함락되고 북경이 침입을 받았다. 청국 황제가 서안(西安)으로 파천하는가 하면 군민(軍民)할 것 없이 상해를 입은 자가 수백만 명에 이르고 금은재화의 손해는 그 숫자를 헤아릴 수 없었다.

이와 같은 참화는 세계 역사상 드문 일이고 동양의 일대 수치일 뿐만 아니라 장래 황인종과 백인종 사이의 분열경쟁이 그치지 않을 징조를 나타낸 것이다. 어찌 경계하고 탄식하지 않을 것인가.

이때 러시아 군대 11만이 철도 보호를 핑계로 만주 경계지역에 주둔해 있으면서 끝내 철수하지 않으므로 러시아 주재 일본공사 구리노(栗野)가 혀가 닳고 입술이 부르트도록 폐단을 주장하였지만 러시아 정부는 들은 체도 않을 뿐만 아니라 도리어 군사를 증원하였다.

슬프다! 러·일 양국 간의 대참화는 끝내 모면하지 못하였다. 그 원인을 논하자면 필경 어디로 돌아갈 것인가. 이것이야말로 동양의 일대전철(一大前轍)이다.

당시 러·일 양국이 각각 만주에 출병할 때 러시아는 단지 시베리아 철도로 80만 군비(軍備)를 실어 내었으나 일본은 바다를 건너고 남의 나라를 지나 4,5군단과 중장비, 군량을 육지와 바다 양편으로 요하(遼河)일대에 수송했다. 비록 예정된 계산이었다고는 하지만 어찌 위험하지 않았겠는가. 결코 만전지책(萬全之策)이 아니요 참으로 무모한 전쟁이라 할 수밖에 없다.

그 육군이 잡은 길을 보면 한국의 각 항구와 성경(盛京), 전주만(全州灣) 등지로, 육지에 내릴 때는 4,5천리를 지나 왔으니, 수륙(水陸)의 괴로움을 말하지 않아도 짐작할 수가 있다. 이때 일본군이 다행히 연전연승은 했지만 함경도를 아직 벗어나지 못했고 뤼순을 격파하지 못했으며 봉천에서 채 이기지 못했을 즈음이다.

만약 한국의 관민(官民)이 다 같이 한 목소리로 을미년(1895년)에 일본인이 한국의 명성황후 민씨를 무고히 시해한 원수를 이때 갚아야 한다고 사방에 격문을 띄우고 일어나서, 함경·평안 양도 사이에 있던 러시아 군대가 생각지 못했던 곳을 찌르고 나와 전후좌우로 충돌하며, 청국도 또한 상하가 협동해서 지난날 의화단 때처럼 들고일어나 갑오년(1894년 청일전쟁 때)의 묵은 원수를 갚겠다고 하면서 북청(北淸)일대의 국민이 폭동을 일으키고 허실(虛實)을 살펴 방비 없는 곳을 공격하며 개평(盖平), 요양(遼陽) 방면으로 유격기습을 벌여 나가 싸우고 물러가 지켰다면, 일본군은 남북이 분열되고 배후에 적을 맞아 사면으로 포위당하는 비탄함을 면하기 어려웠을 것이다.

만일 이런 지경에 이르렀다면 뤼순, 봉천 등지의 러시아 장병들의 예기(銳氣)가 드높아지고 기세가 배가(倍加)되어 앞뒤로 가로막고 좌충우돌했을 것이다.

그렇게 되면 일본군의 세력이 머리와 꼬리가 맞아 떨어지지 못하고 중장비와 군량미를 이어댈 방도가 아득해졌을 것이다. 그러하면 야마가타[산현유붕(山縣有朋); 러일전쟁 당시 2군사령관]와 노기[내목희전(乃木希典); 러일전쟁 당시 3군사령관] 대장의 경략은 틀림없이 헛된 일이 되었을 것이다.

또한 청국 정부와 주권자도 야심이 폭발해서 묵은 원한을 갚게 되었을 것이고, 때도 놓치지 않았을 것이다.

이른바 만국공법(萬國公法; 국제법)이라느니, 엄정중립이라느니 하는 말들은 모두 근래 외교가의 교활하고 왜곡된 술수이니 말할 것조차 되지 못한다. 병불염사(兵不厭詐; 군사행동에서 적을 속이는 것도 마다하지 않는다), 출기불의(出其不意; 의외의 허점을 찌르고 나간다), 병가묘산(兵家妙算; 군사가의 교묘한 셈) 운운하면서 관민(官民)이 일체가 되어 명분 없는 군사를 출동시키고 일본을 배척하는 정도가 극렬 참독(慘毒)해졌다면 동양 전체를 휩쓸 백년 풍운을 어떻게 할 것인가.

만약 이와 같은 지경이 되었다면 구미열강이 아주 좋은 기회를 얻었다 해서 각기 앞을 다투어 군사를 출동시켰을 것이다.

그때 영국은 인도, 홍콩 등지에 주둔하고 있는 육해군을 한꺼번에 출동시켜 위해위(威海衛; 산동반도에 위치한 군항) 방면에 집결시켜 놓고 필시 강경수단으로 청국정부와 교섭하고 추궁했을 것이다. 또 프랑스는 사이공, 마다가스카르 섬에 있는 육군과 군함을 일시에 지휘해서 아모이 등지로 모여들게 했을 것이고, 미국, 독일, 벨기에, 오스트리아, 포르투갈, 그리스 등의 동양 순양함대는 발해 해상에서 연합하여 합동조약을 예비하고 이익을 같이 나누기를 희망했을 것이다.

그렇게 되면 일본은 별 수 없이 밤새워 전국의 군사비와 국가재정을 통틀어 짠 뒤에 만주와 한국으로 곧바로 수송했을 것이다. 한편, 청국은 격문을 사방으로 띄우고 만주, 산동, 하남(河南), 형낭(荊囊) 등지의 군대와 의용병을 매우 급히 소집해서 용전호투(龍戰虎鬪)하는 형세로 일대 풍운을 자아냈을 것이다. 만약 이러한 형세가 벌어졌다면 동양의 참사는 말하지 않아도 상상하고도 남음이 있다.

이때 한·청 두 나라는 그렇게 하지 않았을 뿐만 아니라 오히려 약장(約章)을 준수하고 털끝만큼도 움직이지 않아 일본으로 하여금 위대한 공훈을 만주 땅 위에 세우게 했다.

이로 보면 한·청 두 나라 인사의 개명(開明) 정도와 동양평화를 희망하는 정신을 충분히 알 수 있다. 그러하니 동양의 뜻있는 인사들의 깊이 생각한 헤아림은 가히 뒷날의 경계가 될 것이다.

그런데 그때 러일전쟁이 끝날 무렵 강화조약 성립을 전후해서 한·청 두 나라 뜻있는 인사들의 허다한 소망이 다 부서지고 말았다.

당시 러·일 두 나라의 전세를 논한다면 한 번 개전한 이후로 크고 작은 교전이 수백 차례였으나 러시아군대는 연전연패(連戰連敗)로 상심 낙담하여 멀리서 모습만 바라보고서도 달아났다. 한편 일본 군대는 백전백승, 승승장구하여 동으로는 블라디보스토크 가까이 이르고 북으로는 하얼빈에 육박하였다. 사세가 여기까지 이른 바에야 기회를 놓쳐서는 안 될 일이었다. 이왕 벌인 일이니 비록 전국력을 기울여서라도 한두 달 동안 사력을 다해 진취하면 동으로 블라디보스토크를 뽑고 북으로 하얼빈을 격파할 수 있었음은 명약관화한 형세였다.

만약 그렇게 되었다면 러시아의 백년대계는 하루아침에 필시 토붕와해(土崩瓦解)의 형세가 되었을 것이다. 그런데 무슨 이유로 그렇게 하지 않고 도리어 은밀히 구구하게 먼저 강화를 청해, (화근을)뿌리째 뽑아버리는 방도를 추구하지 않았는지, 가히 애석한 일이다.

더구나 러·일 강화 담판을 보더라도 천하에 어떻게 워싱턴을 담판할 곳으로 정하였단 말인가. 당시 형세로 말한다면 미국이 비록 중립으로 편파적인 마음이 없었다고는 하지만 짐승들이 다투어도 오히려 주객이 있고 텃세가 있는 법인데 하물며 인종의 다툼에 있어서랴.

일본은 전승국이고 러시아는 패전국인데 일본이 어찌 제 본 뜻대로 정하지 못했는가. 동양에는 마땅히 알맞은 곳이 없어서 그랬단 말인가.

고무라 쥬타로(小村壽太郞) 외상이 구차스레 수만리 워싱턴까지 가서 (포츠머스)강화조약을 체결할 때에 사할린 절반을 벌칙조항에 넣은 일은 혹 그럴 수도 있어 이상하지 않지만, 한국을 그 가운데 첨가해 넣어 우월권을 갖겠다고 한 것은 근거도 없는 일이고 합당하지도 않은 처사이다. 지난날 마관(馬關)조약(청일전쟁 후 이등박문과 이홍장이 체결한 시모노세키조약) 때는 본시 한국은 청국의 속방(屬邦)이었으므로 그 조약 중에 간섭이 있게 마련이었지만 한·러 두 나라 사이는 처음부터 관계가 없는 터인데 무슨 이유로 그 조약 가운데 들어가야 했단 말인가.

일본이 한국에 대해서 이미 큰 욕심을 가지고 있었다면 어찌 자기 수단껏 자유로이 행동하지 못하고 이와 같이 유럽 백인종과의 조약 가운데 삽입하여 영원히 문제가 되게 만들었단 말인가. 도무지 어이가 없는 처사이다. 또한 미국 대통령이 이미 중재하는 주인이 되었는지라 곧 한국이 유럽과 미국 사이에 끼어 있는 것처럼 되었으니 중재자도 필시 크게 놀라서 조금은 기이하게 여겼을 것이다. 같은 인종을 사랑하는 의리로서는 만에 하나라도 승복할 수 없는 이치이다.

또한 (미국 대통령이) 노련하고 교활한 수단으로 고무라상을 농락하여 바다 위, 섬의 약간의 조각 땅과 파선(破船), 철도 등 잔물(殘物)을 배상으로 나열하고서 거액의 벌금을 전부 파기시켜 버렸다. 만일 이때 일본이 패하고 러시아가 승리해서 담판하는 자리를 워싱턴에서 개최했다면 일본에 대한 배상요구가 어찌 이처럼 약소했겠는가. 그러하니 세상일의 공평되고 공평되지 않음을 이를 미루어 가히 알 수 있을 뿐이다.

지난날 러시아가 동으로 침략하고 서쪽으로 정벌을 감행해, 그 행위가 몹시 가증하므로 구미열강이 각자 엄정중립을 지켜 서로 돕지 않았지만 이미 이처럼 황인종에게 패전을 당한 뒤이고 사태가 결판이 난 마당에서야 어찌 같은 인종으로서의 우의가 없었겠는가. 이것은 인정세태의 자연스런 모습이다.

슬프다. 그러므로 자연의 형세를 돌아보지 않고 같은 인종 이웃나라를 해치는 자는 마침내 독부(獨夫; 인심을 잃어서 남의 도움을 받을 곳이 없게 된 외로운 사람)의 판단을 기필코 면하지 못할 것이다.

1910년 3월 안중근

* 1. 서론 2. 전감에 이어서 3. 현상 4. 복선 5. 문답 순으로 집필을 구상했으나 일
  제가 약속을 어기고 사형집행을 서두름으로 인하여 끝을 맺지 못하였다.

1. 강도 일본이 우리의 국호를 없이 하며, 우리의 정권을 빼앗으며, 우리 생존의 필요조건을 다 박탈하였다.

경제의 생명인 산림·천택(川澤)·철도·광산·어장 내지 소공업 원료까지 다 빼앗아 일체의 생산기능을 칼로 베이며 도끼로 끊고, 토지세·가옥세·인구세·가축세·백일세(百一稅)·지방세·주초세(酒草稅)·비료세·종자세·영업세·청결세·소득세—기타 각종 잡세(雜稅)가 날로 증가하여 혈액은 있는 대로 다 빨아가고, 어지간한 상업가들은 일본의 제조품을 조선인에게 매개하는 중간인(中間人)이 되어 차차 자본집중의 원칙 하에서 멸망할 뿐이요, 대다수 민중 곧 일반 농민들은 피땀을 흘리어 토지를 갈아, 그 일 년 내 소득으로 일신(一身)과 처자의 호구거리도 남기지 못하고, 우리를 잡아먹으려는 일본 강도에게 갖다 바치어 그 살을 찌워주는 영원한 우마(牛馬)가 될 뿐이오, 끝내 우마의 생활도 못하게 일본 이민의 수입이 해마다 높은 비율로 증가하여 딸깍발이 등쌀에 우리 민족은 발 디딜 땅이 없어 산으로 물로, 서간도로 북간도로, 시베리아의 황야로 몰리어 가 배고픈 귀신이 아니면 정처 없이 떠돌아다니는 귀신이 될 뿐이며, 강도 일본이 헌병정치·경찰정치를 힘써 행하여 우리 민족이 한 발자국의 행동도 임의로 못하고, 언론·출판·결사·집회의 일체의 자유가 없어 고통의 울분과 원한이 있어도 벙어리의 가슴이나 만질 뿐이오, 행복과 자유의 세계에는 눈뜬 소경이 되고, 자녀가 나면, '일어를 국어라, 일문을 국문이라' 하는 노예양성소 학교로 보내고, 조선 사람으로 혹 조선사를 읽게 된다 하면 '단군을 속여 소잔명존(素盞鳴尊)의 형제'라 하며, '삼한 시대 한강 이남을 일본 영지'라 한 일본 놈들 적은 대로 읽게 되며, 신문 이나 잡지를 본다 하면 강도정치를 찬미하는 반 일본화(半 日本化)한 노 예적 문자뿐이며, 똑똑한 자제가 난다 하면 환경의 압박에서 염세절망의 타락자가 되거나 그렇지 않으면 〈음모사건〉의 명칭 하에 감옥에 구류되 어, 주리를 틀고 목에 칼을 씌우고 발에 쇠사슬 채우기, 단근질, 채찍질, 전기질, 바늘로 손톱 밑과 발톱 밑을 쑤시는, 수족을 달아매는, 콧구멍에 는 물 붓는, 생식기에 심지를 박는 모든 악형, 곧 야만 전제국의 형률사전 에도 없는 갖은 악형을 다 당하고 죽거나, 요행히 살아 옥문에서 나온대 야 종신불구의 폐질자(廢疾者)가 될 뿐이다.

그렇지 않을지라도 발명 창작의 본능은 생활의 곤란에서 단절하며, 진 취활발(進取活潑)의 기상은 경우(境遇)의 압박에서 소멸되어 '찍도 짹 도' 못하게 각 방면의 속박·채찍질·구박·압제를 받아 환해(環海) 삼천 리가 일개 대감옥이 되어, 우리 민족은 아주 인류의 자각을 잃을 뿐 아니 라, 곧 자동적 본능까지 잃어 노예로부터 기계가 되어 강도 수중의 사용 품(使用品)이 되고 말 뿐이며, 강도 일본이 우리의 생명을 초개(草芥)로 보아, 을사 이후 13도의 의병 나던 각 지방에서 일본군대의 행한 폭행도 이루 다 적을 수 없거니와, 즉 최근 3.1운동 이후 수원·선천 등의 국내 각 지부터 북간도·서간도·노령·연해주 각처까지 도처에 거민을 도륙한다, 촌락을 불 지른다, 재산을 약탈한다, 부녀를 욕보인다, 목을 끊는다, 산 채로 묻는다, 불에 사른다, 혹 일신을 두 동가리 세 동가리로 내어 죽인 다, 아동을 악형한다, 부녀의 생식기를 파괴한다 하여 할 수 있는 데까지 참혹한 수단을 써서 공포와 전율로 우리 민족을 압박하여 인간의 〈산송 장〉을 만들려 하는도다.

이상의 사실에 의거하여 우리는 일본 강도정치 곧 이족통치가 우리 조선민족 생존의 적임을 선언하는 동시에, 우리는 혁명수단으로 우리 생존의 적인 강도 일본을 살벌함이 곧 우리의 정당한 수단임을 선언하노라.

2. 내정독립이나 참정권이나 자치를 운동하는 자가 누구이냐.

너희들이 〈동양평화〉〈한국독립보존〉 등을 담보한 맹약이 먹도 마르지 아니하여 삼천리 강토를 집어 먹던 역사를 잊었느냐?

'조선인민 생명·재산·자유 보호', '조선인민 행복증진' 등을 거듭 밝힌 선언이 땅에 떨어지지 아니하여 2천만의 생명이 지옥에 빠지던 실제를 못 보느냐? 3.1운동 이후에 강도 일본이 또 우리의 독립운동을 을 완화시키려고 송병준·민원식 등 한두 매국노를 시키어 이따위 광론을 외침이니, 이에 부화뇌동하는 자가 맹인이 아니면 어찌 간사한 무리가 아니냐?

설혹 강도 일본이 과연 관대한 도량이 있어 개연히 이러한 요구를 허락한다 하자, 소위 내정독립을 찾고 각종 이권을 찾지 못하면 조선민족은 일반의 배고픈 귀신이 될 뿐이 아니냐? 참정권을 획득한다 하자, 자국의 무산계급 혈액까지 착취하는 자본주의 강도국의 식민지 인민이 되어 몇 개 노예 대의사(代議士)의 선출로 어찌 아사의 화를 면하겠는가? 자치를 얻는다 하자, 그 어떤 종류의 자치임을 묻지 않고 일본이 그 강도적 침략주의의 간판인 〈제국〉이란 명칭이 존재한 이상에는, 그 지배하에 있는 조선인민이 어찌 구구한 자치의 헛된 이름으로써 민족적 생존을 유지하겠는가?

설혹 강도 일본이 불보살(佛菩薩)이 되어 하루아침에 총독부를 철폐하고 각종 이권을 다 우리에게 환부하며, 내정 외교를 다 우리의 자유에 맡기고, 일본의 군대와 경찰을 일시에 철환하며, 일본의 이주민을 일시에 소환하고 다만 헛된 이름의 종주권만 가진다 할지라도 우리가 만일 과거의 기억이 전멸하지 아니하였다 하면, 일본을 종주국으로 봉대한다 함이 〈치욕〉이란 명사를 아는 인류로는 못할지니라.

일본 강도정치 하에서 문화운동을 부르는 자가 누구이냐?

문화는 산업과 문물의 발달한 총적(總積)을 가리키는 명사니, 경제약탈의 제도 하에서 생존권이 박탈된 민족은 그 종종의 보존도 의문이거든, 하물며 문화발전의 가능이 있으랴? 쇠망한 인도족, 유태족도 문화가 있다 하지만, 하나는 금전의 힘으로 그 조상의 종교적 유업을 계속함이며, 하나는 그 토지의 넓음 과 인구의 많음으로 상고(上古)에 자유롭게 발달한 문명의 남은 혜택을 지킴이니, 어디 모기와 등에 같이, 승냥이와 이리 같이 사람의 피를 빨다가 골수까지 깨무는 강도 일본의 입에 물린 조선 같은 데서 문화를 발전 혹 지켰던 전례가 있더냐? 검열·압수, 모든 압박 중에 몇몇 신문·잡지를 가지고 〈문화운동〉의 목탁으로 스스로 떠들어대며, 강도의 비위에 거스르지 아니할 만한 언론이나 주창하여 이것을 문화 발전의 과정으로 본다 하면, 그 문화 발전이 도리어 조선의 불행인가 하노라.

이상의 이유에 의거하여 우리는 우리의 생존의 적인 강도 일본과 타협하려는 자나 강도정치 하에서 기생하려는 주의를 가진 자나 다 우리의 적임을 선언하노라.

3. 강도 일본의 구축(驅逐)을 주장하는 가운데 또 다음과 같은 논자들이 있으니

제1은 외교론이니, 이조 5백년 문약정치(文弱政治)가 외교로써 호국의 좋은 계책으로 삼아 더욱 그 말세에 대단히 심하여 갑신(甲申) 이래 유신당(維新黨)·수구당(守舊黨)의 성쇠가 거의 외원의 도움의 유무에서 판결되며, 위정자의 정책은 오직 갑국을 끌어당겨 을국을 제압함에 불과하였고, 그 믿고 의지하는 습성이 일반 정치사회에 전염되어 즉 갑오·갑신 양 전역에 일본이 수십만 명의 생명과 수억만의 재산을 희생하여 청·노 양국을 물리고, 조선에 대하여 강도적 침략주의를 관철하려 하는데 우리 조선의 '조국을 사랑한다. 민족을 건지려 한다' 하는 이들은 일검일탄(一劍一彈)으로 어리석고 용렬하며 탐욕스런 관리나 국적에게 던지지 목하고, 탄원서나 열국공관(列國公館)에 던지며, 청원서나 일본정부에 보내어 국세(國勢)의 외롭고 약함을 애소(哀訴)하여 국가 존망·민족사활의 대문제를 외국인 심지어 적국인의 처분으로 결정하기만 기다리었도다.

그래서 〈을사조약〉〈경술합병〉 곧 〈조선〉이란 이름이 생긴 뒤 몇 천 년만에 처음 당하던 치욕에 대한 조선민족의 분노적 표시가 겨우 하얼빈의 총, 종로의 칼, 산림유생의 의병이 되고 말았도다.

아! 과거 수십 년 역사야말로 용기 있는 자로 보면 침을 뱉고 욕할 역사가 될 뿐이며, 어진 자로 보면 상심할 역사가 될 뿐이다. 그러고도 국망 이후 해외로 나가는 모모 지사들의 사상이, 무엇보다도 먼저 외교가 그 제1장 제1조가 되며, 국내 인민의 독립운동을 선동하는 방법도 '미래의 일·미전쟁(日美戰爭)·일로전쟁 등 기회'가 거의 천편일률의 문장이었고, 최근 3.1운동의 일반 인사의 〈평화회의〉〈국제연맹〉에 대한 과신의 선전이 도리어 2천만 민중의 용기 있게 힘써 앞으로 나아가는 의기를 없애는 매개가 될 뿐이었도다.

제2는 준비론이니, 을사조약의 당시에 열국공관에 빗발 돋듯 하던 종이쪽지로 넘어가는 국권을 붙잡지 못하며, 정미년의 헤이그밀사도 독립회복의 복음을 안고 오지 못하매, 이에 차차 외교에 대하여 의문이 되고 전쟁이 아니면 안 되겠다는 판단이 생기었다. 그러나 군인도 없고 무기도 없이 무엇으로써 전쟁하겠느냐? 산림유생들은 춘추대의에 성패를 생각지 않고 의병을 모집하여 아관대의(峨冠大衣)로 지휘의 대장이 되며, 사냥 포수의 총 든 무리를 몰아가지고 조일전쟁(朝日戰爭)의 전투선에 나섰지만 신문 쪽이나 본 이들─곧 시세를 짐작한다는 이들은 그리할 용기가 아니 난다.

이에 "금일 금시로 곧 일본과 전쟁한다는 것은 망발이다. 총도 장만하고, 돈도 장만하고, 대포도 장만하고, 장관이나 사졸까지라도 다 장만한 뒤에야 일본과 전쟁한다" 함이니, 이것이 이른바 준비론 곧 독립전쟁을 준비하자 함이다. 외세의 침입이 더할수록 우리의 부족한 것이 자꾸 감각되어, 그 준비론의 범위가 전쟁 이외까지 확장되어 교육도 진흥해야겠다, 상공업도 발전해야겠다, 기타 무엇무엇 일체가 모두 준비론의 부분이 되었다.

경술 이후 각 지사들이 혹 서·북간도의 삼림을 더듬으며, 혹 시베리아의 찬바람에 배부르며, 혹 남·북경으로 돌아다니며, 혹 미주나 하와이로 돌아가며, 혹 경향(京鄕)에 출몰하여 십여 년 내외 각지에서 목이 터질 만치 준비! 준비를 불렀지만, 그 소득이 몇 개 불완전한 학교와 실력이 없는 단체뿐이었었다.

그러나 그들의 성의의 부족이 아니라 실은 그 주장의 착오이다. 강도 일본이 정치·경제 양 방면으로 구박을 주어 경제가 날로 곤란하고 생산기관이 전부 박탈되어 입고 먹을 방책도 단절되는 때에, 무엇으로 어떻게 실업을 발전하며, 교육을 확장하며, 더구나 어디서 얼마나 군인을 양성하며, 양성한들 일본전투력의 백분의 일의 비교라도 되게 할 수 있느냐? 실로 한바탕의 잠꼬대가 될 뿐이로다.

이상의 이유에 의하여 우리는 〈외교〉〈준비〉 등의 미몽을 버리고 민중 직접혁명의 수단을 취함을 선언하노라.

4. 조선민족의 생존을 유지하자면, 강도 일본을 쫓아내어야 할 것이다.

강도 일본을 쫓아내려면 오직 혁명으로써 할 뿐이니, 혁명이 아니고는 강도 일본을 쫓아낼 방법이 없는 바이다. 그러나 우리가 혁명에 종사하려면 어느 방면부터 착수하겠는가?

구시대의 혁명으로 말하면, 인민은 국가의 노예가 되고 그 위에 인민을 지배하는 상전 곧 특수세력이 있어 그 소위 혁명이란 것은 특수세력의 명칭을 변경함에 불과하였다. 다시 말하면 곧 〈을〉의 특수세력으로 〈갑〉의 특수세력을 변경함에 불과하였다. 그러므로 인민은 혁명에 대하여 다만 갑·을 양 세력 곧 신·구 양 상전의 누가 더 어질며, 누가 더 포악하며, 누가 더 선하며, 누가 더 악한가를 보아 그 향배를 정할 뿐이요, 직접의 관계가 없었다.

그리하여 "임금의 목을 베어 백성을 위로한다"가 혁명의 유일한 취지가 되고 "한 도시락의 밥과 한 종지의 장으로써 임금의 군대를 맞아들인다"가 혁명사의 유일미담이 되었거니와, 금일 혁명으로 말하면 민중이 곧 민중 자기를 위하여 하는 혁명인 고로 〈민중혁명〉이라 〈직접 혁명〉이라 칭함이며, 민중 직접의 혁명인 고로 그 비등·팽창의 열도가 숫자상 강약 비교의 관념을 타파하며, 그 결과의 성패가 매양 전쟁학살의 정해진 판단에서 이탈하여 돈 없고 군대 없는 민중으로 백만의 군대와 억만의 부력(富力)을 가진 제왕도 타도하며 외국의 도적들도 쫓아내니, 그러므로 우리 혁명의 제일보는 민중각오의 요구니라.

민중이 어떻게 각오하는가?

민중은 신인이나 성인이나 어떤 영웅호걸이 있어 〈민중을 각오〉하도록 지도하는 데서 각오하는 것도 아니요, "민중아, 각오하자.", "민중이여, 각오하여라." 그런 열렬한 부르짖음의 소리에서 각오하는 것도 아니다.

오직 민중이 민중을 위하여 일체 불평·부자연·불합리한 민중향상의 장애부터 먼저 타파함이 곧 '민중을 각오케' 하는 유일한 방법이니, 다시 말하자면 곧 먼저 깨달은 민중이 민중의 전체를 위하여 혁명적 선구가 됨이 민중 각오의 첫째 길이다.

일반 민중이 배고픔, 추위, 피곤, 고통, 처의 울부짖음, 어린애의 울음, 납세의 독촉, 사채의 재촉, 행동의 부자유, 모든 압박에 졸리어 살려니 살 수 없고 죽으려 하여도 죽을 바를 모르는 판에, 만일 그 압박의 주인 되는 강도정치의 시설자인 강도들을 때려누이고, 강도의 일체 시설을 파괴하고, 복음이 사해(四海)에 전하여 뭇 민중이 동정의 눈물을 뿌리어, 이에 사람마다 그 '아사(餓死)' 이외에 오히려 혁명이란 일로가 남아 있음을 깨달아, 용기 있는 자는 그 의분에 못 이기어, 약자는 그 고통에 못 견디어, 모두 이 길로 모여들어 계속적으로 진행하며 보편적으로 전염하여 거국일치의 대혁명이 되면, 간활잔포(奸猾殘暴)한 강도 일본이 필경 쫓겨나가는 날이리라.

그러므로 우리의 민중을 깨우쳐 강도의 통치를 타도하고 우리 민족의 신생명을 개척하자면 양병 10만이 폭탄을 한번 던진 것만 못하며 억 천장 신문 잡지가 일회 폭동만 못할지니라.

민중의 폭력적 혁명이 발생치 아니하면 그만이거니와, 이미 발생한 이상에는 마치 낭떠러지에서 굴리는 돌과 같아서 목적지에 도달하지 아니하면 정지하지 않는 것이다. 우리의 경험으로 말하면 갑신정변은 특수세력이 특수세력과 싸우던 궁궐 안 한 때의 활극이 될 뿐이며, 경술 전후의 의병들은 충군애국의 대의로 분격하여 일어난 독서계급의 사상이며, 안중근·이재명 등 열사의 폭력적 행동이 열렬하였지만 그 후면에 민중적 역량의 기초가 없었으며, 3.1운동의 만세소리에 민중적 일치의 의기가 언뜻 보였지만 또한 폭력적 중심을 가지지 못하였도다. 〈민중·폭력〉 양자의 그 하나만 빠지면 비록 천지를 뒤흔드는 소리를 내며 장렬한 거동이라도 또한 번개같이 수그러지는도다.

조선 안에 강도 일본이 제조한 혁명 원인이 산같이 쌓였다. 언제든지 민중의 폭력적 혁명이 개시되어 '독립을 못하면 살지 않으리라', '일본을 쫓아내지 못하면 물러서지 않으리라' 는 구호를 가지 고 계속 전진하면 목적을 관철하고야 말지니, 이는 경찰의 칼이나 군대의 총이나 간활한 정치가의 수단으로도 막지 못하리라.

혁명의 기록은 자연히 처절하고 씩씩한 기록이 되리라. 그러나 물러서면 그 후면에는 어두운 함정이요, 나아가면 그 전면에는 광명한 활기이니, 우리 조선민족은 그 처절하고 씩씩한 기록을 그리면서 나아갈 뿐이니라.

이제 폭력·암살·파괴·폭동의 목적물을 열거하건대, 1. 조선총독 및 각 관공리, 2. 일본천황 및 각 관공리, 3. 정탐꾼·매국적, 4. 적의 일체 시설물, 이외에 각 지방의 신사나 부호가 비록 현저히 혁명운동을 방해한 죄가 없을지라도 만일 언어 혹 행동으로 우리의 운동을 지연시키고 중상하는 자는 우리의 폭력으로써 마주 할지니라. 일본인 이주민은 일본 강도정치의 기계가 되어 조선민족의 생존을 위협하는 선봉이 되어 있은즉 또한 우리의 폭력으로 쫓아낼지니라.

5. 혁명의 길은 파괴부터 개척할지니라.

그러나 파괴만 하려고 파괴하는 것이 아니라 건설하려고 파괴하는 것이니, 만일 건설할 줄을 모르면 파괴할 줄도 모를 지며, 파괴할 줄을 모르면 건설할 줄도 모를지니라. 건설과 파괴가 다만 형식상에서 보아 구별될 뿐이요, 정신상에서는 파괴가 곧 건설이니 이를테면 우리가 일본 세력을 파괴하려는 것이 제1은, 이족통치를 파괴하자 함이다. 왜?〈조선〉이란 그 위에 〈일본〉이란 이민족 그것이 전제(專制)하여 있으니, 이족 전제의 밑에 있는 조선은 고유적 조선이 아니니, 고유적 조선을 발견하기 위하여 이족통치를 파괴함이니라.

제2는 특권계급을 파괴하자 함이다. 왜? 〈조선민중〉이란 그 위에 총독이니 무엇이니 하는 강도단의 특권계급이 압박하여 있으니, 특권계급의 압박 밑에 있는 조선민중은 자유적 조선민중이 아니니, 자유적 조선민중을 발견하기 위하여 특권계급을 타파함이니라.

제3은 경제약탈제도를 파괴하자 함이다. 왜? 약탈제도 밑에 있는 경제는 민중 자기가 생활하기 위하여 조직한 경제니, 민중생활을 발전하기 위하여 경제 약탈제도를 파괴함이니라.

제4는 사회적 불평균을 파괴하자 함이다. 왜? 약자 위에 강자가 있고 천한 자 위에 귀한 자가 있어 모든 불평등을 가진 사회는 서로 약탈, 서로 박탈, 서로 질투·원수시하는 사회가 되어, 처음에는 소수의 행복을 위하여 다수의 민중을 해치다가 말경에는 또 소수끼리 서로 해치어 민중 전체의 행복이 필경 숫자상의 공(空)이 되고 말 뿐이니, 민중 전체의 행복을 증진하기 위하여 사회적 불평등을 파괴함이니라.

제5는 노예적 문화사상을 파괴하자 함이다. 왜? 전통적 문화사상의 종교·윤리·문학·미술·풍속·습관 그 어느 무엇이 강자가 제조하여 강자를 옹호하던 것이 아니더냐? 강자의 오락에 이바지하던 도구가 아니더냐? 일반 민중을 노예화하게 했던 마취제가 아니더냐? 소수 계급은 강자가 되고 다수 민중은 도리어 약자가 되어 불의의 압제를 반항치 못함은 전혀 노예적 문화사상의 속박을 받은 까닭이니, 만일 민중적 문화를 제창하여 그 속박의 철쇄를 끊지 아니하면, 일반 민중은 권리 사상이 박약하며 자유 향상의 흥미가 결핍하여 노예의 운명 속에서 윤회할 뿐이다. 그러므로 민중문화를 제창하기 위하여 노예적 문화사상을 파괴함이니라.

다시 말하자면 〈고유적 조선의〉〈자유적 조선민중의〉〈민중적 경제의〉〈민중적 사회의〉〈민중적 문화의〉 조선을 건설하기 위하여 〈이족통치의〉

〈약탈제도의〉〈사회적 불평등의〉〈노예적 문화사상의〉 현상을 타파함이니라.

그런즉 파괴적 정신이 곧 건설적 주장이라. 나아가면 파괴의 〈칼〉이 되고 들어오면 건설의 〈깃발〉이 될지니, 파괴할 기백은 없고 건설하고자 하는 어리석은 생각만 있다 하면 5백년을 경과하여도 혁명의 꿈도 꾸어보지 못할지니라. 이제 파괴와 건설이 하나요, 둘이 아닌 줄 알진대, 민중적 파괴 앞에는 반드시 민중적 건설이 있는 줄 알진대, 현재 조선민중은 오직 민중적 폭력으로 신조선(新朝鮮) 건설의 장애인 강도 일본 세력을 파괴할 것뿐인 줄을 알진대, 조선민중이 한 편이 되고 일본강도가 한 편이 되어, 네가 망하지 아니하면 내가 망하게 된 〈외나무다리 위〉에 선줄을 알진대, 우리 2천만 민중은 일치로 폭력 파괴의 길로 나아갈지니라.

민중은 우리 혁명의 대본영(大本營)이다.

폭력은 우리 혁명의 유일 무기이다.

우리는 민중 속에 가서 민중과 손을 잡고 끊임없는 폭력―암살·파괴·폭동으로써, 강도 일본의 통치를 타도하고, 우리 생활에 불합리한 일체 제도를 개조하여, 인류로써 인류를 압박치 못하며, 사회로써 사회를 수탈하지 못하는 이상적 조선을 건설할지니라.

1923년 1월 의열단(義烈團)

---

* 조선혁명선언문은 1923년 단재 신채호가 의열단 단장 김원봉의 부탁을 받고 쓴 것으로 조선독립 3대 선언문 중 하나이며, 일명 '의열단 선언' 이라 한다.

태종호의 **통일기행** (국외편)

·

지은이 / 태종호
발행인 / 김영란
발행처 / **한누리미디어**
디자인 / 지선숙

·

08303, 서울시 구로구 구로중앙로18길 40, 2층(구로동)
전화 / (02)379-4514, 379-4519
Fax / (02)379-4516
E-mail/hannury2003@hanmail.net

·

신고번호 / 제 25100-2016-000025호
신고연월일 / 2016. 4. 11
등록일 / 1993. 11. 4

·

초판발행일 / 2021년 3월 25일

ⓒ 2021 태종호 Printed in KOREA

·

값 30,000원

·

※잘못된 책은 바꿔드립니다.
※저자와의 협약으로 인지는 생략합니다.

·

ISBN 978-89-7969-835-0 03390